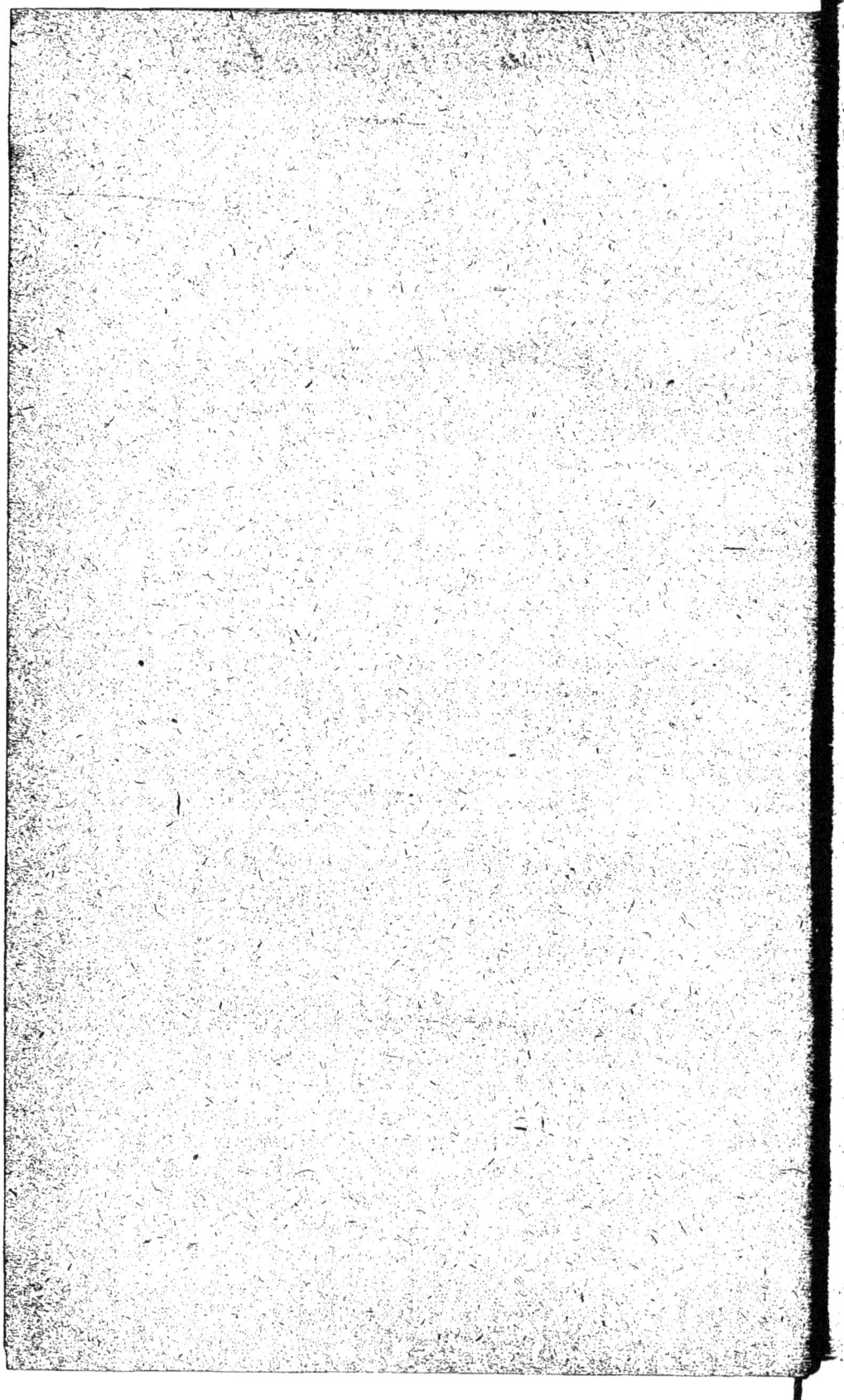

JHO-PÂLE

Pêches, Pêcheurs, Pêchés!

Origines de la Pêche

Petites Pêches — Grandes Pêches

Pêches aux divers engins — Engins peu connus

Pêches bizarres — La Cuisine de la Pêche

TROIS CENTS ILLUSTRATIONS

PHOTOGRAPHIES D'APRÈS NATURE; DESSINS ET AQUARELLES

DE

E. GUILBERT, GASTON NOURY, E. MINET, RAOUL THOMEN, ETC.

PARIS

SOCIÉTÉ PARISIENNE D'ÉDITION

5, RUE DE SAVOIE, 5

1904

PÊCHES - PÊCHEURS - PÊCHÉS !

DU MÊME AUTEUR

VERS

Les Aubes mortes. *(Épuisé.)* . . . . 1 vol.

Les Chansons pour Madeleine . . . . 1 vol.

PROSE

Croquis parisiens. . . . . 1 vol.

A coups de gaule . . . . 1 vol.

Pour paraître prochainement :

Les Maitres de l'Onde (sur le braconnage de pêche). . 1 vol.

13 Jours a la Caserne. . . . . 1 vol.

Contes lunatiques . . . . 1 vol.

JHO-PÂLE

PÊCHES - PÊCHEURS - PÊCHÉS!

Origine de la Pêche

Petites Pêches — Grandes Pêches

Pêches aux divers engins — Engins peu connus

Pêches bizarres — La Cuisine de la Pêche

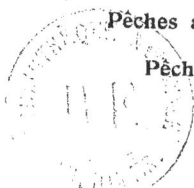

TROIS CENTS ILLUSTRATIONS

PHOTOGRAPHIES D'APRÈS NATURE

DESSINS ET AQUARELLES
DE
E. GUILBERT, GASTON NOURY, E. MINET, RAOUL THOMEN, ETC.

PARIS

SOCIÉTÉ PARISIENNE D'ÉDITION

5, RUE DE SAVOIE, 5

1904

Il a été tiré de cet ouvrage
vingt-cinq exemplaires sur papier du Japon.

Je dédie ce livre de Pêches

à Monsieur

G. GERVILLE-RÉACHE

Député de la Guadeloupe

Avocat à la Cour d'appel de Paris

Vice-président de la Chambre des députés ; — Président de la commission de la marine ; — Président du comité consultatif des pêches maritimes ; — Président du comité d'examen des comptes des travaux de la marine ; — Vice-président de la commission des invalides et du conseil d'administration de la caisse de prévoyance des marins français contre les risques et accidents de leur profession ; — Membre du conseil supérieur de la marine marchande ;

En reconnaissance des services qu'il a rendus

à tous les Pêcheurs, amateurs et professionnels.

AU BORD DE L'YONNE.

PÊCHES - PÊCHEURS - PÊCHÉS !

Avant=Propos

Lorsqu'un romancier commence un ouvrage, il a soin de distinguer une contrée, une ville, des personnages... C'est ce que nous avons fait en écrivant les premières lignes de ce volume.

Comme pays, nous avons choisi le Morvan, parce qu'il est presque inconnu et qu'il tire une grande partie de ses ressources de ses cours d'eau, de ses étangs et par conséquent de sa pêche.

Comme ville, nous avons pris Clamecy, à cheval sur cinq rivières, cours d'eau ou biefs; comme personnages, toute sa population, qui est une population de pêcheurs.

Mais il ne faut pas en déduire que nous ne parlerons que de la pêche dans la Nièvre, c'est-à-dire d'une façon spéciale de pêcher, car on y pratique ce sport de la même manière que dans toute la France; si parfois les termes diffèrent, les engins varient peu et le but y est le même : la capture du poisson.

Il existe un grand nombre de livres écrits sur la pêche, mais la plupart sont d'une technique désolante. On ne les lit pas, on les consulte, et comme on ne demande jamais un conseil que

1

pour suivre sa propre idée, cette consultation devient une perte de temps qui n'est compensée par rien.

Nous avons voulu faire ici autre chose et nous nous sommes efforcé de réunir en ce volume tout ce qui a été dit de plus anecdotique et de plus amusant sur la pêche; nous l'avons fait sans prétention, dans le seul but de distraire de notre mieux et d'instruire si possible, en supprimant le côté ardu de l'*art de pêcher*.

Pour cela nous avons parcouru presque tous les ouvrages de pêche anciens et modernes, nous sommes devenu rat de bibliothèque, nous avons lâché la boîte à vers pour les diction-naires et les encyclopédies, et nous n'avons eu aucune pitié pour les respectables histoires naturelles et les grassouillets livres de cuisine délaissés depuis des ans et des ans aux plus poussié-reux rayons des vitrines cachées.

Nous avons fait de notre mieux pour rendre digérable la bouillabaisse qui provint de nos recherches et nous avons essayé d'en former un plat sortable.

Comme sauce — le poisson ne saurait s'en passer — nous y avons joint notre expérience pratique de vieux pêcheur, nous avons cité des faits inconnus.

En lisant leurs ouvrages respectifs, nous avons vérifié les dires d'un grand nombre d'écrivains de pêche et tenté, pour le bien de tous, de sortir la vérité du puits typographique d'où elle émergeait à peine.

AUX PAYS PRIMITIFS

La Pêche à travers les siècles

Quoique la formation du Monde et des Mondes se perde dans la nuit des temps, et que la création de l'homme remonte à une si lointaine antiquité qu'il ne nous est même pas permis d'y songer, à moins d'être traités de songe-creux, il faut cependant assigner à notre espèce, comme à toute autre, du reste, une date de première apparition.

Sur ces temps préhistoriques, nous ne discuterons pas avec les doctes érudits, et, que nous ayons été formés spontanément, que nous descendions du singe ou qu'un Dieu tout-puissant nous tirât certain jour d'une boue animée de son souffle divin, peu nous importe ; ce qui est évident, c'est que le premier être qui vit la lumière du soleil déjà existant éprouva le prosaïque *besoin de manger* et s'empressa de le satisfaire avec ce qu'il trouva.

Homme, singe, ou tout autre Adam, cherchèrent leur nourriture et, s'ils la trouvèrent plus facilement et plus abondamment qu'aujourd'hui, ils n'en furent pas moins obligés de se la procurer à la sueur de leur front, ainsi que nous l'apprend la Bible, figure fort jolie, démontrant aisément à nos modernes générations que la sueur des fronts d'alors était prête à couler au premier effort, puisque à cette époque, aussi préhistorique que paradisiaque, pour obtenir la becquée quotidienne, il n'y avait qu'à se baisser et à en prendre !

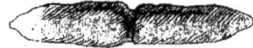

Insectes, chasses, pêches, fruits, herbages, étaient en abondance, du moins tout le laisse supposer, mais devant l'*Ichthyosaurus*, ce monstre marin qui possédait un museau de marsouin, une tête de lézard, des dents de crocodile et était long de 1 000 pieds ; le *Plesiosaurus*, ce serpent énorme caché dans un corps de tortue ; les *Chersites*, ces tortues immenses qui étaient de véritables îlots flottants ; les *Esturgeons* de grande taille, qui se jouaient dans des algues de 4 000 pieds de long ; les quadrupèdes comme le *Lophiodon*, sorte de tapir gros comme un éléphant, l'*Anoplotherium*, le *Megatherium*, le *Protopithèque*, un singe ; le *Pterodactyle*, une chauve-souris de 20 mètres d'envergure, et tous autres gibiers de plumes, de poils et d'écailles, l'homme n'était pas le chasseur, mais bien le chassé ; aussi ne songea-t-il que fort peu à se nourrir de ces lièvres de géante espèce, auxquels les Cuvier et autres Lacépède ont donné des noms si baroques.

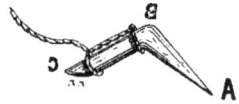

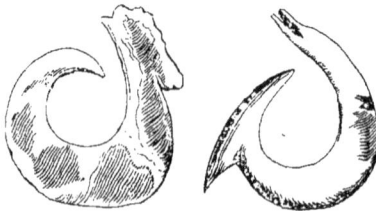

Il commença par récolter, pour satisfaire son estomac criant famine, ce qui pendait à portée de sa main ; et ce furent des fruits qui constituèrent son premier déjeuner ; puis les insectes faciles et peu dangereux à capturer lui fournirent le rôti qui, pour être de mince encolure et de poids léger, n'en fut pas moins trouvé succulent ; les Chinois, grands mangeurs d'araignées au miel et de scolopendres au vinaigre, ont traditionnellement et religieusement conservé ces coutumes ancestrales.

Mais l'homme, qui est un gâcheur par excellence, se lassa vite de ces plats d'une saine frugalité, et comme, en se mirant dans l'onde pure des rivières, il avait découvert le poisson et que le poisson était sans défense, il pêcha.

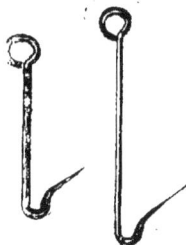

AÏE !...

La pêche était née.

Nous pouvons donc dire, sans crainte d'être taxé d'exagération, que si la pêche ne fut pas le premier *geste* de l'homme, elle fut du moins un des premiers gestes de l'humanité naissante.

Qu'est-ce que la pêche, puisque nous vous l'avons présentée ? La définition découle tout naturellement de ce que nous venons de dire.

La pêche est, pour les besoins, les buts divers de lucre ou de nécessité, l'exploitation des produits que les eaux recèlent dans leur sein ou confient aux fonds sur lesquels elles sont assises.

Comment la nommait-on au temps de la brave famille Adam qui était fort nombreuse, nous certifie la chronique ?

Il est probable qu'on se contentait de la faire et qu'on ne la nommait pas !

Pour nous, de race latine, son nom nous vient du latin, de *piscatura*, mot dérivé de *piscis*, poisson.

Le premier des instruments de pêche fut, sans contredit, la main, mais ne croyez pas pour cela qu'il s'agisse de la pêche à la main dans l'eau et sous les berges, comme elle se pratique encore aujourd'hui ; non !

L'homme était beaucoup plus simple et surtout moins délicat ; il n'y regardait pas de si près et s'il fût venu aux Halles, après une conservation de cent mille ans dans un bloc de glace, comme le héros de nous ne savons plus quel auteur julevernesque, il n'eût pas pensé à mettre son nez sur des harengs ayant laissé leur fraîcheur native et leur parfum de marée s'envoler avec la brise de l'Océan, et aucune Mme Angot n'eût pu lui crier en furie :

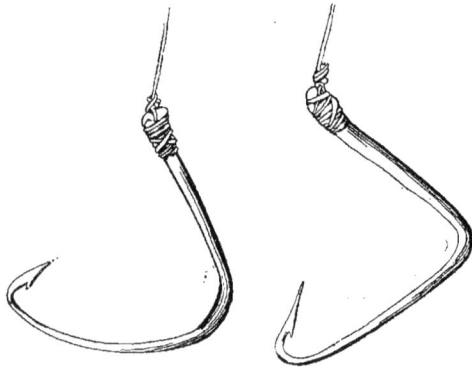

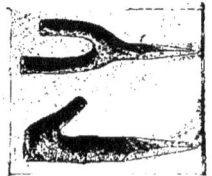

« Pas frais, mon poisson ! Eh va donc, pourri, c'est ton nez qui sent ! »

L'homme préhistorique ramassait à la main le poisson mort sur les sables des berges et le mangeait cru ; nous ne vous citerons comme preuve de cette assertion qu'une seule référence, celle de Diodore de Sicile ; vous le voyez, elle est bonne, car il dit que : *Les habitants du golfe Persique récoltaient et mangeaient crus les poissons pourris, et lorsque la pêche avait été infructueuse on reprenait le repas de la veille.* Il n'est pas douteux que nos pères n'étaient pas plus délicats que ces Persans. — La vraie pêche à la main ne vint qu'en suite, lorsque l'homme commença à se reconnaître et à ne plus avoir aussi peur de l'eau qu'il l'avait alors, vraisemblablement. Regardez tous les animaux en général, et notre frère le singe en particulier, ils ne vont à la rivière que pour boire et ne la traversent que dans la crainte d'un grand danger, jamais pour leur plaisir.

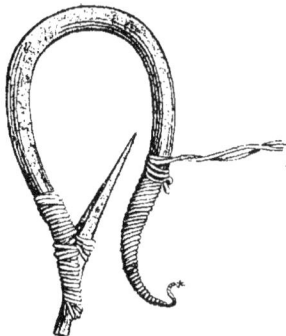

L'intelligence fit ce miracle et l'on peut dire, sans crainte de passer pour être par trop paradoxal, que la supériorité de l'homme sur la brute fut l'amour de l'eau.

Le pêcheur, qui y est toujours *fourré*, est donc le plus intelligent de l'espèce humaine ! Mais, pour pêcher à la main, il faut travailler ; l'homme était *né* paresseux et intelligent, il fit l'engin qui pêche sans fatigue, et ce premier engin fut l'hameçon ou plutôt la mère de l'hameçon, la pointe solutréenne.

La pointe solutréenne servait pour la pêche et la chasse, elle était faite d'un morceau de bois de *cervidé*, un simple cran, une coche servait à la retenir dans les chairs de l'animal,

écailles ou plumes. Ça n'était pas, à coup sûr, aussi pratique
que les irlandais en acier bruni dont on se sert de nos jours,
mais il y avait tant et tant de gibier que si l'on manquait deux
cents pièces on en prenait cinquante et c'était suffisant. De
ces engins, il en fut trouvé un peu partout ; citons, avec M. Sal-

PÉPIN LE BREF PÊCHEUR

mon, celui découvert dans la grotte de l'Eglise (Dordogne).

L'hameçon primitif suivit de près la pointe en bois de
cerf ; quand on est livré à soi-même et qu'on n'a pas à sa porte
une poissonnerie, on devient industrieux.

C'est ce qui arriva, et l'homme des cavernes, le troglo-
dyte, le forma d'une esquille d'os ou de bois de renne, droite,
mince, acérée, longue de 3 à 4 centimètres, attachée par le
milieu à une lanière ou une corde ; l'appât recouvrait l'engin

tout entier et flottait à la surface, c'étaient presque des harpons.

On se sert encore aujourd'hui de cet instrument tel qu'il était alors.

Le premier véritable hameçon trouvé avec courbure et

L'ÉPUISETTE DU GROGNARD

gorge pour le fil, l'a été à Moosseedorf, canton de Berne (Suisse); il est en défense de sanglier et, ma foi, il ressemble à s'y méprendre aux modernes, ce qui prouve qu'ils n'ont guère été perfectionnés et que messieurs nos très arrière-grands-pères ne nous le cédaient en rien dans l'art de la pêche.

C'est d'autant plus vrai que les filets eux-mêmes étaient pareils à ceux que nous avons maintenant; on a désensablé, en Suisse, des araignées et des tramails ou tramaux qui, pour être plus grossiers que ceux de nos fabriques et usines, n'en étaient pas moins les mêmes et pêchaient de la même façon.

Les plombs étaient remplacés par des galets percés et les lièges par des morceaux parfaitement taillés d'écorce de pin.

Les plus anciens témoignages : Moïse, Homère et les monuments de la vieille Égypte, attestent que la ligne et le filet étaient connus de la plus haute antiquité.

A l'époque du bronze, ce furent de véri tables fabriques d'hameçons qui s'établirent ; on en trouve des quantités auprès des lacs, mais ils n'ont pas de crochet de retenue et ressemblent fort à ces épingles recour- bées dont se servent les enfants pour pêcher des vérons ; cependant, dans le lac de Neuchâtel, on en a retiré qui sont doubles, c'est déjà le griffon.

Hésiode, décrivant le bouclier d'Hercule, parle d'un pêcheur aux aguets chargé de son filet et prêt à saisir des poissons qu'un dauphin chasse vers la côte ; le dauphin serait ainsi le chien du pêcheur.

Un grand nombre de monuments égyptiens montrent sur leurs frontons des pêcheurs à la ligne et des pêcheurs au filet, principalement des pêcheurs à la traîne.

Homère parle de la pêche dans l'*Odyssée*.

Il compare les amants de Pénélope expirant aux poissons qui palpitent en tas sur le rivage où les pêcheurs viennent de vider leurs rets.

Les Juifs se moquèrent de la pêche et ils ne commencèrent à déroger à cette habitude qu'après la bonne parole du Christ, car les Apôtres pratiquaient ce sport, et pourtant ils étaient chrétiens de bien fraîche date.

Parmi les peintures récemment découvertes à Pompéi, se trouve un pêcheur à la ligne ; costume à part, il ressemble fort à un brave rentier, patient et doux, taquinant le goujon sur les rives fleuries de l'Yonne. Cette douce sérénité dans ces gigantesques ruines, ce troubleur d'eau claire que le feu n'a pas osé anéantir, font plaisir à voir et réconfortent l'âme des chevaliers de la gaule en visite dans la ville morte.

Les poissons ont souvent été représentés surtout dans les mosaïques ; on leur donnait un sens mystique. Les premiers chrétiens avaient adopté le poisson comme un de leurs emblèmes.

Dans cet ouvrage qui nous révéla, à nous, Français, le splen dide talent d'Henrick Sienkiewicz, le littérateur polonais, nous parlons de *Quo Vadis?* l'auteur met le poisson, emblème chrétien, en cause.

Vinicius conte à Pétrone ses peines de cœur, et lui dit que Lygie a dessiné sur le sable un poisson. Il ne sait pourquoi. Mais plus loin, dans le volume, Chilon l'explique à Pétrone, car il a découvert le secret des chrétiens...

« Chilon tendit ses mains pour dire que ce n'était pas de sa faute, puis il ajouta :

« — Seigneur, prononce en grec la phrase suivante :

Jésus-Christ, fils de Dieu Sauveur.

« — Bien, voilà ta phrase, et puis ?

« — Maintenant prends la première lettre de chacun de ces mots et réunis ces lettres pour former un mot nouveau.

« — Poisson ! dit Pétrone avec étonnement.

« — Voilà pourquoi le poisson est devenu l'emblème des chrétiens », répondit fièrement Chilon.

Cette trouvaille est-elle de l'imagination de Sienkiewicz ? Nous la donnons comme curiosité, elle est du moins amusante.

Bien avant le christianisme, la colombe et le poisson étaient associés ; tous les livres et les monuments de l'Inde en font foi.

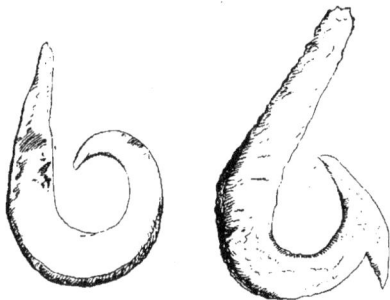

Nous pêchons aujourd'hui avec des stupéfiants, cela se pratique, hélas ! beaucoup plus qu'on ne croit et les braconniers de toutes les contrées européennes ont une grande reconnaissance à l'inconnu qui introduisit dans le commerce la coque du Levant ; mais il ne faut pas croire que, moins dégourdi qu'eux, le pêcheur de jadis ne connaissait pas ses propriétés, car la pêche à la coque du Levant, et à divers autres stupéfiants dont nous avons perdu l'usage aujourd'hui, était connue de la plus haute anti quité.

Les Grecs étaient de bons pêcheurs ; du temps d'Homère, nous l'avons vu plus haut, cet art était fort en honneur, et parfaitement perfectionné.

On pêchait beaucoup à Byzance et à Sinope ; on y construisit même des établissements de salaisons, ce qui prouve que déjà la pêche constituait une industrie.

Mais les Grecs n'arrivaient pas, en fait de pêche, à la hauteur de la cheville des Romains, et aucun pêcheur d'Athènes n'eût été désigné dans un concours de pêche pour dénouer les cordons des cothurnes d'un pêcheur des bords du Tibre.

La pêche fut la plus prisée en Italie, lorsque l'empire romain, dissipant en orgies les dépouilles de l'univers, appelait de préférence les produits les plus rares des mers et des fleuves à défrayer la recherche effrénée des tables de Lucullus, d'Apicius et d'Hirrius.

Lucullus, le plus fastueux des patriciens, fit couper une montagne, dans les environs de Naples, pour ouvrir un canal et faire remonter la mer et les poissons jusqu'au milieu de ses jardins.

Pompée lui donna à ce sujet le surnom de Xerxès en Toge.

C'est ce même Lucullus qui nourrissait ses murènes en leur jetant ses esclaves les plus grasses en pâture. Cela donnait aux gourmands poissons une graisse abondante et parfumée du plus parfait bon goût, et puis c'était un genre !

D'après Plutarque, Marc-Antoine faisait de la pêche son plaisir favori, et il conte la plaisante aventure suivante :

« Un jour, Antoine pêchait à la ligne ; Cléopâtre, que cela

agaçait, envoya un plongeur habile qui accrocha à l'hameçon un hareng salé et tira. Émotion de l'empereur, il ferre et reste stupéfait.

« L'aimable Cléopâtre se tord, se détord et se retord ; enfin, ayant pu reprendre son souffle, elle lui dit : « Seigneur, un « guerrier comme toi doit pêcher des royaumes et non des « harengs », et Antoine plia sa gaule, alla, et ne pêcha plus. »

POUR DÉJEUNER

La nasse était parfaitement connue des Romains, la nasse en bois, s'entend, et elle n'a guère changé de forme depuis.

Cassianus Bassus a décrit un grand nombre de recettes d'appâts dont les pêcheurs faisaient usage, et déjà, Seigneur ! on imitait les mouches artificielles ; les auteurs du temps parlent de la pêche aux flambeaux. Décidément, il n'y a rien de nouveau sous la calotte céleste !

Oppien, poète grec, natif d'Anazarbe en Cilicie ou d'Apamée en Syrie, à la fin du deuxième siècle de notre ère, écrivit deux poèmes didactiques, l'un sur la chasse, l'autre sur la pêche.

La critique moderne en fait deux poètes de même nom, dont l'un, natif de la Cilicie, serait l'auteur de la pêche. On ignore le lieu de naissance de l'auteur, croit-on, du poème sur la chasse.

Caracalla fut tellement touché des charmes de la poésie d'Oppien qu'il lui fit donner un écu d'or pour chaque vers, d'où le nom de vers dorés.

Ils ont été traduits en vers français par M. E.-J. Bourquin. Le livre d'Oppien de Cilicie se nomme *Halieutica*, il contient exactement trois mille cinq cent six vers.

Les Romains protégeaient le poisson et firent progresser la pêche. On doit citer d'abord la loi Licinia, par laquelle il était prescrit de ne manger, en certains jours de l'année, que du poisson salé et de la viande sèche ; puis la fête des pêcheurs, qu'on célébrait en grande pompe le 3 des ides de juin (*festus pompeius*). Des jeux célébrés sur le Tibre terminaient cette fête, on les appelait *Ludi piscatorii*.

L'amende de 45 sols, prononcée par la loi salique contre le vol des filets à anguilles, témoigne qu'à une époque reculée la pêche était protégée chez les Gaulois, nos ancêtres.

Saint Yon nous apprend que la chasse était défendue aux religieux, mais que la pêche leur était permise.

La pêche était jadis libre partout, en mer comme dans les rivières ; elle fut divisée plus tard, pour établir le droit de chacun, en pêche fluviale et en pêche maritime.

La pêche fluviale profite à l'État, la pêche maritime est libre pour tous et seulement assujettie à des règlements ayant pour but principal la conservation de certaines espèces de poisson.

Avant 93 et depuis la féodalité, la pêche était à peu près réservée aux seigneurs, alors que la loi romaine la laissait jadis à tout le monde.

Le droit exclusif fut aboli avec tous les autres en 1789, et la pêche fut de nouveau libre ; on en abusa.

Pour parer à cet abus, un arrêté du 16 juillet 1798 remit en vigueur onze articles de l'ordonnance de 1669.

Le 4 mai 1802, l'ancienne législation fut rappelée plus complètement.

C'est en cette même année 1802 que M. Buron inventa un métier propre à fabriquer les filets de pêche. Le gouverne-

ment français, en reconnaissance, lui accorda une prime de
10 000 francs.

Avec l'invention du filet mécanique et le nouveau siècle,
nous arrivons, après cet aperçu sur le passé de la pêche, à la
pêche moderne, celle qui se pratique tous les jours sous vos
yeux, chers lecteurs, et pour être bien moderne, nous aussi,
citons cette nouvelle définition de la ligne par un humoriste,
plutôt un grincheux :

« La ligne est un engin commençant par un imbécile et
finissant par une bête. »

Mais à vous la balle, cher Monsieur ; que pensez-vous des
quantités de flâneurs qui regardent sans rien faire, sans but et
sans pensée, cet imbécile et cette bête occupés tous les deux à
essayer de prendre cette autre bête que vous voudriez bien
manger en friture ou en matelote, le succulent poisson ?

> Sur la rive du lac, le pêcheur matinal
> De la pêche a porté le champêtre arsenal,

a dit le bon poète Boisjolin, et dans ce distique est toute la définition du pêcheur, un poète et un rêveur, un vertueux, suivant
le proverbe, puisqu'il voit se lever l'aurore, un honnête et
brave homme enfin.

De nos jours, la pêche est devenue un véritable art. Des
maisons d'articles pour pêcheurs se sont fondées dans les grandes
villes et elles font du commerce comme les plus grands maga-
sins, ayant voitures à elles et expédiant à des milliers de kilomètres leurs inventions nouvelles et leurs perfectionnements
aux nombreuses sociétés de pêche qui se sont formées aux
quatre coins de la France et des colonies.

On pêche dans toute l'Europe, à la ligne et au filet, et
d'illustres personnages ne trouvent absolument rien de ridicule,
après les travaux politiques et autres, à passer une heure délicieuse au bord de l'eau, pipe en bouche, gaule en main.

La reine d'Angleterre elle-même ne dédaignait pas de jeter
une ligne à l'occasion. On cite encore comme de ferventes adeptes
de la pêche : la duchesse de Fife et la princesse Victoria, sœurs
du roi, la duchesse de Portland, la duchesse de Bedfort, lady
Westmorland, lady Bridge, etc... Et, si l'on ajoute foi aux

chiffres qui sont donnés par les journaux anglais, il paraît que les seules sociétés de pêche qui existent là-bas comptent près de cinq cent mille membres. Nous n'en sommes pas encore là.

Le poète Maurice Rollinat était un enragé pêcheur qui avait définitivement abandonné Paris, la grande ville, pour passer ses journées à guetter la truite dans la Creuse.

C'est peut-être en tendant ses lignes que Guy de Maupassant comprit la poésie mystérieuse de l'eau qu'il devait traduire en des œuvres si puissantes.

Presque chaque jour, Armand Silvestre tenait compagnie au comédien Silvain dans une barque amarrée près de l'île d'Asnières ; Jules Sandeau, Alphonse Daudet, Alphonse Karr, Émile Augier, Auguste Maquet, le collaborateur de Dumas père, furent des ligneurs émérites.

Cent littérateurs célèbres encore, des musiciens tels que Rossini, Ambroise Thomas, Massenet ; des peintres ou sculpteurs comme Meissonier, Falguière, Alphonse de Neuville et tant d'autres, morts depuis peu, et de nos jours les romanciers Jules Mary, Camille Pert, Henri Germain ; les peintres et sculpteurs A. Broquelet, de Saint-Marceau, Raphaël Collin, Adolphe Geoffroy ; des musiciens, Jeanne Vieu, André Gédalge ; des artistes, Silvain, de la Comédie-Française, Jean Noté, Delmas, de l'Opéra ; Dranem, Georges Wague, Delvoye ; le poète Ernest Chebroux ; les docteurs Poirier et Lipkau ; l'escrimeur Kirchoffer, le professeur de boxe V. Casteres, l'explorateur Maclaud, le grand amateur du lancer à l'américaine L. Bouglé, etc., etc...

Personne n'ignore que M. Waldeck-Rousseau est un pêcheur habile et convaincu.

C'est au bord de l'eau que nous avons nous-même passé les meilleurs instants de notre existence et ce sont ces jours lointains que nous désirons revivre, et, si possible, faire revivre avec nous aux aimables lecteurs qui voudront bien nous suivre dans ces pages anecdotiques sur la pêche et ces causeries sur les poissons, leurs mœurs, leurs coutumes en ces paysages de toute beauté que forment les méandres de la jolie petite rivière qui a nom l'*Yonne*.

CONCOURS DE PÊCHE AU VINGTIÈME SIÈCLE

ARMES

La haute Yonne

L'*Yonne* prend sa source au cœur du Morvan, par 726 mètres d'altitude, sur les confins de la Nièvre et de Saône-et-Loire, aux étangs de Belle-Perche, — ou *étangs d'Yonne*, — près de Glux-en-Glaine, au pied du mont Beuvray, à 15 kilomètres au sud-est de Château-Chinon.

Après un parcours de 273 kilomètres à travers les départements de la Nièvre, de l'Yonne et de Seine-et-Marne, elle se jette dans la *Seine* à Montereau (Seine-et-Marne), par 50 mètres d'altitude.

Elle arrose Château-Chinon, Clamecy, Auxerre, Joigny, Sens et Montereau.

Clamecy est à la limite de l'Yonne et de la Nièvre. Toute la partie de l'Yonne qui coule en amont de cette ville se nomme la *haute Yonne*, et est située entièrement dans l'ancienne province du Morvan. Toute la partie en aval s'appelle la *basse Yonne*.

L'Yonne est une des rivières de France qui a fait le plus de commerce. Depuis le quatorzième siècle, elle sert au flottage des bois, et quoique aujourd'hui cette industrie ait diminué de plus des deux tiers, elle se fait encore, malgré les nombreux moyens de transport à notre usage.

Pour ce commerce, la rivière d'Yonne a été barrée par des travaux d'art, des pertuis ou *gautiers*, qui, la rétrécissant en goulets, ont formé de véritables chutes d'eau, au-dessous desquelles des fosses profondes se sont creusées peu à peu.

Flottable à bûches perdues dès sa source, l'Yonne devient

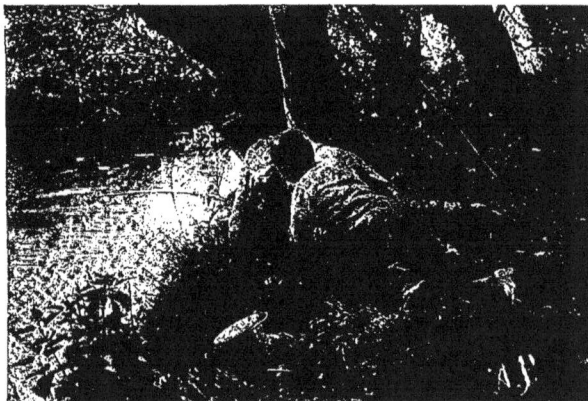

ÇA MORD !

flottable pour les trains de bois au pertuis d'Armes (3 kil. en amont de Clamecy), où commencent les écluses, et navigable à Cravant (Yonne), près du confluent de la *Cure*. Sans les *éclusées* ou retenues d'eau, qu'on lâche cinquante ou soixante fois par an, elle ne serait ni navigable, ni flottable en été. Une grande partie de l'eau nécessaire au flottage des bois, pendant les sécheresses, arrive à l'Yonne par la Cure, qui forme le célèbre réservoir ou étang des Settons (Nièvre).

Les fosses qui se sont creusées au pied des barrages sont de véritables forteresses pour les poissons ; on ne peut y pêcher qu'à la ligne flottante, de sorte qu'elles ont formé des réserves naturelles, qui renouvellent dans chaque lot de pêche les espèces disparues par suite de pêches trop nombreuses.

Dans les monts du Morvan, près de Château-Chinon et jusqu'au-dessous de Corbigny, l'Yonne est très étroite et peu profonde; elle coule en véritable torrent, sur un lit de rochers, enclose en des rives de granit, au pied de montagnes à pic.

La truite s'y plaît beaucoup, mais il n'y a guère que de la truite; très petite, un quart de livre à peine, elle est en revanche délicieuse : la chair en est fine et parfumée.

Au-dessous de Corbigny et de Marigny-sur-Yonne, la rivière s'élargit : elle coule sur un lit de sable, très profonde en certains endroits et guéable à d'autres. Elle est bordée de hauts peupliers, de vergnes et de saules.

Toutes les espèces de poissons s'y plaisent et y sont abondantes.

De sa source au gué de Chevroches, à 5 kilomètres de Clamecy, la pêche y est libre; ce droit appartient aux propriétaires riverains, qui n'en usent pas et laissent faire. Il y a du reste fort peu de pêcheurs aux filets; en tout cas, pas de professionnels.

Il y a de nombreux pêcheurs à Clamecy; nous dirons même que tout habitant est pêcheur, à quelque sexe qu'il appartienne. Il n'est pas rare, au bord de l'Yonne, de voir de jeunes et jolies femmes, gaule en main, taquiner le goujon, par les belles après-midi d'été.

Petites Pêches

L'Ablette. — Le Goujon. — La Blanchaille. — Le Véron.

LES APPRENTIS

Petites Pêches

L'Ablette. — Le Goujon. — La Blanchaille. — Le Véron.

L'Ablette

« Mais, nous direz-vous dès le début, aimables lecteurs, qu'allez-vous nous conter sur votre Able, sa vie est simple, sa pêche plus simple encore ? »

Au contraire, il y a beaucoup à dire sur l'Ablette, il est vrai qu'il faut un peu sortir de la pêche; cela tourne à la chronique, mais pourquoi pas? Nous n'avons pas l'intention ici d'être tou jours technique et sec et de nous limiter du bouchon qui plonge au poisson qui frit; du moment qu'il s'agit de pêche, tout ce qui y touche en est intéressant, et, si nous osons nous exprimer ainsi, l'ablette ou able est le seul habitant des rivières qui fit connaissance avec l'art de la bijouterie en toc si à la mode dans tous les pays du monde.

Oh ! loin de nous l'idée de faire de l'érudition, car nous sommes persuadé que les trois quarts de nos lecteurs connaissent déjà ce que nous allons leur conter; c'est donc à l'autre quart que nous nous adressons, à ceux qui pêchent depuis l'enfance et ont oublié d'user jadis leurs culottes sur les bancs de l'école primaire.

L'ablette tire son nom de la couleur blanc argenté de

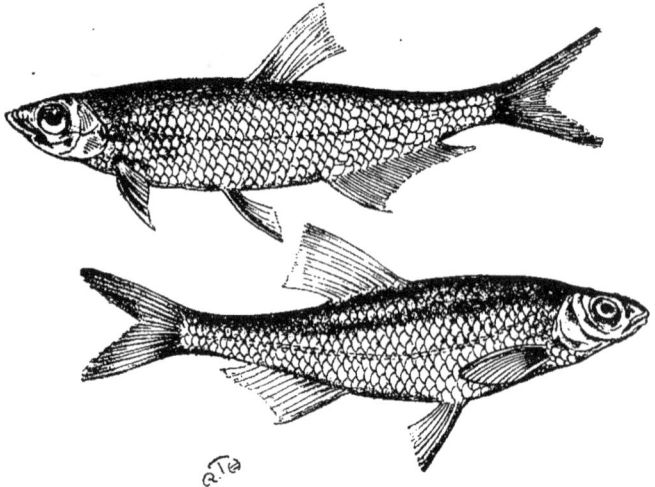

ABLES

ses écailles due à une matière nacrée qui se rencontre jusque dans l'intérieur de la poitrine et du ventre.

L'ablette, qui dépasse rarement 15 centimètres, est commune dans presque tous les cours d'eau d'Europe.

La matière argentée qui recouvre ses écailles est employée pour la fabrication des perles fausses. On donne à cette matière le nom d'essence d'Orient.

Ce poisson paraît préférer les endroits où le courant est le plus fort; il se réunit parfois en grandes troupes et multiplie beaucoup.

Sa chair est molle et généralement peu estimée. Jadis on se servait de l'ablette pour certaines compositions médicinales.

Pour obtenir l'essence d'Orient, on écaille les ablettes en les raclant avec un couteau peu tranchant au-dessus d'un vase rempli d'eau pure ; on rejette cette première eau ordinairement salie par le sang et les mucosités qui sortent du corps du poisson ; on frotte les écailles, et la matière argentée se détache sous forme de très petites paillettes rectangulaires.

On lave à grande eau dans un tamis très clair au-dessus du même vase et, après qu'on a réitéré deux ou trois fois ces opérations, toute l'essence d'Orient se dépose au fond de l'eau, sous la forme d'une masse boueuse d'un blanc bleuâtre très brillant, analogue à celui des perles ou de la nacre la plus fine.

Cette substance se décompose rapidement et se putréfie surtout

A L'ABRI

pendant les grandes chaleurs ; elle devient d'abord phosphorescente, puis se résout en une liqueur noire, épaisse comme de l'huile.

Pour prévenir cette putréfaction, on la conserve dans l'ammoniaque.

Il faut environ quarante mille ablettes pour obtenir 1 kilogramme d'essence d'Orient ; on l'appelle aussi essence de perles.

C'est un *patenotier*, comme on disait autrefois, un marchand d'articles religieux, chapelets, etc., qui, le premier, remarqua, en lavant dans un baquet des ablettes, que ce petit poisson laissait au fond de l'eau des particules argentées, dont l'éclat rappelait celui des perles les plus fines.

Junan, c'était le nom de ce marchand, se hâta, aussitôt cette découverte faite, en 1680, de tenter d'utiliser ces écailles à l'imitation des perles fines. Pour arriver à ce résultat, il commença par souffler de petites bulles de verre très mince, puis y introduisit les écailles mêlées dans des proportions convenables de matières agglutinantes.

Il obtint immédiatement d'assez beaux résultats.

Depuis, cette façon d'imiter les perles ne fit que croître et embellir, on la perfectionna ; plus de cent cinquante ans durant, elle fut la seule façon de fabriquer les perles fausses, et pendant ce temps on fit une guerre acharnée à la malheureuse ablette.

Mais de nombreuses modifications ont été depuis une trentaine d'années introduites dans la fabrication des perles fausses et le procédé suivi par le patenotier du dix-septième siècle n'est plus employé que pour la fabrication des perles fausses communes, et l'ablette, beaucoup moins poursuivie, s'est bien gardée de revendiquer l'honneur de devenir bijou, fût-il vrai.

L'ablette est un des poissons les plus familiers de nos rivières ; elle adore les laveuses qui lui donnent à manger et, à deux pas des battoirs qui frappent le linge à coups redoublés, on les voit par bandes se jouant dans l'eau de savon.

On la pêche avec des mouches, des asticots ou simplement de la mie de pain ; ce sont les esches qu'elle préfère, le ver n'est pas son fort.

Ordinairement, comme ce sont presque toujours des enfants qui la capturent, la ligne n'est pas coûteuse : une plume de canard trouvée au hasard du chemin, parfois une allumette à cause du bout rouge qui donne des apparences de flotteur, du fil blanc ou noir, une épingle recourbée ou un très petit hameçon, la première branche de saule venue, et cela suffit.

A coup sûr, on en manque beaucoup, mais les ablettes sont tellement nombreuses qu'on arrive à en emporter une belle *enfiloire*, instrument qui consiste en une petite branche quelconque terminée par un crochet arrêtant le poisson enfilé par l'autre bout, au travers de l'une de ses ouïes, et sortant par la gueule. La filoche du débutant !

L'ablette, c'est le poisson du chat, on ne la mange pas, on la donne au matou familier ; cependant, dans une friture, elle croque, c'est un passe-temps, la cacahuette des pêcheurs à la ligne !

Elle a un grand défaut, madame l'able, comme les poètes ratés, elle porte en elle un ver solitaire. Les malheureuses, et elles sont nombreuses, atteintes de ce mal, montent sur l'eau, le museau à la surface, elles respirent avec force, ne pouvant plus redescendre, et alors, point n'est besoin d'amorce, les enfants, de l'extrémité d'un morceau de bois, les attirent sur la berge pour méchamment les écraser.

LA GRANDE JOIE!...

Le Goujon

Le Goujon est un poisson qui aime beaucoup la société, celle de ses semblables, s'entend ; en plus, c'est un véritable mormon ; il a, dit-on, jusqu'à six épouses et certainement féconde les œufs de plusieurs femelles.

C'est probablement à cause de sa vie de débauche qu'il a pris quantité de pseudonymes afin de mieux cacher ses débordements.

De son vrai nom, celui qu'il portait en France à l'époque des croisades, il se nomme goujon et a cela de commun avec beaucoup d'hommes, dont, coïncidence bizarre, un certain nombre sont pêcheurs enragés.

Qui a donné son nom de l'homme au goujon ou du goujon à l'homme ? Voilà ! cela se perd dans la nuit des temps.

Son père, qui était grec, se nommait *Kobios*, et sa mère, qui était latine, s'appelait *Gobio*. Le grand-aïeul descendait de la famille très ancienne des Cyprinoïdes et, nous dit l'histoire naturelle, une vieille chroniqueuse qui ne se trompe jamais, était voisin des tanches.

Voilà certes un voisinage qui n'est pas fait pour déplaire ; toujours est-il qu'en changeant de pays il change de nom et se nomme indifféremment Goeffon, Goiffon, Goffi, Kressen, Trigan, Trégon, Trogon et d'autres encore !

Un vieil ami des bêtes, le bon La Fontaine, ne l'estimait pas beaucoup ; probablement le nommé goujon lui avait vendu une arête qui n'avait pas voulu digérer, car, par le bec du héron, il fait dire ces deux vers plutôt méprisants :

> La tanche rebutée, il trouva du goujon,
> Du goujon ! c'est bien là le dîner d'un héron !

Voyez-vous ça! eh bien nous nous en contentons, et nous ne sommes pas les seuls, puisque les fins gourmets parisiens ne sont pas effrayés de payer, dans les restaurants à la mode, une friture de dix à quinze goujons 7 et 8 francs.

Si le goujon a des succès auprès du beau sexe de sa race, il n'est cependant pas beau de visage, il est vrai qu'il a des moustaches d'une longueur !

Mais supposez que le portrait suivant s'adresse à un simple mortel, à coup sûr le portraituré ne serait pas flatté, car voici ce que les naturalistes disent de ce poisson :

« La tête large, munie de barbillons situés à la base de la mâchoire inférieure, les yeux placés très près de la ligne du

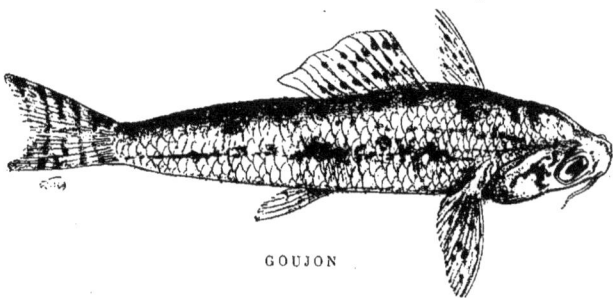

GOUJON

front, des dents pharyngiennes terminées en crochets et disposées sur deux rangs. »

Dans presque toutes les rivières de France il devient gros et gras et atteint souvent 18 centimètres ; alors il n'en faut pas plus de vingt pour former la livre. On le voit par bandes sur les sables, au mois d'août et de septembre, aplati, atterré, ne faisant aucun mouvement, l'eau relativement tiède lui étant funeste. C'est là qu'on le capture et qu'on le détruit pour l'expédier en paniers sur Paris, où les professionnels de la pêche le vendent jusqu'à 3 francs la livre, pris dans les départements.

Il y a une dizaine d'années, ce commerce ne se faisait pas, car il y avait du goujon dans la Seine et dans la Marne, où il n'y en a plus ou peu; alors il était gros, et en quantité, dans les cours d'eau de province ; avec deux hameçons à la ligne

on en prenait jusqu'à soixante à l'heure facilement. De nouveau, voilà que des réserves où le filet est interdit se sont
établies ; le goujon renaît et peut vieillir et grossir, de sorte
qu'avant peu de temps l'éden des pêcheurs de goujon va
se reformer.

Beaucoup de fermiers de pêche, qui avaient en location des
portions de rivières, ne pêchaient que le goujon, et ce, du
matin au soir. Avec leur épervier et une perche pour faire de
l'eau trouble, ils en
prenaient des mil-
liers qu'ils expé-
diaient en colis pos-
taux le soir même.
Ils se faisaient ainsi,
mieux qu'en élevant
des lapins, 6 000
francs de rente.

L'Yonne, entre
autres, est bien la
rivière qu'il faut à
ce poisson ; son sol
est presque partout
de sable fin, de gra-
vier et de roche ; elle
ne coule ni trop, ni
trop peu, et son eau
est d'un degré vou-
lu : c'est le cours
d'eau tempéré par
excellence, coupé de
gués herbeux et de

PÊCHEUR BOULANT

demi-fonds. Le goujon ne mord qu'au ver, de préférence le ver
rouge de fumier, et voici comment on le pêche ordinairement.
Nous parlons, bien entendu, de la pêche à la ligne.

Dans la haute Yonne, il n'est pas interdit de *bouler* ; bouler,
c'est gratter le sol de la rivière afin de rendre l'eau trouble, ce
qui attire le goujon des environs. Cette façon d'amorcer le
poisson est interdite à peu près partout ; dans la Nièvre, elle est

peut-être défendue aussi, mais tout le monde l'ignore ; les gardes ferment les yeux et les pêcheurs boulent bouleras-tu ?

Tous les endroits sont bons ou à peu près ; on choisit simplement le site, un bois d'acacias, l'ombre d'un peuplier ou d'un saule, là autant que possible où il y a un léger courant ; on boule, car on a apporté avec soi le bouloir, ce qui ne manque pas d'être embarrassant, et on prépare sa ligne.

Le bouloir, c'est une longue perche assez solide, mais légère

ÉMOTION !

si possible, au bout de laquelle on a emmanché et cloué un vieux soulier bien ferré ; ce n'est pas élégant, mais c'est pratique.

On prend le fond avec une sonde ; à peine la ligne est-elle à l'eau, ça mord ! tirez comme vous voudrez, vous aurez le poisson.

Quels gens simples que les goujons, qui sont pourtant, à ce que nous dit leur histoire, des Lovelaces !

Mais la vraie pêche au goujon ne se pratique pas comme cela ; cette façon de procéder est bonne tout au plus pour les vieux rentiers, les collégiens et les gentes demoiselles endimanchées.

Les vrais pêcheurs de goujon, et Dieu sait s'ils sont nombreux! doivent être pourvus d'un tas de qualités! D'abord, il ne faut pas qu'ils soient coquets, ni malingres, ni dégoûtés, etc. En plus, il faut autant que possible, s'ils veulent bien s'amuser, qu'ils soient au moins deux.

Ce sont principalement des ouvriers travaillant toute la semaine qui pratiquent ce sport le dimanche.

Le samedi soir, en belle saison, à trois ou quatre, on cherche les vers de fumier, chacun en remplit une petite boîte, ordinairement une ex-boîte à cirage percée de trous ; on prépare la ligne, une perche en noisetier très flexible, longue de 1 m. 50 au plus et très légère. La bannière comporte la même longueur de soie, un très petit liège, un grain de plomb et un hameçon de petite taille solidement monté sur florence.

On se couche de bonne heure pour se lever de même. Rendez-vous à trois heures et demie ; on se met en route, il s'agit d'aller loin pour être seul, c'est-à-dire seul avec les camarades convenus, puisqu'on pêchera à trois ou quatre, côte à côte, et aussi pour avoir un joli coin.

Chacun porte en bandoulière une boîte oblongue en fer-blanc ; elle peut contenir de 8 à 10 livres de poisson, c'est-à-dire de deux cents à trois cents goujons en moyenne.

Les pêcheurs ont de mauvais pantalons, de mauvais souliers, de mauvais vestons et des chapeaux de paille ; arrivés à l'endroit désigné, sans hésitation, ils entrent à l'eau tout habillés jusqu'à ce qu'ils en aient au milieu des cuisses, s'ils sont petits, au ventre.

Ils ont choisi la tête d'un gué et regardent l'aval de la rivière ; tous trois ou tous quatre ils grattent continuellement le sol avec leurs pieds, et, avec leur courte ligne, pêchent devant eux côte à côte ; toutes les demi-minutes ils retirent leur soie de l'eau, car, comme elle est courte, elle est à bout de course, et rejettent l'amorce à leurs pieds.

Chaque goujon pris est mis dans la boîte qui, pendue à l'épaule, traîne dans l'eau et permet au poisson de rester vivant ; chaque pêcheur garde, dans un coin de sa bouche, un ver qui frétille, pour aller plus vite et ne pas toujours ouvrir sa boîte! On cause, on rit, on fume ; dame! il ne faut pas craindre les douleurs, car on reste ainsi jusqu'à midi dans le liquide, en avançant de quelques pas de temps en temps et en changeant de place toutes les heures, si les prises semblent diminuer.

A midi, les femmes viennent retrouver les maris avec le déjeuner dans des paniers et des culottes de rechange ; on dîne sur l'herbe, on vide le poisson pêché et, comme on a apporté la poêle et que le bois est en abondance, on fait la friture avec les malheureux goujons qui, quoique ouverts, sont encore

PÊCHE DU GOUJON A L'EAU

vivants et prennent dans la graisse bouillante un avant-goût des peines de l'enfer. Le fait est que le goujon ainsi mangé, sortant de l'eau, n'a aucun rapport avec celui qui a traîné des journées dans des glacières ; comme comparaison, prenez le fruit conservé et celui cueilli sur l'arbre.

Quand ça ne mord pas très bien, on crache sur le ver : à ce qu'il paraît c'est infaillible ; essayez-en.

Quand les goujons sont gros, on dit avoir pris *un manche de goué* ; le goué est une sorte de serpe qui sert à élaguer les arbres.

C'est ainsi que le goujon fait la joie des braves ouvriers, et, pendant ce temps, si on boit la goutte, c'est du bon, et le « chand de vins » ne vous empoisonne pas.

Puis, à la suite de ces ripailles sur l'herbe, dans le calme des bois et le murmure de la rivière, après avoir pris ce bain de plusieurs heures, on disparaît dans les fourrés, et dame!...

Ah! farceur de goujon, va!...

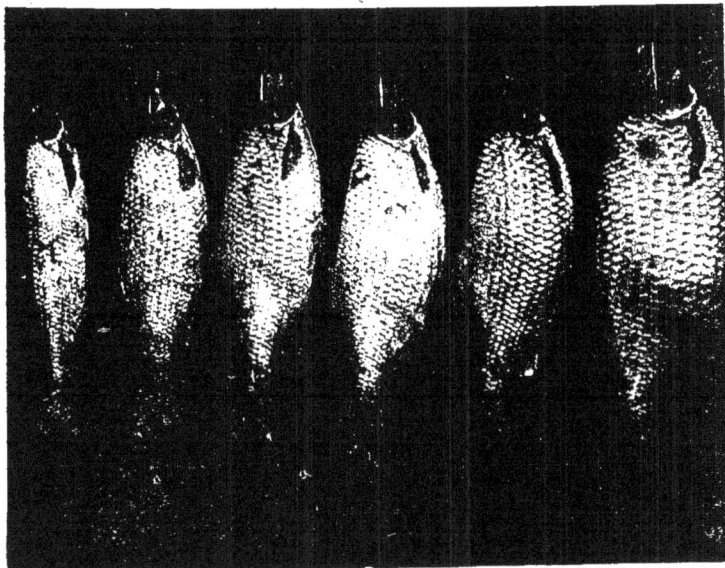

GARDONS

Pêche à la blanchaille

LE PETIT GARDON — LA BRÈME — LA VANDOISE — LE PETIT CHEVESNE
LE GROS GARDON

Le Gardon, la Brème, la Vandoise ou Vandaise constituent ce que nous nommerons la grosse blanchaille; il ne s'agit pas, bien entendu, de gardons dépassant le poids de 200 grammes ou de brèmes pesant plusieurs kilogrammes, mais bien de ces petites espèces que chacun se plaît à pêcher en été, soit du bord, soit en bateau, avec l'aide du blé, de l'asticot et des différentes amorces qui servent généralement à les attirer.

C'est la pêche la plus commune, et sinon celle des débutants du moins celle qui a été la plus décrite et qui se pratique le plus fréquemment.

Nous avons pêché la grosse blanchaille aux environs de Paris, dans la Seine, dans l'Orge, dans l'Yères, et chaque fois que nous avons changé de rivière nous avons été contraint de

modifier notre manière. Nous pourrions en déduire que toutes
les façons de pêcher sont bonnes à la condition de pêcher suivant la conformation de la rivière, le degré de son eau, sa profondeur, sa clarté et les habitudes de nourriture qu'y a prises
le poisson.

Une étude préalable des lieux est donc nécessaire au pêcheur
étranger, qui ne doit jamais négliger de se renseigner auprès
des habitants de la contrée où il a l'intention d'exercer ses
talents.

Dans la Seine, nous pêchions cette blanchaille au blé cuit, à
fond, à 3 et même 4 mètres, toujours en bateau et en amorçant la veille avec de la terre, du son et du blé cuit. Dans

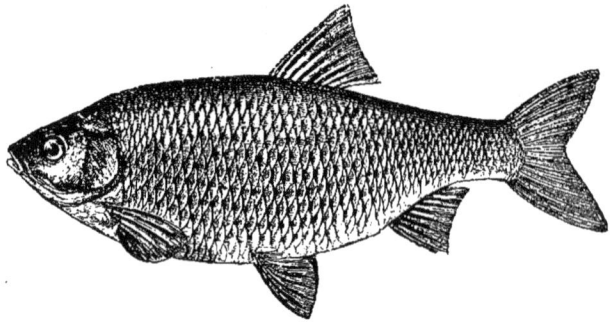

GARDON

l'Yères, nous ne prenions rien à fond avec blé cuit et asticot,
mais au contraire beaucoup de gardonneaux et de vandoises à
50 centimètres de profondeur. Les gardons de l'Yères, dans la
partie haute, Jarsy, Combs-la-Ville, ne mordent pas au blé. Pourquoi ? Nous l'ignorons, leur amorce préférée était l'asticot pour les
petits et le ver de bois ou cherfaix pour les gros gardons, qui
montent rarement à la surface. Dans l'Orge, il fallait toujours
pêcher à fond, et si l'on prenait de la blanchaille avec du blé et
de l'asticot, on faisait de superbes pêches surtout au ver de
fumier et au ver de vase.

Dans l'Yonne, nous pêchions du bord, et toujours au blé.
L'asticot ne valait pas grand'chose, et le ver rouge n'avait aucun

succès, qu'il fût de fumier ou de vase. Certains jours, suivant le temps, le pain faisait merveille et le matin, le cherfaix, qui se nommait là-bas loup-de-bois ou traîne-bûche, donnait en plein, alors qu'au soleil il n'y avait plus rien à faire. Mystère, mystère !

Tout conseil dans ces conditions serait superflu; pêchez la blanchaille comme il vous plaira. Après quelques jours d'essai et d'étude des eaux où vous tremperez votre fil vous serez passé

15 JUIN. — OUVERTURE !

maître dans la rivière que vous connaîtrez, alors qu'il vous faudra recommencer cet apprentissage le jour où vous changerez le théâtre de vos exploits.

Le point principal dans la pêche à la blanchaille est l'amorçage. Il est absolument nécessaire, car il rassemble au même endroit, sur le coup, le poisson disséminé dans la rivière et fait que l'attente n'est jamais vaine.

L'amorçage peut être fait de différentes façons, toutes sont bonnes et chacun préfère celle qui lui est propre: encore un point sur lequel nous n'insisterons pas. Cependant, de l'avis de tous les pêcheurs dignes de ce nom, il faut toujours amorcer la veille dans un endroit profond où un léger courant se fait sentir.

En pêchant du bord, vous aurez toujours la chance d'y réussir.

L'amorçage en eau calme réussit moins bien, à moins que l'on ne prépare le coup longtemps à l'avance. En effet, l'amorce restant sur place ne saurait attirer le poisson qui se promène au loin, elle ne retient à table que celui qui passe accidentellement. Avec un peu de courant, au contraire, elle porte au loin, en se désagrégeant petit à petit, des bribes du festin ; le poisson les cueille au passage et remonte à la source des victuailles.

Nous nous permettrons de citer notre amorçage préféré, il nous a toujours réussi dans la pêche à la blanchaille, et voici comment nous procédons :

Nous allons d'abord chercher de la terre glaise rouge très sèche, presque en éclats ou en plaques dures ; la glaise existe un peu partout, mais, faute d'en avoir, nous prenons de la terre de taupinière. Comme il s'agit, bien entendu, de la pêche à la campagne, nous faisons une ample provision de cette terre glaise, que nous mettons dans un coin du hangar ou de la cave, mais à l'abri. Lorsque nous voulons pêcher, nous en prenons la quantité suffisante pour plusieurs jours et la mettons tremper dans un baquet destiné à cet usage ; deux ou trois heures d'immersion suffisent pour la rendre à l'état de mastic. Pour vingt-cinq à trente boulettes de la grosseur des deux poings, c'est-à-dire 25 à 30 livres de glaise, nous versons dans le baquet où nous n'avons pas laissé d'eau 1 litre de débris de pain de chènevis en poussière. D'autre part, nous avons fait cuire, plusieurs heures à petit feu, 2 litres de beau blé en ajoutant à la cuisson sept ou huit étoiles d'anis étoilé. Cette graine coûte quelques sous et se trouve chez tous les pharmaciens. Lorsque le blé est cuit à point, ni trop, ni trop peu, nous en réservons 1 litre pour amorcer la ligne et nous versons l'autre dans la glaise. De cette dernière, du chènevis, du blé et de l'anis, nous faisons un mortier bien mélangé, puis des boulettes que nous mettons sécher un jour ou deux à l'ombre. Ainsi préparées, elles se conserveront indéfiniment, se durciront et ne se désagrégeront à l'eau que très lentement. Elles tiennent peu de place dans le panier à pêcher et, presque sèches, ne salissent rien. Dans le cas où l'on n'aurait pas d'anis étoilé, on peut le remplacer par du fenouil ou de la menthe sauvage, plantes que l'on trouve partout dans la campagne, de mars à novembre.

Nous choisissons l'endroit où nous avons l'intention de pêcher, et la veille, à cinq ou six heures du soir, nous y jetons quatre boulettes à 2 mètres de distance les unes des autres et dans le sens du courant, la première en amont, la dernière

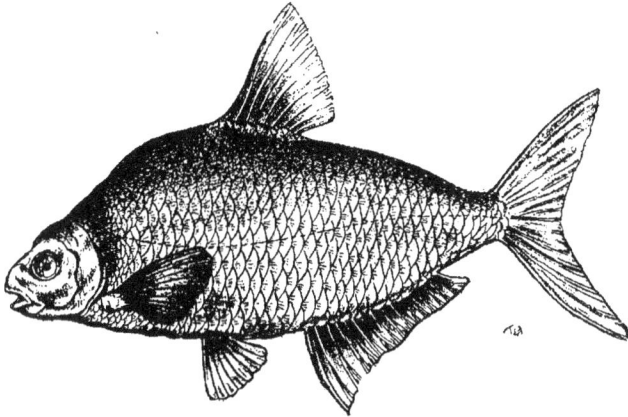

BRÈME

en aval, sur la même ligne. Douze heures suffisent pour bien attirer le poisson ; si les boulettes ont été bien faites, elles ne seront pas entièrement désagrégées après ce laps de temps. En arrivant sur le coup pour pêcher, on jette une première boulette, et d'heure en heure une autre, mais une seule à la fois et toujours en reculant un peu sur la première.

La mise à l'eau de la ligne doit avoir lieu à 5 ou 6 mètres au-dessus de la première boulette, de façon que ce soit le courant qui amène l'amorce à l'endroit même où sont réunis les poissons. Le pêcheur suit ainsi doucement son flotteur entraîné par le courant, et lorsqu'il est parvenu à dépasser la dernière boulette de quelques mètres, il retire sa ligne à l'eau, remonte doucement à pied en s'éloignant du bord. Nous préférons cette pêche cent fois à l'immobilité obligatoire du bateau. Quant à l'esche elle n'a point d'importance et il n'est pas nécessaire de pêcher au blé si l'on a amorcé au blé ou à l'asticot, si c'est cette dernière amorce qui a été mise dans la glaise; non, l'amorçage est destiné à attirer le poisson; tout ce qu'il aime et qui passe à sa portée, il le prend et l'avale; on peut donc pêcher à son amorce préférée sur un amorçage différent, en tenant compte simplement, comme nous l'avons dit tout à l'heure, des préférences étudiées à l'avance du poisson dans la rivière où l'on a coutume de pêcher.

Nous donnerions bien ici quelques conseils pour monter une ligne à gardons, mais, comme nous l'avons déjà dit, ils ne seraient pas écoutés, chacun ayant sa manière, et bien monter une ligne étant impossible, si l'on n'a pas été montré *de visu* par un amateur qui s'y connaissait déjà.

Le principal est d'être monté finement, tant en hameçons qu'en crins, fil, soie ou florence. Le flotteur doit être léger, toujours en plume pour cette pêche, et le plomb le doit très bien équilibrer de façon qu'il se tienne presque droit dans l'eau et ne dépasse la surface que de 1 centimètre à peine. Le bout est ordinairement rouge, et, malgré cela, lorsqu'il fait un peu de vent, par conséquent des rides ou des vaguettes, c'est à peine si l'on peut le distinguer sur l'eau.

Nous avons connu un grand pêcheur de gardons qui préférait le flotteur en liège à celui en plume, mais il faut dire qu'il pêchait le gros gardon de fond et qu'il fabriquait lui même ses flotteurs, si finement qu'on eût pu les croire un simple fuseau.

Le désespoir du pêcheur de grosse blanchaille est la capture de l'ablette méprisée. Sur le coup, elle se tient à la surface ou peu profondément, et se précipite sur l'esche dès qu'elle tombe; elle l'entraîne au loin sans plonger et la plume, au lieu de descendre sous l'onde, se relève et de perpendiculaire devient horizontale; on sait donc immédiatement si l'on a affaire à une ablette. Très rarement elle mord au fond, où elle ne se tient pas ordinairement, et si cela arrive par accident, elle est toujours très grosse et vaut la peine d'être capturée, et il n'y a plus de déshonneur à s'en emparer pour l'envoyer rejoindre les gardons à la filoche. Afin d'éviter la pêche intempestive de l'ablette, on se trouve quelquefois obligé, dans les rivières où il y en a beaucoup, de charger fortement en plomb, et par conséquent d'avoir un plus gros flotteur.

Naturellement, l'esche tombe bien plus vite à fond et ne laisse pas à l'ablette le temps de mordre.

Le gardon aspire l'amorce délicatement, c'est à peine s'il

SUR LA GLACE

fait remuer la plume, et il ne l'enfonce que de 1 centimètre ou 2; la vandoise mord de même, mais tire en pente et profondément, régulièrement, avec rapidité, c'est une flèche! La brème, la petite, bien entendu, mordille trois ou quatre fois avant d'entraîner le flotteur qu'elle promène sur l'eau à plat, comme l'ablette, mais en le faisant plonger fréquemment; le petit chevesne, ou petit blanc coureur, en grossier personnage qu'il est, fait plonger le flotteur d'un seul coup brusque, et comme à cette pêche on a toujours fort peu de bannière, il entraîne tout et même fait plier la pointe de la gaule jusqu'à

l'eau. Si l'on n'a pas la main prompte, il lâche l'amorce immé
diatement à la moindre résistance, ce qui fait qu'on en manque
fréquemment.

Un pêcheur de blanchaille doit donc toujours, grâce à
ces remarques souvent faites pendant une longue pratique et
presque toujours régulières, — en tout il y a des exceptions, —
savoir ce qui mord et dire : « Je vais sortir tel ou tel poisson. »
Il est rare qu'il se trompe et doit donc ferrer en conséquence.
Il arrive parfois qu'à cette pêche on capture une petite perche,
surtout à l'asticot; c'est la surprise agréable. Il nous est aussi
arrivé de prendre de temps à autre sur le fond des goujons et
des barbeaux gros comme le doigt, lorsque l'amorce touchait
sur un relèvement du sol, surtout lorsque nous pêchions sur
des sables. En pêchant à la blanchaille on constate fréquemment que l'amorçage a attiré de très grosses brèmes qui, toujours très méfiantes, se tiennent du côté du large à 1 mètre
ou 2 en dehors du coup; elles ne mordent ni au blé ni à l'asticot, et encore moins aux autres amorces ; seul le ver rouge
de fumier excite leur gourmandise. Lorsque l'on est un véritable amateur de pêche, on fait naturellement tout son possible
pour les capturer. Pour cela, ayez une seconde ligne solidement
montée, mais toujours avec un petit hameçon, la brème a le
museau étroit et sensible. Pour amorcer, un ver bien frétillant,
et vous donnez à cette ligne 50 centimètres de fond en plus de
la profondeur moyenne de la rivière, de façon que le ver
traîne bien sur le sable et soit continuellement remué par le
léger courant. Vous lancez alors à quelques mètres en dehors
de votre coup : si vous êtes à terre, du côté du large, si vous
êtes en bateau, du côté opposé à celui où vous pêchez la blanchaille.

Vous posez la gaule en ne la surveillant que de temps à autre.

Si une brème mord, vous aurez tout le temps voulu de changer
de gaule ; elle mordra très lentement, presque comme une
tanche. Malheureusement, au lieu d'une brème de plusieurs
livres, vous pouvez avoir affaire à un simple goujon venu là par
hasard, et sa capture vous causera une cruelle déception, mais
ce sera toujours une bonne bouchée de plus pour la friture.

Après avoir longuement parlé de leur pêche, il nous faut

maintenant donner quelques détails sur les poissons que nous avons cités. Bien connaître leurs habitudes, c'est les avoir à demi dans sa filoche.

Le petit blanc, le chevesne en bas âge, n'a pas de mœurs spéciales, c'est l'enfance du chevaine; il est plus joueur que son papa, voilà tout, et préfère les sables où il va courir en se faisant miroiter au soleil, et pour plus de détails nous renverrons nos lecteurs au chapitre du Chevesne.

La brème est un poisson de la famille des Cyprinoïdes; elle paraît avoir été inconnue de nos ancêtres, car on n'en retrouve aucune trace dans les manuscrits les plus anciens. A l'époque

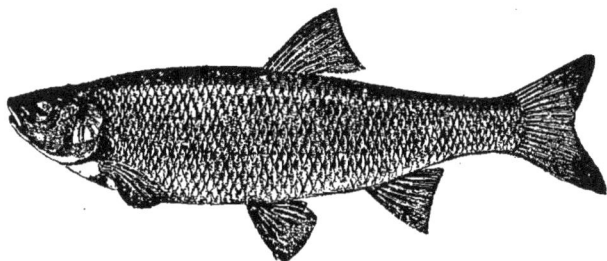

VANDOISE

de la fécondation des œufs, ce poisson devient très rugueux; sur la main il fait l'effet d'une râpe à sucre ou de papier de verre, et sa chair n'est réellement pas mangeable. Certaines brèmes sont marquées de points rouges : ce sont, dit-on, les chefs des brèmes; dans nos eaux elles sont rares, et on les trouve plus communément en Allemagne.

Il y a deux espèces de brèmes; celle que nous considérons comme blanchaille porte le nom de *hazelin*, mais plus communément dans le peuple on la nomme *brème bordelière*. Ce nom lui vient de son habitude de fréquenter les bords de la rivière, les préférant au milieu du courant. C'est un pauvre poisson et un poisson de pauvre pêcheur. Elle est très petite, presque tout en arêtes, sa chair est mollasse et souvent amère; cependant elle fait une friture passable, et comme faute de grives on mange des merles, faute d'autre chose on lui accorde une qualité qu'elle n'a pas. Tel n'est pas le cas de la grosse brème; large et plate comme un battoir de laveuse, elle atteint parfois jusqu'à 60 centimètres de long et peut peser jusqu'à 5 kilogrammes.

Elle a le dos très large et très en chair; cette chair est fine, très blanche et d'un goût parfait si ce poisson n'a pas été sorti d'un étang trop vaseux. Au quinzième siècle on disait : « Si tu as une brème invite ton ami », et Théophile Sylvestre dit d'elle qu'elle a l'habitude de vivre en concubinage antimusulman, car une seule femelle entretient cinq ou six amoureux, juste le contraire du goujon !

La brème est douée d'une grande force de natation; on prétend même qu'elle entraîne au fond de l'eau et noie les oiseaux de proie qui se sont emparés d'elle pendant son sommeil à fleur d'eau, et dont les griffes crochues ne peuvent plus se dépêtrer.

Bloch a compté jusqu'à cent trente-sept mille œufs dans une brème de 3 kilogrammes.

La brème vit par troupes nombreuses, il n'est pas rare de voir toutes les grosses brèmes d'un lot de pêche réunies au même endroit, d'où elles ne s'éloignent que fort peu de temps chaque jour pour chercher leur nourriture. Lorsqu'on a capturé une brème de belle taille, dans un trou quelconque de la rivière, il est bon de ne s'en éloigner que fort peu et d'y revenir chaque jour, surtout si ce trou est profond, d'eau calme et abrité du vent par de grands arbres. C'est en général un coin préféré des brèmes, qui y séjournent tant qu'un incident ne les en a pas à jamais éloignées. En hiver on pêche les brèmes en faisant un trou dans la glace, lorsque la rivière est entièrement gelée. Attirées par l'air dont elles sont privées depuis plusieurs jours, elles s'y rendent toutes et on les prend facilement au ver de terre ou même simplement en les accrochant avec un hameçon à trois branches fortement plombé. La petite brème bordelière est une amorce parfaite pour pêcher au vif et surtout à la ligne de fond, elle fait merveille. Plate, brillante, très vive, elle se voit au loin dans les eaux les plus troubles et s'agite constamment. Si elle n'est pas grossièrement blessée, elle vit très longtemps.

La perche et surtout le brochet en sont très friands.

La vandoise, qui se nomme à Paris *vendèze*, un peu partout

dard et dans certains départements *gravelet* et *rotteι*, ressemble
à première vue tellement au petit chevesne qu'on la confond
souvent avec lui.

Pour un observateur, elle est bien plus brillante, moins
massive, ses couleurs sont plus agréables, sa tête est plus petite,
plus étroite. La vandoise atteint rarement plus de 20 centimètres de long, et il est très rare d'en prendre qui soient d'un poids
dépassant la demi-livre. Dans certaines contrées, en Nor
mandie par exemple, on l'appelle improprement véron.

SUR LE COUP

Son nom de dard, le plus commun, lui vient de la rapidité
avec laquelle elle file sur les sables lorsqu'elle a peur; c'est une
véritable flèche. Il lui faut à peine d'eau pour naviguer, et souvent son ventre touche le fond alors que son dos sort de l'eau,
imitant un trait sous-marin lancé en zigzag, car la vandoise
voyage en faisant des crochets comme la bécassine des marais
fuyant devant le chasseur. La vandoise aime la société de ses
semblables, ou plutôt de sa famille. On rencontre ces poissons
par petites troupes, se jouant ou dormant sous le chaud soleil
de juillet. Elles se réunissent entre individus de même grosseur,
conséquemment de la même fraie, et si elles sont peu nom

4

breuses, vingt, trente au plus, c'est que les autres membres de
la famille ont disparu à la suite de diverses catastrophes. Comme
le chevesne, elle mord à la mouche pendant les mois chauds,
mais en eau profonde il est préférable de la pêcher à l'asticot
ou au blé, encore faut-il que ce dernier soit petit et bien cuit.

C'est un très bon poisson de friture, très gras; lorsqu'il a
vécu en eau claire et courante, sa chair n'a jamais de mauvais
goût; elle est si fraîche à l'œil que, comme le gardon, elle a
servi de terme de comparaison.

C'est aussi une très bonne amorce pour la pêche au vif.
Une amusante façon de pêcher la vandoise à l'épervier est de

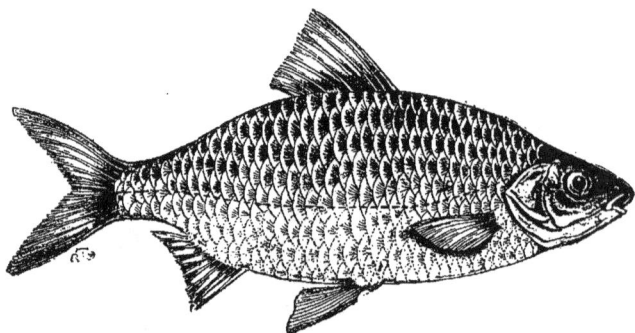

GARDON ROUGE

la prendre à la course; nous en parlons au cours de cet ouvrage
(voir Épervier).

Un des caractères distinctifs de la vandoise est sa nageoire
dorsale avec sept rayons rameux.

La pêche au gardon est peut-être la plus répandue et la
plus connue. Lorsque vous rencontrez un monsieur ou une
dame allant à la pêche accidentellement, vous arrive-t-il de leur
demander ce qu'ils espèrent pêcher : « Du gardon », vous
répondent-ils. — A Paris, tous les pêcheurs du dimanche qui
prennent les trains aux différentes gares vont pêcher du gardon
avec le blé cuit, le pain ou l'asticot. C'est, comme nous le
disions, la plus commune, mais c'est aussi la plus difficile !

Pour bien pêcher le gardon, il faut une légèreté de main

remarquable, un coup de poignet spécial ; les beaux pêcheurs de gardons sont rares, et ne l'est pas qui veut. Le gardon est un poisson gracieux, frais, joli à l'œil, propre. On dit du reste un peu partout : « Frais comme un gardon. »

Le Larousse donne le radical *garder* parce que, dit ce dictionnaire, ces poissons se gardent longtemps. C'est une explication bien fantaisiste et les gardons, à notre avis, se gardent morts encore moins longtemps que les autres espèces. Quant à vivre longtemps vifs et frétillants en des récipients ou en des boutiques, il n'y faut pas songer, tous les pêcheurs connaissent la fragilité de ce poisson.

La principale distinction du gardon est ses dents pharyngiennes, au nombre de cinq ou six à l'entrée du gosier.

Il n'est cependant pas nécessaire de l'ouvrir ou de le gargariser avec le doigt pour savoir si l'on a affaire à

L'AMATEUR DU DIMANCHE

un gardon ou à une autre espèce de poisson, car il n'est pas un enfant qui ne le connaisse et ne le reconnaisse, et il faudrait n'avoir jamais mis les pieds au bord d'une rivière pour ne pouvoir le désigner à première vue par son nom de baptême. La couleur rouge de ses nageoires et de ses yeux, ses reflets dorés lui ont fait donner une quantité de noms qui ont le mot rouge pour racine. On le nomme *rousset, roussette, roche, rosse, rosette, roussot, rousse*, etc., etc. Il est excessivement répandu dans toutes les eaux européennes, est très commun principalement en France, et J. Crespon prétend qu'on le rencontre parfois dans la mer. O. de Bomare dit que le gardon est le poisson qui se multiplie le plus. Nous lui laissons la responsabilité de son appréciation.

Pêchant dans l'Yères à l'épervier, le 10 janvier, nous relevions, demi-pourries, des branches énormes couvertes d'œufs de gardons; et cette rivière étant froide et profonde, cela démontrerait que le gardon, dans certaines eaux, n'attendrait en aucune façon le printemps ou l'été pour sa ponte.

Ces œufs étaient prêts à éclore.

Le gardon se nourrit principalement d'herbes aquatiques, ce qui, dans les rivières à eau dormante, ne manque pas de lui laisser un vilain goût de vase souvent mitigé d'un peu d'amertume.

Il est facile de lui enlever ce double goût désagréable en lui versant, quand il est encore vivant, quelques gouttes d'alcool,

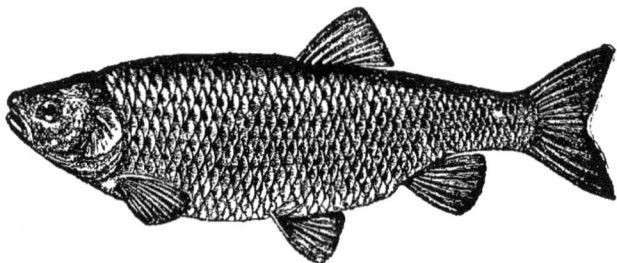

CHEVESNE

surtout de cognac, dans le gosier. Il s'agit ici, bien entendu, des gros gardons, que l'on nomme gardons carpés ou gardons de fond, et qui pèsent souvent de 500 à 800 grammes. On en a pris même de plus gros, et nous ne citerons comme exemple que celui capturé par M. Moutet dans la Nonette (Oise), au mois de juin 1803 ; il pesait 1040 grammes et ne constituait pas, au dire de son pêcheur, une extraordinaire rareté. (*La Pêche moderne*, 15 juillet 1903.)

Le gardon rouge, qui est le plus joli des trois espèces de gardons, se nomme *rotengle*; il est supérieur comme qualité au gardon commun, moins joli de forme et de couleur. Quoi qu'il en soit, le gardon en général n'est pas très estimé; dans le Midi on l'appelle *étrangle-valet*, voulant démontrer qu'il ne saurait être bon que pour les valets. Un proverbe assez commun

dit : « Donner un chabot pour avoir un gardon », échanger
quelque chose de mauvais contre quelque chose de pas fameux.
Empressons-nous de dire que nous ne partageons aucunement
cet avis sur le chabot, et que nous le considérons, tête et peti-
tesse à part, comme un succulent manger. Nous avons conté
que le gardon se nourrissait d'herbes et de matières végétales;
c'est son ordinaire, mais il est aussi grand amateur de cherfaix,
de blé cuit, d'asticots, de mouches, et ne dédaigne pas le ver

AU FIL DE L'EAU

rouge de fumier ou le ver de vase. Le ver de terre ou de
fumier serait très bon, mais il faut le couper en tronçons, car,
s'il était entier, le gardon le mordillerait du bout et ne se
prendrait que rarement à l'hameçon.

On capture surtout le gardon de fond ou gardon pâle à la
mie de pain, au cherfaix, nommé aussi traîne-bûche.

Le traîne-bûche est la larve aquatique d'une mouche, la
phrygane; il faut lui enlever sa carapace faite de débris d'écorce
et de fétus. On l'accroche ordinairement en enfonçant la pointe
de l'hameçon entre la tête et le corps et en le faisant ressortir

par la queue. Ce procédé ne tue pas le cherfaix et lui permet d'agiter les pattes et de sembler plus naturel.

Lorsque l'on pêche le gardon au pain, il faut bien se garder de faire des boulettes avec la mie ; il faut au contraire choisir les parties de cette mie qui collent et se lèvent en plaques, formant les cloisons séparant les vides du pain. On y rentre l'hameçon à plat en le faisant traverser et ressortir deux ou trois fois.

Dans ces deux cas, on pêche toujours le gros gardon à fond, à quelques centimètres du sol et dans les endroits libres et calmes situés entre les herbes. Le petit gardon, que nous considérons, avec l'ablette, la vandoise, la petite brème et le jeune chevesne, comme blanchaille, peut se pêcher à l'asticot à très peu de profondeur. Il est peu farouche, et dans l'Yères, par exemple, où nous le pêchions souvent, nous en voyions venir des bandes qui se jouaient sous notre bateau. Nous en capturions à vue en les voyant mordre, tant l'eau y est claire et ce poisson peu farouche.

Au blé, il est nécessaire de le pêcher à fond et dans un léger courant.

Le poisson ne mord pas, il aspire et renvoie l'eau par les ouïes. Le gardon qui a faim aspire donc le grain de blé, qu'il touche à peine du bout des lèvres ; le flotteur remue légèrement en faisant un quart de cercle, puis s'arrête, le gardon n'ayant pas pris l'amorce. Sans bouger de place, il aspire de nouveau, mais cette fois il prend le blé dans sa bouche ; la plume oscille et s'enfonce de 1 centimètre. Cela dure un dixième de seconde, c'est l'instant de ferrer, sans quoi, à la moindre résistance, au moindre soupçon, le poisson renverrait l'amorce et, défiant, ne reviendrait plus. C'est donc, comme on peut le constater, une pêche toute d'adresse, de coup d'œil et de promptitude.

COIN A VÉRONS

La Pêche du Véron

Petit poisson deviendra grand
Pourvu que Dieu lui prête vie !

Mais lui, le minuscule Vairon, pas ambitieux pour deux sous, reste toujours petit ; c'est certainement de nos poissons comestibles le plus mignon, car on ne saurait considérer l'épinoche comme un plat bon à mettre sur la table d'un pêcheur, si peu exigeant qu'il soit.

La taille du véron ou vairon ne dépasse pas 6 centimètres, il a le corps arrondi sur les côtés et tout couvert d'une peau d'apparence gaufrée.

M. Blanchard écrit que le véron, dans les temps ordinaires, a le dos verdâtre ou bronzé, les côtés marqués de taches et de bandes noirâtres et pointillées de la même couleur, mais au printemps et surtout à l'époque du frai, le dos prend des tons bleus métalliques, chatoyants.

Souvent il a le museau et le ventre noirs ou rouges et, quand ils le pêchent, suivant sa couleur de sang ou de charbon, les enfants le baptisent : *charbonnier* ou *médecin*.

C'est à peu près le seul qualificatif que l'on ajoute dans le Centre au nom de véron, quoique, en d'autres contrées, on l'appelle : *lisse, arlequin, gendarme, viroun, erling, vergnole, loque* ou *gravier*.

Le véron a ses amitiés et ses préférences ; il prise les petits ruisseaux herbus et voisine volontiers avec les loches, les lamproies, les chabots et les épinoches.

Le véron choisit presque toujours pour sa ponte les rivières où il y a fort peu d'eau. Les œufs, entraînés par le courant, vont se loger dans les interstices du menu gravier, et comme aucun poisson n'ose se risquer à une aussi petite profondeur, sa ponte n'a rien à craindre et ses œufs éclosent à merveille.

C'est ce qui explique l'abondance générale du véron dans toute la France, et particulièrement dans la Nièvre, où d'innombrables petits ruisseaux viennent grossir l'Yonne.

On en fait une consommation effrayante pour la pêche au vif, c'est par centaines de mille qu'on les prend tous les ans dans le Beuvron, un affluent de l'Yonne.

Le Beuvron est un ruisseau très peu large, très peu profond, qui longe les anciennes murailles de la ville de Clamecy, comme un simple fossé ; de partout il est entouré de maisons. On y lave le linge, et on y jette toutes les ordures ménagères ; le véron y vit comme un coq en pâte et forme au fond, sur les vases et les sables, un véritable lit de poissons grouillants.

Ce sont les riverains qui ont, pour ainsi dire, le monopole de sa pêche ; à l'état constant, ils ont une ou deux bouteilles dans l'eau. Ils les retirent deux fois par jour, pleines de vérons empilés, quoique vivants, comme des sardines dans leur boîte de conserve, et les versent dans de larges boutiques submergées où ces pêcheurs improvisés en ont quelquefois jusqu'à deux mille.

Lorsqu'on veut aller à la pêche, il n'y a plus qu'à venir puiser à même dans ce petit vivier que son propriétaire complaisant tient toujours à la disposition de ses amis dont les habitations ne donnent pas sur l'eau.

Les enfants s'amusent quelquefois à pêcher le véron à la

ligne avec des épingles simplement recourbées ; ils ont aussi de
petits carrés de toile métallique attachés aux quatre coins par des
ficelles, mais ces pêches-là sont des amusements du premier
âge, et seule la *bouteille* est réellement l'instrument nécessaire
à la pêche du véron.

La bouteille est un engin prohibé, on ne saurait s'en douter,
car si elle n'enrichit pas les négociants en porcelaine, du
moins est-elle une véritable branche productive de leur com
merce ordinairement peu fructueux en province.

C'est une grosse carafe de verre blanc, au goulot large, au
fond en entonnoir défoncé à l'extré-
mité ; on met de la mie de pain à l'intérieur, on la bouche avec un gros
liège, ou une pomme de terre, — parfaitement ! — en ayant soin de laisser deux
trous afin que l'eau puisse pénétrer ; on
met autour du goulot un collier de
plomb pour que le liège et l'air ne
dressent pas l'engin debout dans l'eau,
on y noue une ficelle de 7 à 8 mètres
pour le tirer ou pour le lancer, et voilà
l'objet prêt pour la pêche.

Une bouteille ordinaire coûte treize
sous avec son liège ; lorsqu'elle est
plus grosse et plus fine de verre, on la vend jusqu'à 1 franc.

On choisit un endroit où les herbes forment une goulette,
on y jette de loin la bouteille, elle se remplit d'eau par le fond
percé, et coule à plat sur le sol ; là, en tâtonnant, en tirant plus
ou moins la ficelle, on la fait se placer au bon endroit, le goulot
en amont ; il n'y a plus qu'à attendre, ce qui en général n'est
pas très long.

Messieurs les vérons qui n'ont pas perdu le goût du pain,
au contraire, flairent la bonne mie fraîche, il viennent buter la
bouteille avec le nez, ils tournent autour, s'approchent de l'ouverture, et se reculent méfiants.

Ils sont là, quelquefois deux ou trois cents, massés en
arrière du garde-manger ventru et tentateur.

Enfin l'un d'eux, plus hardi ou plus bête, s'élance !

D'un coup de nageoire, il atteint l'ouverture, y pénètre comme une flèche et se met à table. Les autres se pressent, se bousculent, veulent entrer tous à la fois et entrent aussi ; en dix minutes voilà la bouteille pleine, il n'y a plus d'eau, il n'y a plus que du véron !

Ceux qui se sont gavés essayent bien de se tirer des nageoires, mais ils ne le peuvent, le trou en forme d'œillet de nasse est en avant, et toujours il vont buter du museau au fond même de la bouteille.

Nous en avons tellement et tellement vu prendre de ces malheureux vérons, de juin à décembre, et même au printemps, pendant des ans et des ans, que c'est réellement un miracle qu'il y en ait encore, ceux qui restent pendant l'hiver ne peuvent décemment produire ceux que l'on pêche ainsi pendant l'été.

Il faut qu'ils redescendent la rivière à certaines époques et s'établissent dans la ville même où, pour eux, le couvert est toujours mis grassement par les riverains.

Ici vient se placer une anecdote que ne renierait pas le rabelaisien écrivain Armand Silvestre. Nous demanderons au lecteur la permission de la lui conter, en essayant, de notre mieux, de voiler et de gazer, mais nous sommes entre pêcheurs, n'est-ce pas ? et pour une fois !...

Donc, à cette époque-là, il y a déjà pas mal d'années, les gamins, tout comme aujourd'hui, pêchaient le véron dans le Beuvron. Alors, mais beaucoup mieux qu'aujourd'hui, les maisons bordaient la rivière, et avaient, c'est le cas de le dire, les pieds dans l'eau.

Pour éviter des frais et de faire gagner bénévolement les compagnies Richer ou Lesage, les propriétaires avaient installé, au-dessus de la rivière même, les endroits où nous allons tous, pauvres et riches, et où le roi lui-même va à pied, comme la vertu.

Ce n'était pas luxueux, un petit toit avancé, une planche de chêne percée d'un trou rond et, avec ça, pas le moindre petit morceau... de tuyau!

En hiver, on y avait plutôt froid, mais en général les rhumes de cerveau ne s'attrapent pas de cet innommable côté.

Donc, par une claire après-midi de juillet, un gamin d'une dizaine d'années, devenu depuis le sénateur X..., pêchait des vérons à la ligne.

L'eau était basse, il faisait chaud, le collégien entra jusqu'aux genoux dans le lit de la rivière, et, pantalon retroussé, se

A LA BOUTEILLE

mit à pêcher devant lui. Naturellement, il suivait ainsi le mur des maisons et passait sans s'en douter sous les *buen retiro* des propriétaires ; à un moment donné, il leva la tête et aperçut au-dessus de lui, à sa grande stupéfaction, une superbe lune encadrée par l'ouverture de la planche de chêne.

La lune nouvelle à midi, c'était déjà chose rare, mais celle-là était dans son plein ; le gamin ne put résister à la tentation de faire une mauvaise plaisanterie ; sa gaule était longue et pointue, il prit ses précautions, visa juste, et d'un seul coup sec... pan ! il fit, comme les caissiers, un trou à la lune !

Le bout de la perche y resta, et le gamin s'enfuit à toutes jambes, poursuivi comme Caïn par sa conscience, mais sa conscience se faisait entendre d'une façon formidable et poussait dans son chalet de nécessité des cris qui n'avaient plus rien d'humain.

Le futur sénateur ne s'en vanta pas, on ne sut le nom de l'auteur que beaucoup plus tard, mais, depuis cette époque, cette attaque d'un nouveau genre ayant fait du bruit, on supprima une partie des cabinets situés sur le Beuvron, et ce furent encore ces malheureux vérons qui en pâtirent d'autant. On leur retirait un couvert !...

Un matin, il nous arriva des amis de Paris, rien n'était prêt pour la pêche, et ils voulaient pêcher à toute force ; nous leur proposâmes d'aller prendre des vérons. Armés de trois bouteilles, nous nous rendîmes sur le pont du Beuvron, au milieu de la ville ; on plaça les engins et nous les fîmes garder par un gamin. Un café étant voisin nous abrita d'une petite pluie fine qui tombait. En une heure et demie, nous relevâmes trois fois les trois bouteilles, et lorsque l'on compta la pêche, nous avions six cent vingt vérons.

Le véron est délicieux en friture, on le mange aussi en omelette ; les amateurs, comme pour la bécasse, ne le vident pas, mais les dégoûtés, sans l'ouvrir, lui pressent sur le ventre et le nettoient ainsi.

C'est une délicieuse amorce pour le chevesne, et comme il est plus facile à certaines époques de le prendre que le goujon, on s'en sert beaucoup pour appâter les lignes de fond ; dans ce cas, on ne le coud pas, et on se contente de l'accrocher par le nez.

Avec le véron, on pêche toutes les espèces de poissons qui se prennent au vif.

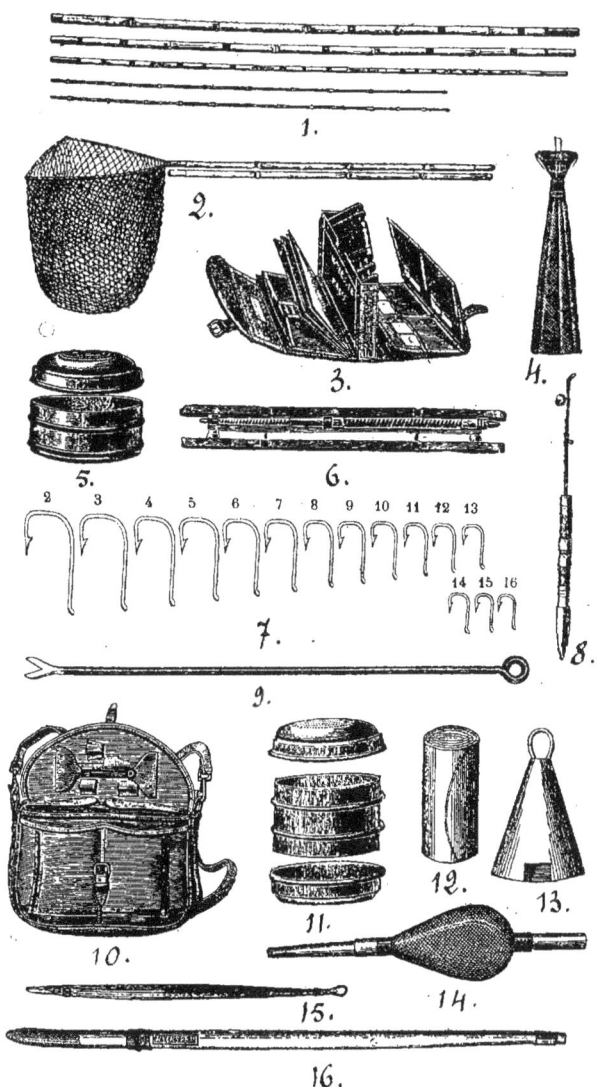

1. Canne à gardon, brême, etc. — 2. Épuisette pliante « La Phénix ». — 3. Portefeuille à lignes, etc. — 4. Filet à poissons. — 5. Boîte à amorces. — 6. Ligne à gardon montée. — 7. Hameçons carrés blancs. — 8. Manche à grelot. — 9. Dégorgeoir. — 10. Carnier « Le Champion ». — 11. Double boîte à amorces. — 12. Sonde en plomb laminé. — 13. Sonde conique. — 14. Bouchon français en liège. — 15. Flotteur en porc-épic. — 16. Flotteur en plume.

(Clichés de *la Pêche moderne*, **Wyers frères**, dir., quai du Louvre, 30, Paris.)

Grandes Pêches

La Perche. — Le Brochet. — Le Chevesne. — La Tanche.
— Les Pertuis, — Le Chondrostome. — La Truite. — L'Anguille. — Pêches de luxe. — Les poissons de la pêche à la ligne.

PATIENCE !

Grandes Pêches

La Perche

La Perche adore les eaux courantes et les pierrailles ; elle se plaît donc infiniment dans les endroits où l'eau est fréquemment battue par les éclusées et, par-dessus tout, très claire.

Elle se cache dans les trous de roche ou dans les herbes et chasse à sa guise le menu fretin qui vient se jouer auprès des travaux d'art.

Presque toujours la perche voyage par bandes et toutes, aux heures de famine, se lancent à la poursuite de la même

5

proie, qui, fatalement, finit par tomber dans la gueule de l'un des membres de la société. Les rivières les plus calmes n'en ont pas moins parfois quelques écarts et, par-ci par-là, au coin d'une roche, sous le tronc d'un arbre, au tournant brusque de leurs rives, elles quittent leur calme et coulent un peu plus vite.

A gauche ou à droite de ce léger courant se dessine un remous de quelques mètres carrés où l'eau tourne lentement, formant en son centre un emplacement absolument tranquille. C'est là qu'il faut pêcher la perche avec beaucoup plus de chance que partout ailleurs. On désigne cet endroit par le nom de « mort ».

Sans bruit, caché par les broussailles ou les arbres, on laisse descendre le vairon à l'eau.

S'il n'y a rien dans le mort, le flotteur remue légèrement, d'une façon régulière, et il n'y a plus qu'à attendre le passage d'un gibier quelconque.

Mais si une perche s'y trouve, peu importe qu'elle ait déjà déjeuné ; voracement elle se précipite sur l'appât qui fuit, entraînant le flotteur dans un véritable sillage.

Vous êtes averti, il n'y a plus qu'à choisir l'instant de ferrer. Cela est souvent long, si la perche est petite, car elle a l'appétit large et la gueule étroite ; connaisseuse, elle déguste son déjeuner.

Le flotteur qui s'agite et s'enfonce légèrement, pour remonter ensuite par petites secousses, vous en dit plus long, sur les mystères qui se passent au fond et sur le crime qui s'y commet, que toutes les explications de votre *Manuel du bon Pêcheur*, car il vout dépeint exactement l'agonie du malheureux vairon, mangé vif, un supplice que nous ne souhaitons pas à notre pire ennemi.

Il y met baucoup de mauvaise volonté, le vairon ! Mais tout vient à point à qui sait attendre. Le voilà, tête en avant, presque entré en entier dans la gueule du loup, c'est à peine si un petit bout de queue passe encore ; le flotteur ne bouge plus.

La perche plonge pour gagner le fond et filer autre part ; elle a des regrets, des inquiétudes et un poids sur l'estomac.

Comme le remords, le liège suit en pente douce, mais sans
se presser ; on dirait qu'il quitte la surface de l'eau avec la certitude d'y revenir prochainement ; son départ est narquois.

Si vous êtes nerveux, ou simplement impatient, tirez, la
perche est prise, mais si vous êtes patient comme tout bon
pêcheur doit l'être, laissez-la filer.

C'est si agréable et si doux à l'âme d'un chevalier de la
gaule cette fuite du « bouchon »

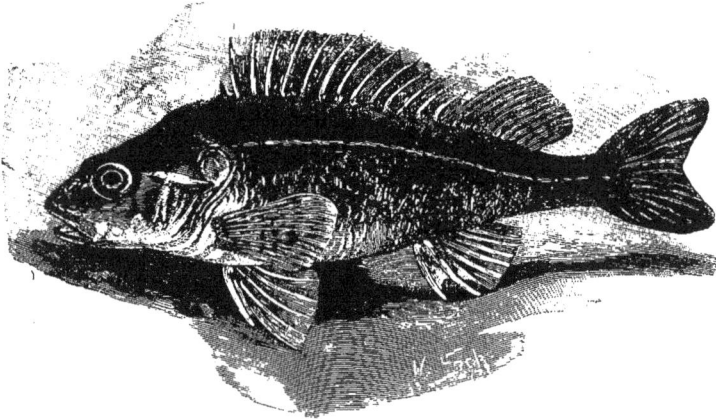

PERCHE

Inutile de se presser, la perche ne lâchera pas son amorce,
elle se prendra au besoin seule.

Enfin, il est temps ; il vous reste à peine quelques centimètres de bannière hors de l'eau.

Tirez, peu importe comment, la perche viendra, si elle est
petite, sans aucune résistance : un faux départ à droite, un
autre à gauche, et la voilà raide, comme dans la friture. Elle
fait la morte et se sent tous les sangs tournés par cette envolée
vers des cieux inconnus : l'aérostation n'est pas son fort.

Mais si elle est de forte taille, gare à vous ! Faites appel à
toute votre science ; elle se défendra courageusement et vous
pourriez bien, après avoir vu ses grands yeux méchants

paraître à la surface, n'avoir plus en main que... votre perche...
de ligne.

La perche est un fort joli poisson doré et rayé de noir ; sur
son dos, défense terrible, dont elle se sert adroitement, se
dresse une nageoire épi-
neuse, terminée par treize
à quinze pointes aiguës.
Leur piqûre occasionne
souvent de la suppuration,
voire même des panaris.
Pour se défendre, elle se
rend horrible, fait le gros
dos, enfle sa tête, et écarte
ses opercules dont les extrémités, à angle droit,
sont armées de pointes
aiguës.

Son nom — en latin
perca — est celui des Grecs,
celui d'Aristote, à peine
modifié, qui veut dire rayé
de noir. De l'ordre des
Acanthoptérygiens, ou
Anarthroptérygiens, —
ouf!... ça y est..., — elle

L'ENFILOIRE

est le type de la famille des Percides, qui comprend d'assez
nombreuses espèces.

Dans certaines eaux boueuses, mares ou petits étangs, où la
crue l'a portée et où elle est réduite à la portion congrue, la
perche prend parfois, surtout lorsqu'elle est vieille, la forme
d'un véritable monstre ; elle se raccourcit, sa queue s'amincit
et son dos forme une bosse énorme, tandis que ses écailles
deviennent toutes rugueuses et noires ; c'est le cas de le dire,
la malheureuse n'a plus figure de perche !...

La perche nage avec une grande vitesse, et, en quelque
sorte, par saccades ; on la voit souvent rester presque immo-
bile, puis se porter vivement à quelque distance pour reprendre
son immobilité première.

On trouve quelquefois dans la tête de la perche, vers la partie postérieure du crâne, des concrétions calcaires, connues sous le nom de pierres de perches. On s'en servait autrefois en médecine ; mais ce remède, qui, après tout, en valait bien d'autres, n'est plus de mode aujourd'hui.

On pêche aussi la perche au ver de umier, comme le goujon, et au poisson d'étain, ce dernier est presque partout interdit. Accidentellement nous en avons pris à la mouche pendant les temps orageux en pêchant à la sauteuse.

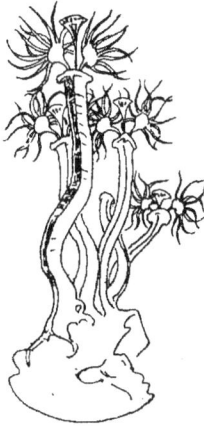

PREMIER PLONGEON DU FLOTTEUR

Le Brochet

En pêchant à la perche ou au chevesne, il arrive fréquemment que l'on prend du Brochet. L'inconvénient, c'est que le brochet a la dent solide et coupante, et que la florence la plus forte n'en a pas pour longtemps avec lui. Passé 2 livres, il faut être bien adroit pêcheur pour le sortir de l'eau.

Au vairon et monté sur florence, il est assez rare d'en attraper de très gros. On le pêche plutôt lorsqu'on désire le prendre exclusivement avec une ablette, un petit chevesne ou un goujon ; on en est quitte pour se monter en conséquence, presque toujours avec du laiton, la corde à guitare s'usant et se limant rapidement.

Son nom, suivant Plaute et les anciens auteurs, vient de *brochus* : celui qui a la bouche, les dents saillantes ; ou plus simplement des mots broche, brochette, à cause de sa forme allongée.

Poisson de l'ordre des Malacoptérygiens abdominaux, ou Physostomes, famille des Esocides, dont il est le type, très

commun en Europe, assez répandu en Asie et dans le nord de
l'Amérique. Le brochet est bien vu en poésie, et on le cite souvent ; lui et la carpe ont les honneurs de la rime :

> Elle était noble dame, habile en savoir-vivre,
> Et servait à son hôte, ainsi qu'il le fallait,
> Le ventre de la *carpe* et le dos du *brochet*.
>
> COLLETET.

> On avait pris dans un profond étang
> Un large intendant de rivière,
> Je veux dire un *brochet*. Brochet du plus haut rang
> Et qui fit reculer d'effroi la cuisinière.
>
> MERCIER.

Le brochet est excessivement vorace, il mange même les
siens.

On cite ce fait extraordinaire : dans un des bassins de Versailles, deux gros brochets, ayant dévoré tous les autres poissons,
restèrent seuls ; l'un des deux se précipita sur l'autre et lui
avala la tête, mais le corps ne put passer, et ils moururent
mutuellement étouffés !...

Jusqu'à 3 kilogrammes, le brochet croît très vite ; il augmenterait même de 50 grammes par mois, lorsqu'il trouve
facilement sa nourriture ; l'expérience aurait été faite plusieurs
fois dans de petits étangs peuplés de tanches et de carpes. On
en trouve partout, jusque dans les fossés et dans les mares qui
ne communiquent avec aucune rivière, et alors qu'aucune crue
n'a passé par là ; en voici la raison :

Les oiseaux aquatiques, notamment les échassiers riverains,
sont les semeurs du brochet. Ses œufs sont visqueux et ces
oiseaux les emportent collés à leurs pattes, pour les déposer
inconsciemment dans d'autres eaux. Il paraîtrait même que,
lorsqu'ils les avalent, les œufs, enduits d'une matière purga-
tive, ne sont pas digérés, mais bien rendus en nature dans l'eau,
où ils achèvent leur évolution.

Il y a des brochets de deux formes, — nous ne disons pas
de deux espèces : — l'un, allongé, élégant et joli de couleur ;
l'autre, massif, presque rond, court et noirâtre d'écailles, et, à
poids égal, l'un paraît beaucoup plus gros que l'autre.

Jusqu'à 12 livres, on distingue facilement le poids du

brochet, mais, passé ce chiffre, il n'est plus en proportion, et un brochet de 18 à 20 livres peut facilement se confondre, étant vu à part, avec un autre d'un poids bien inférieur.

20 LIVRES, 10 LIVRES, 6 LIVRES

Le brochet mord principalement le matin et le soir, mais il n'est pas rare d'en prendre à la ligne dans le milieu de la journée.

On le pêche beaucoup à la fermeture de la pêche, vers le mois d'avril, puis en octobre et en novembre.

Les bons endroits sont à la queue des herbes, dans les profonds d'eau, au pied des nénuphars et près des joncs, en eau

tranquille. Le brochet se plaît dans les noues et dans les fausses
rivières où les souches d'arbres, les racines de nénuphars, les
pierres empêchent toute tentative de pêche au filet ; ce n'est
donc qu'à la ligne que l'on peut prendre le brochet dans ces
endroits, et les pêcheurs nivernais ne l'ignorent pas ; c'est là
qu'ils vont chercher le caïman de la rivière. Comme il ne se
nourrit guère, dans
ces noues, que de
grenouilles, de tan-
ches, de carpes, de
tritons, il devient
friand d'ablettes et
de petits *blancs*.

Ces endroits sont
d'un pittoresque mer-
veilleux, et c'est un
véritable plaisir d'y
attendre la touche fa-
tale, à l'ombre des
peupliers qui les re-
couvrent entière-
ment.

Le brochet a la
gueule large, aussi
ne mord-il pas com-
me la perche ; il se
précipite sur sa proie
et, d'un seul coup,
l'entraîne ; mais en
ce moment il la tient en travers et l'hameçon est souvent au
dehors. Il faut bien se garder de se presser et lui laisser le temps
d'engloutir son déjeuner. Ferré, il est souvent pris par la
langue, ou il a l'hameçon dans le cou.

MAUVAISE PÊCHE, BONNE PROMENADE

Mais, malgré le laiton solide, il n'est pas encore dans la
filoche ; il se débat, se laisse tenir raide ; arrivé près de la
surface, fait un tête-à-queue formidable, et se détend comme
un ressort ; il n'est pas rare de le voir casser bannière et
perche et filer avec le tout, ou de laisser partir avec l'hameçon

un morceau de sa personne, sacrifiant sa beauté pour conserver
sa vie.

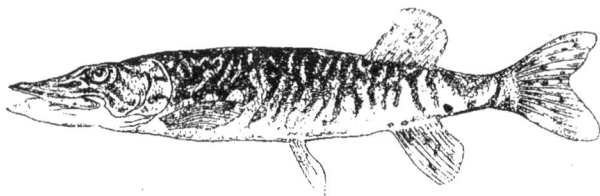

BROCHET

S'il s'est enfui avec le fil et le liège, il n'est pas embarrassé
pour cela ; il emmêle le tout dans les épines du bord, se débat

REPOS

de nouveau et casse le reste, ne conservant que le laiton et
l'hameçon.

S'il est piqué au boyau, il est perdu, mais s'il n'est accroché
que par la gueule, il ne s'en souciera pas plus de deux ou trois
jours, et se dira qu'après tout les sauvages portent bien des

anneaux dans le nez, et les Parisiennes des boucles d'oreilles...

A la longue, la chair se pourrira dans un abcès et l'hameçon tombera au fond de l'eau. On a pris quelquefois des brochets de 40 livres ; cependant ils sont très rares. Nous en avons pêché de 16 kilogrammes, jamais plus ; mais ceux de 2 à 5 livres sont communs dans presque toutes les rivières du Centre.

Une bonne rafle à faire, c'est lorsqu'il y a des crues ; on pêche à même le pré, à quelques mètres de la rive.

Tout le poisson, chassé par le courant, qui devient alors très fort vers le milieu de la rivière, se réfugie là, et le brochet, que la faim ne quitte jamais, vient y chercher sa nourriture. Mais l'eau est tellement trouble qu'il ne voit pas les goujons et les ablettes, cachés dans les herbes, et qu'il distingue plus facilement votre amorce s'agitant à mi-hauteur du fond et de la surface.

Nous en avons pris ainsi dans si peu d'eau, que nous étions obligés de mettre notre flotteur sur le laiton, afin de maintenir l'amorce à une hauteur convenable.

Le Chevesne

Le Chevesne est un des poissons les plus communs de France ; aussi lui a-t-on donné des noms très variés ; nous en citons quelques-uns : *cabot, chabot, chaboisseau, chavanne, chevanne, chevanneau, chevasson, juène, testard, cavergne, rotisson, vilain, vilna, bouscey, cabida, cabis,* etc., etc.

Que de noms de baptême déjà pour un seul poisson !...

Quoi qu'il en soit, dans la Nièvre, il n'en porte que trois, sauf le véritable qui ne sert jamais à le désigner.

On l'appelle : *vilna, rotisson* et *blanc* ; mais c'est surtout sous ce dernier nom qu'il est connu.

Son nom de chevesne et les dérivés lui viennent de sa grosse et large tête : « Poisson à grosse tête. » Il est très cendré et violacé, brillant, avec les flancs et le ventre argentés, les nageoires jaune verdâtre ou rougeâtre ; il atteint parfois, dans l'Yonne, 50 centimètres de longueur et le poids de 4 livres.

Nous ne nous étendrons pas sur la pêche du blanc au vif : elle n'a rien de bien particulier.

On le pêche à la queue des fosses de pertuis, qui, comme nous l'avons dit, sont des trous profonds de 5 à 6 mètres, à l'eau presque continuellement agitée par la chute des déversoirs. Il aime à se tenir là où se termine la fosse et où le pertuis reprend, avec moins de profondeur, sa forme de rivière.

Les biefs de moulin semblent aussi lui plaire, et il affectionne particulièrement la chute d'eau formée par la roue, de là son nom de *meunier*.

On le pêche au vif dans tous les endroits profonds, quels qu'ils soient.

Il est facile à manquer et il oblige le pêcheur à tenir continuellement la gaule en main, car il est rare qu'il se prenne seul.

Il est très défiant, il faut être monté finement et solidement en même temps ; ordinairement on met bout à bout deux fortes florences, on y attache un hameçon irlandais de moyenne grosseur.

Le plomb qui empêchera le vairon de monter à la surface doit être rond et situé le plus haut possible près de la bannière.

Le blanc mord très vite, sans avertissement ; il entraîne sa proie au fond de l'eau, et si l'on n'a pas la main prompte et le coup d'œil juste pour savoir l'instant précis où il faut le ferrer, il lâche sa proie et ordinairement vous rend une amorce sans tête ou tellement aplatie qu'il n'y a plus qu'à la changer.

Cette pêche est agréable, en ce sens que les touches sont fréquentes ; mais on ne prend que rarement de gros chevesnes, et l'on peut s'estimer heureux lorsque, après une matinée de pêche, on en a, parmi plusieurs petits, un de 1 livre et demie à 2 livres.

Le chevesne est très friand d'insectes, qu'il préfère de beaucoup au vif ; ce n'est donc pas en été qu'il faut le pêcher au vairon, mais au printemps, lorsque les insectes ne sont pas encore éclos ou sortis de terre et qu'il n'y a pas de feuilles aux arbres.

La chair du chevesne est blanche, agréable à l'œil, mais elle
n'a pas de consistance et est remplie d'arêtes fourchues, courtes
et fines. En matelote, il se défait à un tel point qu'on ne le
retrouve le plus souvent qu'en bouillie.

Voici comment on le pêche le plus communément :

A la belle saison, lorsque les insectes naissent ou se réveillent de leur engourdissement hivernal, on le capture à la sauteuse ou à la volée.

Pour la pêche à la sauteuse, il faut avoir un roseau ou un
bambou très flexible, une soie courte et solide terminée par un
ou deux forts crins de florence ou racines anglaises, noués bout
à bout, un hameçon assez fort, sans exagération. Tous les insectes

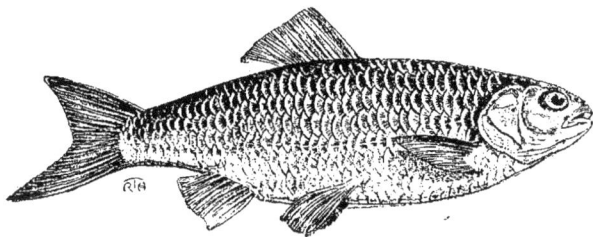

CHEVESNE MEUNIER

sont bons et on ne se sert guère que de sauterelles et de grosses
mouches. L'abeille et la guêpe, cela peut paraître étrange, sont
parfaites, encore faut-il savoir les prendre sans se faire piquer.

Le pêcheur se cache derrière un saule, il passe sa ligne au
travers des branches, laisse choir l'insecte sur l'eau et agite la
bannière par un très petit tremblement, en donnant de temps
à autre une légère secousse qui le fait sauter à quelques centimètres au-dessus de la surface.

Ainsi présenté, l'insecte a l'air de se noyer et d'être encore
parfaitement vivant. D'abord arrivent quelques ablettes, des
petits gardons curieux qui sautent et mordillent l'amorce.

Puis, au bruit qu'ils font en sautant, voici les blancs ;
1 livre, 2 livres ! ils circulent comme des pachas pas pressés,
ils inspectent les environs, ils montent jusqu'à l'amorce qui les
attire, s'arrêtent de nager, les nageoires remuant légèrement,

prennent leur élan brusquement, comme un rôdeur qui va donner un coup de tête, et d'une seule gueulée engloutissent la mouche et plongent, tandis que l'eau fait un gros bouillon !

C'est là qu'il faut avoir le coup d'œil juste et la main prompte, une seconde de trop et le chevesne a lâché sa proie, il est manqué et, méfiant, ne reviendra plus.

Mais si le coup a réussi, s'il se débat au bout de la bannière, il n'est pas encore à vous cependant, car il faut le sortir de l'enlacement des branches qui vous ont heureusement caché ; souvent la ligne s'accroche et se casse, poisson et hameçon retombent à l'eau !

C'est tout un apprentissage à faire ; néanmoins, cette pêche est des plus agréables, on voit la pièce à prendre, on la guette, on la choisit. C'est une promenade dans un décor magnifique parmi les prés parfumés et émaillés de fleurs, au bord d'une rivière sinueuse et pittoresque.

Telle n'est pas la pêche à la volée ; très fatigante celle-là, et ne pouvant se pratiquer que là où aucun arbre ne borde le cours d'eau.

Les pêcheurs à la volée s'exercent surtout sur les canaux qui longent la rivière ou sur des ports, endroits où l'on dépose le bois de flot et où aucun arbre ne gêne.

Pour cette pêche, il faut d'abord se procurer une perche, une tige plutôt, de noisetier, longue de 3 mètres, et cela est assez difficile à trouver.

On la fait sécher au four pour la rendre plus légère et plus flexible, puis on attache à son extrémité une dizaine de mètres de soie très fine terminée par un hameçon de petit calibre.

En suivant le bord, sans jamais s'arrêter, le pêcheur lance la soie ; l'amorce, une mouche ou une sauterelle, tombe à l'eau ; s'il y a un blanc à portée, il se précipite ; comme le pêcheur jette continuellement sa ligne et la retire, il accroche au passage sa proie qu'il n'a plus qu'à sortir de son élément.

Cette pêche est fructueuse, mais peu intéressante, seuls les professionnels la pratiquent, car il faut une grande habitude pour lancer au loin ces 8 à 10 mètres de soie avec cette courte perche, presque un fouet. Disons de suite qu'elle devient parti

culièrement amusante et fructueuse pour les maîtres de l'art
de pêcher qui pratiquent à l'aide de cannes spéciales le lancer à
l'américaine.

On met parfois, comme amorce, un morceau de drap noir ;
nous en reparlerons dans un chapitre spécial sur les pêches
bizarres.

On pêche aussi le blanc à fond avec un flotteur et du plomb
en amorçant avec un grillon ; cela n'a de spécial que l'esche, nous
n'en dirons donc pas plus.

La pêche au 'sang caillé se pratique beaucoup ; on amorce

AUPRÈS DU MOULIN. — PÊCHE A LA CERISE

avec le sang et on empile sur l'hameçon un morceau de boyau
de poulet. Il faut pêcher là où il y a un léger courant, on ne
prend que du chevesne de petite taille, une demi-livre, 1 livre
au plus ; cette pêche ne se fait qu'en hiver par les temps de
gelée.

La pêche à la cerise et au raisin est une des plus agréables
pour les délicats à qui répugne de toucher des amorces vivantes.
Il faut être monté très finement avec une bannière presque
complètement en florence ou en crin solide ; comme flotteur,
une plume qui doit presque entièrement plonger dans l'eau. On
l'équilibre avec la cerise et de la grenaille de plomb.

6

La cerise ou le raisin se place de la même façon sur l'hameçon; on entre ce dernier près de la queue du fruit, et, par un demi-tour savant, on le fait sortir légèrement sur le côté droit ou gauche après avoir, pour la cerise, contourné le noyau.

Il faut pêcher près du fond, dans un léger courant, tenir toujours la ligne à la main et bien guetter le flotteur que l'on voit à peine.

On ne prend exclusivement que du blanc, autrement dit du chevesne, mais c'est le moyen de pêcher les plus gros.

Autant que possible, la veille, il est nécessaire d'amorcer en jetant dans l'endroit où l'on doit pêcher quelques poignées de cerises ou de raisins dont on coupe avec des ciseaux la queue au ras de la peau.

PÊCHEUR DE TANCHES

La Tanche

La Tanche de rivière se fait rare; jadis, au temps où les usines ne sévissaient pas, on en prenait de fort belles en eau courante; aujourd'hui, c'est fini. C'est à peine si de temps à autre un pêcheur aux nasses a la surprise d'en trouver une ou deux dans ses engins. Nos canaux aussi avaient quantité de tanches dans leurs eaux; le chômage a tué les dernières belles, et c'est à peine si aujourd'hui on peut en capturer de fort petites nées de l'année. C'est dans les fausses rivières, dans les noues et dans les trous qu'il faut les chercher.

Les fausses rivières et les trous sont des excavations souvent profondes, pleines d'herbes, qui ne sont autres que le lit de l'ancienne rivière détournée de son cours régulier pour une raison quelconque.

Elles communiquent avec la rivière au moment des crues,

le poisson, et surtout la tanche, aime à s'y retirer, l'eau baisse et elle y reste emprisonnée.

Si nous avons appelé la perche la caille de rivière, du nom qu'on lui donne souvent, nous nous permettrons de baptiser, de notre propre chef, la tanche du nom de *bécasse d'étang*, car elle prend pour le pêcheur toutes les allures de la bécasse.

On pêche, c'est le cas de l'écrire, la tanche à la croule, c'est-à-dire comme on chasse la bécasse, au petit jour et à la tombée de la nuit. (Cette chasse est interdite depuis 1903.)

Les pêcheurs de tanches sont rares, il faut se lever bien trop matin pour cela. Au mois d'août et de septembre, seule époque où l'on pêche la tanche à la ligne, il est grand jour à cinq heures du matin, il faut donc être arrivé auprès de la fausse rivière ou de l'étang alors qu'il fait encore sombre, et mettre la ligne à l'eau dès que pointe l'heure légale et qu'est à peine effacée du cadran céleste la minute propice aux procès.

Passé sept heures, on n'en prend plus que des petites.

Il est vrai que l'on a la même chance de voir s'enfoncer le liège bien-aimé le soir, de six à huit, mais il ne fait déjà plus clair, et il faut partir sagement, de peur des gendarmes et du garde-pêche, qui, par pitié vraisemblablement pour vos yeux hypnotisés par un de plus en plus invisible flotteur, vous obligent à vider les lieux.

Au point de vue de la tanche surtout, la tolérance est grande, on surveille fort peu les noues, et chaque pêcheur tient à l'œil quatre, cinq, et même sept lignes, d'une simplicité presque primitive.

Le véritable pêcheur de Tanches a horreur du luxe, il abomine le liège peinturluré, et jette aux gémonies la gaule en bambou.

Au printemps, il part au bois, coupe une douzaine de belles branches bien droites de noisetier, des coudres, casse le bout trop flexible à la distance voulue, rogne les branches, garde une longueur de 3 mètres maximum et, rentré chez lui, met ses baguettes au four pour les griller et les sécher. Ce sera là sa provision de gaules qui lui servira pendant toute sa saison de pêche. C'est léger et cela ne craint pas son poisson.

Il achète une forte pelote de ficelle de deux sous, voilà la bannière; des hameçons à boucle seront vite noués, il n'y aura plus qu'à mettre un bouchon de bouteille dégrossi des deux bouts et enfilé d'une plume d'oie non ébarbée pour que la ligne soit prête.

Si le garde vient, le pêcheur pourra dire : « Ce n'est pas à moi!... » et renoncer à son bien; il ne perdra pas plus de 30 centimes pour la totalité.

Et si vous restez étonné en le voyant faire, il vous dira : « Ah! Monsieur, la tanche, quelle bonne bête! ça n'a pas de méfiance!... »

En général, le pêcheur de tanches, lui, en a de la méfiance.

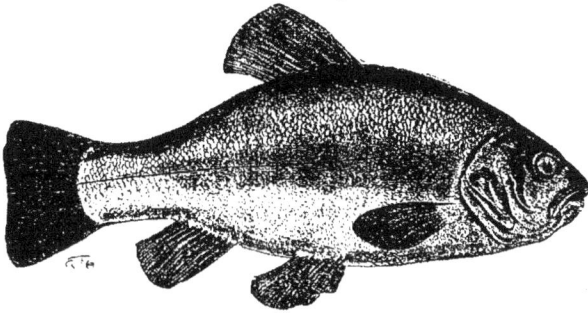

TANCHE

Il vit seul et pêche seul, tout voisinage l'incommode; le *trou* est son bien, et s'il rencontre un confrère il l'évite soigneusement, pour se réfugier en grommelant à l'autre bout de la noue, où il bourre une pipe qu'il oublie souvent d'allumer.

Quand il part de chez lui, il a l'air d'aller à la braconne. Dans la nuit noire, il avance à tâtons, ses pieds ne font pas de bruit, et son chien, car il a toujours un chien, rôde le long des murs, sinistrement, sans jamais aboyer ou répondre par un grognement à l'appel de ses congénères.

Sur le dos, le pêcheur de tanches porte son petit paquet de lignes, et en travers de ses épaules pend la carnassière où sont le morceau de pain, le fromage, la bouteille et la goutte; dans la poche de sa blouse, il a les précieux gros vers de terre, lombrics à tête noire, au corps plat, qui s'agiteront tout à l'heure, empalés, sur la vase, au pied même des roseaux.

Il marche longtemps, les *trous* les plus proches sont à 3 ou 4 kilomètres de la ville. Enfin, le voilà arrivé ; il fait toujours nuit. Il ramasse une pierre et déplie une ligne ; la pierre lui servira de sonde. Il mesure la profondeur et met 25 à 30 centimètres de plus qu'il ne faut. Il prépare ses six gaules, enfile les vers par le bec, et la bouche même du malheureux animal se clôt sur la boucle d'acier : on dirait un ver qui mange une ficelle !...

Sans se presser, au pied d'un jonc, dans une petite clairière d'eau formée entre les herbes, il pose la ligne, à 2 ou 3 mètres au plus du bord, à peine si la gaule touche à terre, le bois repose sur l'eau. A 7 ou 8 mètres de là, il pose l'autre, et ainsi de suite, jusqu'à complet épuisement du stock.

Le jour paraît peu à peu ; on voit les bouchons et les plumes d'oie. Le pêcheur se tient à quelque distance, sur une éminence ; là il peut apercevoir ses lignes tendues. Son chien se couche à ses pieds. L'homme allume sa pipe et savoure béatement le petun.

Quand ça ne mord pas, il ne bouge plus, il ne fait pas un geste, si ce n'est pour bourrer sa compagne, et, sur les sept heures, il casse la croûte, boit un coup, plie ses lignes, siffle son chien et part sans mécontentement.

S'il a pris quelque chose, son plaisir ne se manifeste pas extérieurement. Le pêcheur de tanches est un sournois et un jaloux ; en général, il est âgé. Si vous le rencontrez et que, familièrement, vous lui demandiez : « Eh bien ! père un tel, ça y a-t'y chicoté ?... » il ne manquera pas de vous répondre : « Ma fi non, mon ami, v'là huit jours que j'viens, et j'ai pas encore usé un ver ! Y a pus rien, rien, rien !... »

Il ne vous vient pas à l'idée de lui répondre : « Mais puisqu'il n'y a plus rien, pourquoi revenez-vous tous les jours à la même place, et pourquoi reviendrez-vous encore demain ?... »

Et lorsque, d'aventure, vous passerez devant sa porte, vous verrez, sur le tas d'ordures, des arêtes superbes qui vous prouveront que, si l'on ne prend pas de tanches dans les trous, à coup sûr on mange énormément de poisson à la table du vieux pêcheur.

Il faut voir la grimace qu'il fait quand il prend autre chose qu'une tanche, un petit gardon, par exemple, parfois une sala-mandre-triton, ce qui arrive encore assez fréquemment lorsque le ver est un peu court.

Le pêcheur de tanches ne pêche que des tanches et, quand l'époque n'est pas venue, il ne pêche pas du tout.

Voyons maintenant ce qui se passe dans le fond de l'étang que regarde d'un œil hypnotisé l'homme à la demi-douzaine de lignes.

Dans la presque totale obs-curité du fond vaseux, dame tanche se promène gravement. Elle fouille dans les débris de toutes sortes, cherchant sa nour-riture; son nez fait dégager les bulles de gaz qui séjournent sous les matières végétales en putréfaction; elle se heurte dans les roseaux, qui s'agitent d'un tremblement; la voilà qui s'ap-proche des lignes tendues et, tout à coup, elle aperçoit l'é-norme ver qui se tord et se retord dans les dernières con-vulsions de l'empalement et de la noyade.

AU MUR

Supposez un affamé rencon-trant un gigot cuit à point au coin d'une hôtellerie aban-donnée !...

La tanche se précipite, saisit le ver par la queue et com-mence à se l'assimiler, en tirant par petits coups. Chaque coup dérange la ficelle reposant sur le sol et communique la secousse à la partie perpendiculaire, qui fait cordon de sonnette. La son-nette, c'est le bouchon. Il tremble un peu, oh ! si peu, qu'il faut être bien habitué pour s'en apercevoir. La dégustation du rôti se fait lentement : la tanche est gourmande, elle se pourlèche, elle lâche deux ou trois minutes, tourne autour de sa proie et revient, la reprend, en somme joue avec elle comme le chat avec la souris.

Sur la rive, le pêcheur, doucement, s'est approché, mais il n'a pas touché à la gaule, qui repose sur l'eau et sur les herbes aquatiques.

Enfin, après un quart d'heure, quelquefois plus, la tanche a terminé la partie non dangereuse du ver et vient de s'introduire dans le museau la pointe acérée, si bien cachée qu'elle ne l'a pas piquée. Elle arrive jusqu'au tournant de l'hameçon et, comme c'est un peu large pour sa petite bouche, elle ferme les babines très brusquement et s'enfuit en rasant le sol.

A la surface, le flotteur la suit; mais il ne plonge pas, la ficelle plus longue que la profondeur de l'eau l'en empêche.

C'est le moment de ferrer.

L'homme a pris la perche de noisetier; d'un coup brusque donné en arrière, et juste dans une direction opposée à celle que suit le liège, il vient d'enfoncer la pointe aiguë dans la mâchoire de la gourmande, elle se débat, se roule dans les herbes, mais, malgré sa résistance désespérée, elle ne tarde pas à aller rêver aux conséquences de la gourmandise ou de la faim sur le lit d'herbes fraîches et de roseaux qui garnit à son intention le fond de la carnassière.

Deux minutes après, la ligne est replacée; il ne reste aucune trace du drame qui vient de se passer là. Le pêcheur de tanches fait celui qui n'a rien vu, rien pris, rien entendu, et, silencieusement, la pipe fume, mêlant sa buée bleue et légère aux brouillards bleus et légers du matin.

La tanche est abondante dans presque toute l'Europe, mais en général elle est peu prisée, à cause du goût de vase prononcé qu'elle a souvent.

Dans l'antiquité, on la dédaignait absolument; c'était le poisson du pauvre.

A notre avis, et nous ne sommes pas le seul, la tanche est le meilleur poisson de nos rivières, à la condition d'être de rivière ou de *trou*. Celles qui vivent dans les étangs sont loin d'être parfaites, mais on les bonifie en les conservant vivantes et en les laissant dégorger dans de l'eau de source.

Les plus grosses que nous ayons vu prendre ne pesaient guère plus de 2 livres, mais la tanche de ce poids est une fort belle pièce, et une pièce rare. Le pêcheur a le droit d'en être fier.

On prétend qu'il y en a dans certaines fausses rivières qui pèsent plus de 5 ou 6 livres, elles ne mordent jamais à la

LA MARE AUX TANCHES

ligne. Cependant des gens dignes de foi disent les avoir vues, à l'époque du frai, se jouer dans les herbes.

On raconte que les tanches ont la propriété de guérir les blessures des autres poissons, et que le brochet, en particulier, est un de ses clients assidus, car ses déprédations continuelles lui attirent à chaque instant des horions, au reste mérités.

Ses consultations gratuites et obligatoires sont fréquentes; il vient frotter ses blessures contre le corps de la tanche, dont la mucosité serait un spécifique assuré. Après quoi, s'il a faim,

étant de digestion facile, il s'assimile le médecin par-dessus le
marché.

D'après Crespon, la chair des mâles est aussi d'un meilleur
goût que celle des femelles.

Les mâles se distinguent par des nageoires abdominales plus
développées et par des couleurs plus claires.

La pêche de la tanche est très agréable pour les paresseux :
rien à faire qu'à attendre, dans une belle saison, dans un beau
site, travail facile et propre.

Et en écrivant cela, nous ne nous contredisons pas, car nous
entendons la pêche à la petite tanche.

On part en bande, vers les quatre heures du soir ; on s'installe au bord des noues, on pose les lignes, puis, tout en cau-
sant et pêchant, on attend l'heure du dîner sur l'herbe. La
tanche est peu farouche, et, pourvu qu'on n'agite pas l'eau, elle
mord malgré le bruit.

Nous ne dirons pas que l'on fait des pêches merveilleuses,
mais là la gaule n'est qu'un prétexte, la pêche devient dîner et
n'a rien de commun avec le grand travail cité plus haut : la
pêche du professionnel ou plutôt du traditionnel pêcheur de
tanches, qui a l'air, dans les brouillards du matin, d'un prêtre
d'une religion inconnue, exerçant un sacerdoce.

La Pêche dans les Pertuis

Le pertuis n'est pas un travail d'art spécial à l'Yonne, on en trouve aussi sur la Cure et sur beaucoup d'autres cours d'eau de France, où on les édifia pour les raisons les plus diverses. Mais, sur l'Yonne et sur la Cure, ils sont les instruments nécessaires à cette grande industrie, qui fit la fortune du Morvan et le fait vivre encore aujourd'hui ; nous avons nommé le flottage à bûches perdues, dont il nous faut dire ici deux mots.

A une certaine époque de l'année, en mars ordinairement, on jette à l'eau, dans les ruisseaux et dans les rivières, les bois coupés sur les montagnes du centre et du sud de la Nièvre. Tous ces bois ont la même longueur, un peu plus de 1 mètre (1 m. 14), ce sont les bûches.

A ce moment, on lâche les vannes des étangs et des réservoirs, l'eau se précipite, entraîne les bois et les véhicule à la rivière, qui dans cette partie du département est l'Yonne.

Là, ils continuent leur course, mais au fur et à mesure qu'ils approchent de Clamecy, où ils seront arrêtés et mis en piles, le courant en traversant des plaines devient moins fort, et les bûches, pour cette raison, risqueraient de rester sur place

éternellement et de tomber à fond, si l'on n'avait prévu cet inconvénient.

C'est pour éviter cela que l'on a édifié les pertuis : nous en
avons dit deux mots au début de cet ouvrage, nous compléterons
leur description ici.

Le pertuis a pour but de barrer la rivière en son entier, de
la rétrécir et d'augmenter le volume de son eau en n'en permettant l'écoulement que peu à peu.

Il se compose d'un travail en forte maçonnerie, formant un
angle obtus dans le sens opposé au courant, et ouvert à sa pointe
par une baie de 4 à 5 mètres. Sur cette baie passe une lourde
poutre garnie de garde-fous, la *barre*; elle se continue par
une passerelle à ses deux extrémités, de sorte que les pertuis
servent aussi de passage pour les piétons. La masse maçonnée
laisse de chaque côté un triangle ou terre-plein dallé, dont la
pointe donne près de la barre, et dont l'hypoténuse est formée
par le bord même de la rivière.

Ces deux terre-pleins se nomment *déversoirs*. C'est là que
passe, en nappe de légère épaisseur, le trop-plein, pour tomber,
de 1 ou 2 mètres de haut, dans la fosse en aval du cours d'eau.

Sur la barre viennent se fixer et se poser une cinquantaine
de lourdes palettes de chêne appelées *aiguilles*, qui achèvent le
barrage complet.

A l'époque du flot, c'est-à-dire à l'époque où l'on jette le
bois à l'eau, on retire, à intervalles réguliers, ces palettes, et un
fort courant s'établit, entraînant avec lui les bûches, qui flottent
à la surface de la rivière.

Mais ce courant, depuis des siècles établi fréquemment, a
fini par creuser le lit de l'Yonne, au-dessous des déversoirs, de
telle façon qu'il a fait là un gouffre, sans cesse remué, ayant ses
tourbillons, ses caves sous roche, etc. L'ensemble se nomme
la fosse de pertuis.

Cette fosse constitue un véritable château fort pour poissons,
où toutes les espèces se donnent rendez-vous, et où les plus
grosses continuent de croître, à l'abri des engins de toutes sortes,
sauf la ligne, qui seule est tolérée auprès des travaux d'art tels
que sont les pertuis.

Le plus souvent, les déversoirs sont à sec; c'est donc commodément assis, les jambes pendantes, la gaule à terre à côté de soi, que l'on capture la carpe et le barbillon lorsque la saison est venue.

Dans les fosses de pertuis, on pêche toutes les espèces, mais comme on prend ces mêmes poissons dans la rivière, nous ne nous attacherons qu'aux trois espèces dont on ne peut s'emparer que là : la carpe, le barbillon et le nase, ou mulet.

Il est rare de trouver des carpes dans l'Yonne autrement que dans les fosses de pertuis et dans les endroits larges et profonds, peu communs du reste, qui sont situés au-dessus de Clamecy.

Le barbillon, ou barbeau, se pêche sur tout le cours de la rivière, mais au filet ou à la main; on ne le prend à la ligne que dans les pertuis, et encore pendant un ou deux mois par an seulement.

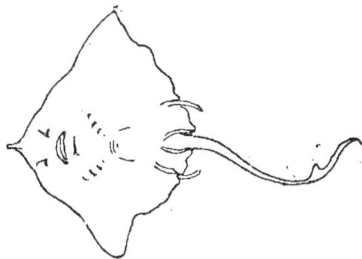

PÊCHEURS DE CARPE EN BATEAU

LA CARPE

La Carpe est un poisson de la famille des Cyprinoïdes. On ignore les origines de son nom, qui cependant doit se rattacher à une racine germanique.

La carpe est très joueuse, elle saute dans l'eau pour s'amuser et fait un saut spécial que les acrobates exécutent dans les cirques et appellent le saut de carpe. Ce tour de force consiste à se raidir de la tête aux pieds et à se redresser en se retournant.

Contrairement au goujon, qui a plusieurs femelles, des écrivains très autorisés affirment que la carpe se fait suivre de plusieurs mâles ; glissons, n'appuyons pas sur ces mœurs dissolues.

La carpe contient énormément d'œufs, six cent mille, dit-on ; elle croît rapidement au début, mais lorsqu'elle a atteint l'âge adulte elle reste stationnaire fort longtemps et ne grossit plus qu'imperceptiblement.

Il y a de nombreuses variétés de carpes ; leur forme et leur couleur varient suivant les endroits qu'elles habitent. La carpe est un très bel ornement pour les fossés et les étangs des châteaux : c'est un poisson royaliste et protégé par la noblesse : Chantilly, Fontainebleau, Versailles, s'honorent de leurs carpes archicentenaires.

A Fontainebleau, on en repêcha, ces années dernières, quelques-unes qui avaient au nez un anneau d'or placé là par le roi François Ier.

Malgré ses hautes relations, la carpe passe pour être bête et ne savoir à quoi employer ses loisirs, puisque, dans le langage courant, on dit : bâiller comme une carpe. Il y a des carpes qui n'ont d'écailles que sur le dos, c'est pourquoi sans doute elles ont bon dos.

L'œil de carpe a aussi une bien mauvaise renommée ; on dit

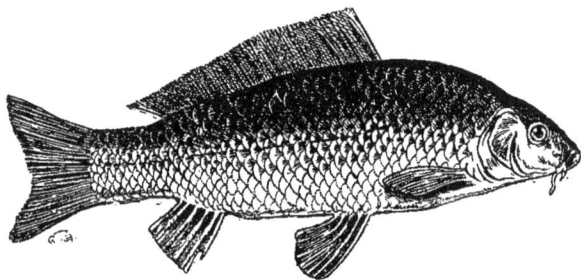

CARPE

d'un monsieur qui se pâme à tout moment qu'il fait l'œil de carpe.

> Un petit coup d'épée à porter une écharpe
> De quoi traîner la jambe et faire l'œil de carpe !
> Peut-on, à moins de frais, se rendre intéressant ?
>   E. AUGIER.

Quand elle ne joue pas, la carpe est très paresseuse, et pour l'obliger à circuler dans les étangs où on l'élève, les pisciculteurs lâchent quelques perches qui les poursuivent et détruisent la trop grande quantité d'alevins.

Une des particularités amusantes de l'existence de la carpe est qu'elle fuit facilement d'un étang où on la croyait à jamais enfermée, lorsque auprès de cet étang passe un cours d'eau.

A l'aide de son museau elle se fraye un chenal dans la terre humide, patiemment elle le creuse, le bat, l'arrondit. Chacune à son tour, en bon terrassier, enlève sa bouchée de terre et, finalement, ces travailleuses atteignent le cours d'eau où elles fuient.

Le trou se rebouche et le propriétaire, en ne trouvant plus la moindre carpe dans son étang, reste désespéré en s'imaginant qu'on les lui a braconnées.

La carpe d'étang sent toujours la vase, mais elle perd très vite ce goût désagréable lorsqu'elle est mise à l'eau courante un jour ou deux.

Buffon déclare avoir vu des carpes dans les fossés du château de M. de Maurepas et dit qu'elles avaient au moins cent cinquante ans bien avérés.

La carpe est le plat maigre des gens religieux, car elle est délicieuse et bon marché.

En vieillissant elle devient blanche, c'est même, comme pour la fameuse réclame du chocolatier, le seul poisson qui blanchisse en vieillissant, et le poète Delille a dit :

> Un long âge blanchit la carpe centenaire.

Le brave abbé aurait pu aussi bien écrire :

> Mon langage blanchit la carpe centenaire !

La carpe est souvent citée en littérature, et les fabulistes l'estimaient particulièrement. La Fontaine a écrit :

> Un carpeau, qui n'était encore que fretin,
> Fut pris par un pêcheur au bord d'une rivière.

Et autre part :

> L'onde était transparente ainsi qu'aux plus beaux jours.
> Ma commère la carpe y faisait mille tours
> Avec le brochet son compère.

Et sur le même ton de : Ah ! ah ! Florian chante comme M. Rostand à la réception de l'impératrice de Russie :

> Ah! ah ! criaient les carpillons,
> Qu'en dis-tu, carpe radoteuse ?
> Crains-tu pour nous les hameçons ?

On pêche la carpe à la pâte, au ver de terre, au gros ver,

qui ne sort que par les temps d'orage, montrant au niveau du
sol sa laide tête noire annelée.

La pâte, c'est un secret ; on se le transmet avec tellement de
variantes que, non seulement tout le monde le sait, mais qu'encore nous finirons par croire que toutes les pâtes sont bonnes.
Notre grand-père, qui était un pêcheur de carpes, était naturellement un détenteur de ce secret. Il pilait du chènevis frais,
le mêlait avec de la mie de pain, un peu de safran, quelques

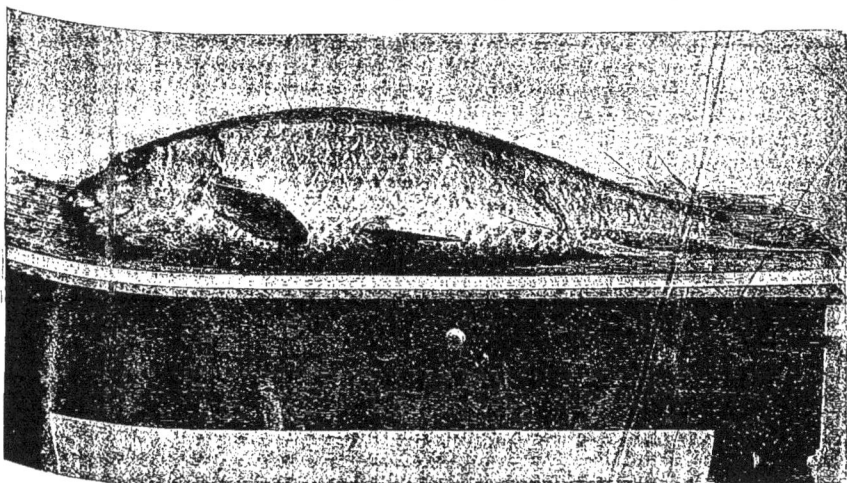

MORCEAU DE ROI

gouttes d'essence d'anis et du fromage blanc, autant que possible
moisi ; cela sentait très mauvais, mais c'était très bon pour la
carpe. On en mettait une boulette à l'hameçon, et, après avoir
préalablement enduit le tout de miel, on jetait à l'eau, à fond,
et il n'y avait plus qu'à attendre. Il fallait être doué d'une
patience à toute épreuve. On commençait à cinq heures du matin, et on ne se retirait qu'à sept heures du soir.

S'il y avait une ou deux carpes dans la filoche, on les portait
en triomphe.

Parfois les carpes des pertuis atteignent un âge assez avancé ;
mais déterminer l'âge d'une carpe, voilà un grave problème

7

sur lequel ont pâli plusieurs générations de pêcheurs. Certains le résolvent d'une façon assez bizarre.

« Prenez, disent-ils, sur les flancs d'une carpe une écaille et nettoyez-la avec soin dans l'alcool, regardez-la ensuite à contre-jour en la tenant au moyen d'une pince. Si au milieu de l'écaille vous apercevez un point très brillant, vous aurez eu affaire à une carpe d'un an.

« Chez la carpe de deux ans, ce point central est entouré d'un anneau, de deux anneaux chez la carpe de trois ans, et ainsi de suite. »

Nous donnons le renseignement pour ce qu'il vaut !

Il y avait, jadis, quantité de pêcheurs de vieilles carpes dans les pertuis de Clamecy, d'Armes et de La Forêt, voire de Villers, où elles sont nombreuses. Aujourd'hui, il y en a beaucoup moins, vu le peu de chance de les attraper. Mais cependant on peut se réjouir l'œil, car on les voit, énormes, le dos au soleil, dormir au beau milieu de la fosse pendant la belle saison

De quoi vivent-elles ? Nous nous le demandons. Ce qu'il y a de certain, c'est qu'elles mordent rarement, sont réputées délicieuses et portent surtout autour d'elles l'auréole d'être un très rare coup de gaule.

Les amateurs les pêchent plutôt au gros ver, c'est plus pratique. Un ver tient la demi-journée, on peut s'endormir les yeux ouverts et penser à autre chose en regardant le liège se balancer mollement dans les légères rides que forme le vent à la surface de l'eau. La pâte a l'inconvénient de demander, comme les enfants au berceau, à être souvent changée.

La pêche à la carpe est un plaisir de vieillard et de rêveur ; la devise est : Patience ! patience !... Mais voilà, on est bien assis, sans pliant à traîner, on ouvre sur sa tête un parasol, et on peut, à voix basse, faire la petite causette avec les voisins, en fumant une bonne pipe qu'on met longtemps à bourrer ; tous les pêcheurs sont fumeurs.

Et puis, et puis !... il y a le mot de tradition qui vous fait toujours plaisir. Entre pêcheurs, on ne parle plus du merle blanc, et quand ça mord, quand ça chicote, on se précipite tous autour de l'heureux veinard, on lui crie railleusement : « Elle aura des lunettes, celle-là !... »

La carpe à lunettes est le merle blanc des pêcheurs des fosses de pertuis.

LE BARBEAU

On dit plus fréquemment Barbillon que Barbeau, cependant le nom véritable est Barbeau. Le barbillon est un jeune barbeau auquel la moustache n'a pas encore pris cette ampleur qui fait de ce poisson adulte un des sapeurs de la rivière.

Le *Barbus Fluviatilus*, pour parler comme les savants, est caractérisé par le peu de nageoires dorsales et caudales qu'il a et les quatre barbillons qu'il porte à la mâchoire supérieure. Il a aussi sur la nageoire dorsale, à l'état d'embryon, un fort crochet dont l'utilité n'est guère prouvée, car nous ne l'avons

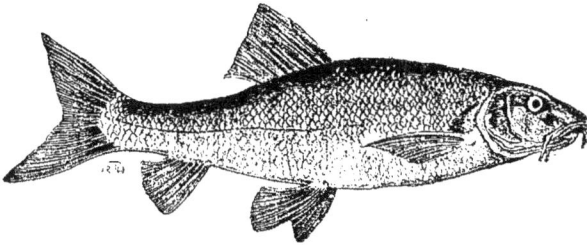

BARBEAU

jamais vu servir qu'à le retenir un peu plus dans les filets où il s'était maillé.

Ce poisson préfère les eaux courantes, mais on le trouve un peu partout. Il atteint de fortes tailles; sa chair n'est pas prisée, car elle est pleine d'arêtes.

Signalons en passant que sa tête, qu'en général on jette, comme celle de tous les poissons, est délicieuse lorsque le barbillon est cuit au court-bouillon. Elle est du reste très charnue et très grasse.

On prend le barbillon aux filets, à la ligne de fond en amorçant avec des lamproies ou chatouilles, parfois même, en hiver, avec des vairons; mais à la ligne il se prend rarement avec autre chose que le ver de terre — et encore! — et le gruyère, son fromage préféré.

Puisque nous sommes en Nivernais, disons que le barbillon se pêche exclusivement au gruyère et dans la fosse du pertuis de Clamecy. Allez à Armes, allez à La Forêt, ou à Villers, vous n'en prendrez pas un seul.

Mais les beaux jours de cette pêche sont finis, la partie de rivière où se trouve la fosse de Clamecy a été, depuis longtemps, réservée par l'État, de sorte qu'il n'y a plus, à proprement parler, de pêcheurs de barbillons.

Ils ont bien essayé de se rendre en chœur à Armes, car ils étaient une véritable société, mais malgré les kilos et les kilos de gruyère avariés et variés jetés en amorce au fond de la fosse, le barbillon ne s'est pas laissé apitoyer ; de-ci de-là, un enfant à peine moustachu se laisse pincer ; dédaigneusement, on le décroche ; s'il pèse 1 livre et demie, c'est tout le bout du monde, au lieu qu'à Clamecy !... ah ! Monsieur !...

Le fait est qu'à Clamecy ce n'était pas la même chose du tout ; en en prenait beaucoup, et de très gros, jusqu'à 6 livres, et jamais un pêcheur ne passait la saison du barbillon sans en faire goûter, à diverses sauces, deux ou trois à sa famille, et cette saison était courte, trois semaines à peine !

Jadis, lorsque les grandes chaleurs de juillet s'apaisaient légèrement, on voyait un vieux docteur, que tout le monde avait connu vieux, quitter son chez lui gaule en main. Il s'installait à pêcher dans la fosse du pertuis, et attendait vers sa ligne, les bras croisés. Quelquefois il s'écoulait huit jours sans une touche, et ceux qui passaient disaient : « Eh bien ! docteur, ça mord-il ? » Et le docteur ne répondait pas.

Mais un jour, cela mordait au gruyère, et deux ou trois barbillons faisaient une ascension à l'air libre ; le docteur rentrait chez lui joyeux : la saison du barbillon était ouverte, et lui ne pêchait jamais que le barbillon.

En ville, le bruit circulait : « Vous savez, le docteur a pris trois barbillons ! » Le lendemain, il y avait cinquante pêcheurs à la fosse de Clamecy, les flotteurs se touchaient, se coudoyaient, quand on sortait de l'eau un poisson, on emmêlait dix bannières, et pourtant on s'entendait très bien. Le bon docteur était le roi, il jugeait les coups, donnait des conseils, pesait la prise à l'eau. Lui, on lui gardait toujours sa place, la meilleure, et tous les jours on sortait de la fosse du pertuis dix, douze barbillons.

Tout à coup, trois semaines environ après cette ouverture, plus rien ! personne ne prenait plus rien !... Alors les rangs s'éclaircissaient, un par un les pêcheurs disparaissaient, bientôt il n'y avait plus au pertuis que le vieux docteur ; puis lui-même pliait sa ligne et avec un soupir rentrait chez lui. A l'année prochaine, la pêche au barbillon !

Aujourd'hui le vieux docteur existe toujours, il pêche des ablettes du haut du mur de son jardin. Mais ceux qui doivent être bien étonnés, ce sont les barbillons de la fosse de Clamecy qui ne voient plus arriver leur ration de gruyère annuelle; ils sont capables d'en crever tous, car, à notre avis, ils n'aimaient pas le gruyère, mais avaient l'habitude très probable de soigner avec leurs maladies barbillonnesques, comme au printemps, nous autres, pauvres humains, nous prenons une purge.

LA PÊCHE DU CHONDROSTOME NASE

Il y a quelques années remonta de la Seine un poisson fort joli, qui fait aujourd'hui le désespoir des pêcheurs.

Nous avons nommé le Chondrostome Nase, qui, un peu partout, s'est fait désagréablement connaître sous la dénomination wallonne de *hotu*, et sous le sobriquet de *mulet*.

Sa configuration est élancée et élégante ; sa coloration est fort agréable.

Son nom de nase lui vient de la forme très particulière de son museau, qui ne saurait être mieux comparé qu'à un nez épaté et camus.

On le connaît dans le département de l'Yonne depuis 1860, mais il n'y a pas plus de dix ans qu'il remonta dans la haute Yonne. Maintenant, on le trouve à peu près dans toute la partie profonde de la rivière.

Il va souvent par bandes de deux ou trois cents, et pèse jusqu'à 5 et 6 livres ; en général, ceux que l'on prend à la ligne ne dépassent guère 3 livres, les autres ne mordent pas.

Il se tient dans les fosses des pertuis, où il passe les belles heures de la journée à faire au soleil des sauts de... carpe. Puis, lorsqu'il est fatigué de ce jeu, s'il n'aperçoit personne, il se dirige près du travail d'art qui laisse un étroit espace à la rivière, là où elle est barrée par des palettes de chêne, et il joue ou dort dans les quelques centimètres d'eau courante qui tombe des interstices du bois pour passer sur le sol uni, formé par de larges dalles de pierre, que l'on appelle le *cabouillon*.

On le pêche peu, si ce n'est par jeu. Sa chair est absolument

DESTRUCTION DU HOTU AU TRAMAIL

détestable, fade et molle, de quelque façon qu'on la prépare. Il doit sa sécurité à cela, et aussi au mépris qu'il montre pour les appâts ordinaires.

C'est un destructeur enragé des autres poissons, non qu'il les mange vifs, mais parce qu'avec sa gueule carrée, en forme de pelle, il récolte les œufs sur les pierres et les sables, à la façon dont les pêcheurs de Bretagne ramassent au fond de la mer les soles au chalut.

Si on n'y met le holà, bientôt il n'y aura plus que lui dans l'Yonne. Aussi le détruit-on chaque fois qu'il est possible.

Mais il faudrait organiser des pêches spéciales ; et comme personne n'en fait la demande au préfet, les choses restent en état et le mulet croît et prospère dans tous les cours d'eau du Centre.

Il y a trois façons de le pêcher dans la haute Yonne, encore ne produisent-elles pas de brillants résultats. Il ne faut pas compter le prendre au filet ; malin, il se tient assez près des

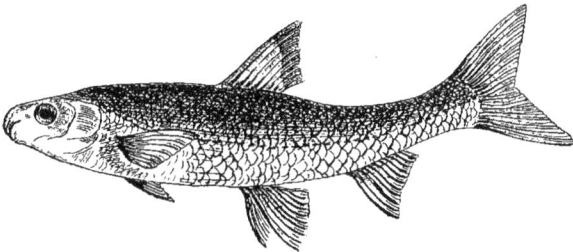

HOTU

travaux d'art pour éviter l'araignée ou l'épervier. On dirait qu'il connaît la loi !...

On le prend à la mousse, au noquet et au griffon.

C'est un accident quand, par hasard, il mord à tout autre chose qu'à la mousse ou au noquet.

Le mot noquet n'est qu'une déformation de noquette, terme employé dans le Nord, et surtout dans l'Est, pour désigner un petit fragment de pain de chènevis préparé spécialement.

La pêche au « noquet » ou aux « noquettes » a été importée depuis quelque temps dans la Nièvre par un marchand de dentelles, vaguement contrebandier et pêcheur enragé ; elle fit, il y a quatre ans, fureur à Clamecy, et s'y conserva depuis.

Le pêcheur au noquet prend du pain de chènevis ; avec son couteau, il le taille en petits cubes gros comme une tête d'épingle à chapeau qui serait carrée ; il croise autour un fil noir très fin et le noue comme on ficelle ordinairement un paquet, de sorte que chaque face du cube est contournée par un fil, qui vient avec les trois autres former une croix au-dessus et au-dessous. A la jonction des quatre fils, il passe l'hameçon, qui est visible de partout, et qui soutient le pain de chènevis.

Il n'y a plus qu'à jeter la ligne et à pêcher à fond.

On prend aussi, à la noquette, de belles brèmes et de gros gardons[1].

C'est tout bénéfice quand ces poissons veulent bien mordre. Mais, dans un endroit profond où il y a du mulet, il est rare de revenir bredouille. Il faut amorcer avec de la terre glaise et les miettes du pain de chènevis.

La pêche à la mousse se pratique de la même façon qu'avec une esche ordinaire. On fait une boulette avec de la mousse verte qui pousse sur les déversoirs constamment mouillés, on l'accroche à l'hameçon et on pêche à fond.

Par ce moyen, on ne prend que du mulet. Il y a ce désavantage que parfois la mousse, tenant trop peu, s'en va au fil de l'eau. Il faut donc relever souvent sa ligne et renouveler l'amorce quand il n'y en a plus à l'hameçon.

La pêche au griffon est plus amusante, mais peu fructueuse.

Nous sommes convaincu que tous les pêcheurs connaissent le griffon. En tout cas, en deux mots, voici l'instrument : quatre ou trois hameçons, les pointes opposées, réunis ensemble par la tige qui est terminée par une boucle ; dans la boucle, une forte ficelle, longue de 1 m. 50 au plus ; une gaule ou perche de ligne non flexible ou fort peu.

A genoux ou à plat ventre, en serpent, on s'approche sur les déversoirs, il ne faut pas être vu.

Sur le *cabouillon*, les mulets dorment ou circulent, peu importe ! On laisse tomber le griffon sur la pierre polie qui forme le sol, et lorsqu'un imprudent hotu passe à portée, d'un coup brusque on l'accroche par n'importe quel bout : queue, tête, ventre...

Le malheureux n'a même pas le plaisir de satisfaire sa gourmandise.

C'est la pêche sournoise, le meurtre au coin d'un... ruisseau. Mais il faut être très adroit ; et combien de coups de griffon sont donnés à vide !...

---

1. On vend du reste des noquettes toutes préparées, mais nous leur préférons le pain frais et nature de chènevis.

Le mulet pris, il est si joli qu'il est bien ennuyeux de le jeter. Aussi les pêcheurs se sont-ils doré la pilule pour l'avaler ; et il n'y en a pas un qui ne vous affirme que si ce poisson est saigné et vidé de suite, il est parfait. Nous l'avons fait nous-même, et nous l'avons trouvé aussi mauvais que lorsqu'il n'a pas subi cette pratique.

Pour saigner le mulet, on lui fend légèrement la queue en longueur, sur le côté plat, depuis l'anus jusqu'à l'extrémité, il répand alors une dizaine de gouttes d'un sang épais, après quoi on le vide, et on retire le péritoine noir qui adhère à sa chair.

Quoi qu'il en soit, pêchez du mulet ou du nase, comme vous voudrez : ce sera un bienfait pour la rivière. Mais suivez notre conseil, n'en mangez qu'en temps de siège, et encore !...

PÊCHE DU HOTU A LA LIGNE

MM. LES ABBÉS AIMENT BIEN LES TRUITES!...

La Truite

La Truite est le poisson de nos rivières de France dont on a le plus parlé partout. Pas un journal de pêche qui ne lui ait consacré de nombreuses lignes, pas un livre qui n'ait sur elle écrit de nombreuses pages. Elle fera donc ici le motif d'un chapitre complètement à côté.

Nous ne la décrirons pas, on ne connaît qu'elle ; son nom lui vient du latin *tructa*, et ce dernier même du grec *troktes* (poisson de mer fort goulu, *trogo*, je mange).

On la rencontre partout où l'eau claire court vite sur les roches et est limpide et fraîche comme celle des sources.

Dans la Nièvre, il faut aller tout à fait au commencement du Morvan proprement dit, à 30 kilomètres de Clamecy au moins, pour la trouver, aux endroits nommés : les Grands-Moulins et Montreuillon.

Elle est très abondante et fort petite ; les plus grosses, très rares, ne pèsent jamais plus de 1 livre.

A Armes, à Brèves, à Villers et dans tous les environs de Clamecy, on ne la connaît même pas de vue.

Le hasard fait que parfois des pêcheurs en prennent un ou deux spécimens dans l'Yonne, tous les trois ou quatre ans, mais c'est un phénomène, et, pour notre part, nous n'en vîmes pêcher qu'une, à la main, en quinze ans.

Elle pesait exceptionnellement 2 livres et demie et était restée à sec un jour d'éclusée. Elle devait remonter le courant et venir de fort loin.

Le meunier qui la captura n'en avait jamais vu, et les personnes présentes, pensant que c'était un poisson malade, à cause des taches, l'engageaient sérieusement à le jeter lorsque nous nous approchâmes de leur groupe.

Ce fut nous qui en profitâmes, nous nous la procurâmes à bon marché, personne ne voulant se dévouer pour la déguster !

Comme la truite varie suivant les rivières, peut-être même que dans le Morvan sa courte taille et son poids d'une demi-livre sont la taille et le poids normaux de l'adulte, car, nous le répétons, jamais personne n'en prit de grosses, et jamais, en aval de Monceau-le-Comte, à 25 kilomètres de Clamecy, on n'en aperçut qu'accidentellement.

Dans le Morvan, on pêche la truite principalement à l'épervier, non pas du bord ou en bateau, mais en marchant dans l'eau peu profonde, l'engin sur l'épaule.

En passant sur les pierres auprès desquelles elle sommeille, le pêcheur la fait déguerpir. Rapide comme une flèche, elle file entre deux eaux et va se cacher un peu plus loin.

Il faut être doué de bons yeux pour la suivre dans sa fuite. Quand on l'a vue se poser de nouveau à 5 ou 6 mètres de là, on avance doucement, on lance le filet et on la coiffe.

Parfois, on a la chance de tomber sur une troupe de truites

qui passe. Alors, d'un seul coup, on rafle la petite armée, dix, vingt, quelquefois plusieurs dizaines. C'est une chance !

On pêche aussi la truite à la main, en la faisant d'abord se cacher sous les pierres, ou encore au ver de terre, ce dernier procédé à l'époque du flottage des bois.

De partout, à cette époque, les bûches roulent, entraînées par le courant, se choquent et vont se buter au fond de la rivière ; les truites chassées par le bruit se réunissent dans les tournants où le bois ne passe pas. L'eau pendant le flottage est toujours trouble, comme si la pluie était tombée pendant une

L'YONNE COUVERTE DE BOIS FLOTTÉ

semaine, on pique un morceau de très gros ver sur l'hameçon, et on jette la ligne.

Continuellement alors on lui fait subir un mouvement de va-et-vient, comme à la branlette, la truite se précipite et se prend d'elle-même ; il est rare qu'on la pêche au vif ; la rivière étant en général trop peu profonde dans cette partie de la Nièvre, nous ne l'avons vu prendre qu'à la mouche et au ver.

Pour les amateurs, c'est un joli voyage à faire dans un pays absolument sauvage : la rivière y coule fréquemment en torrent sur des blocs de granit gris qui semblent au soleil des pierres précieuses miroitant au milieu de prés très étroits bordés par des forêts qui s'étagent sur des collines escarpées.

Pas de chemin de fer, pas de moyens de transport, des paysans aimables parlant à peine le français. Enfin la nature dans toute sa solitude primitive et sa beauté.

La truite de la haute Yonne, dégustée fraîche, est délicieuse; elle est parfumée d'un léger goût de noisette et a la chair grasse et un peu rosée.

On en trouve comme plat ordinaire dans les plus infimes auberges, et les braves cultivateurs vont en toute saison et en tout temps prendre leur plat de truites quand ils ont envie de déjeuner au poisson ou d'observer le maigre du vendredi.

Pour eux, la pêche n'est jamais interdite, ils sont si loin des villes qu'ils en ignorent les lois.

La truite de l'Yonne peut être considérée comme la truffe

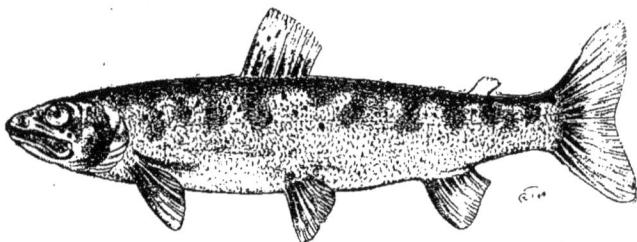

TRUITE

de rivière, elle se conserve malheureusement trop peu pour être vendue, ne serait-ce qu'à Clamecy, de sorte qu'on n'en fait aucun commerce dans le Morvan, c'est sans doute la raison pour laquelle elle y est toujours abondante.

La truite est un des poissons qui occupa le plus messieurs les cuisiniers et fit la gloire des Vatels de toutes lès époques.

Du temps de Grimod de la Reynière, les truites étaient rares à Paris, aussi voici ce qu'il en dit dans l'*Almanach des Gourmands*, il y a deux siècles : « La truite, lorsqu'elle est venue du lac de Genève, est un manger divin que les gourmets se procurent quelquefois à Paris ; mais c'est une jouissance fort rare. Ces belles truites, cuites dans un savant court-bouillon et mangées à la sauce à la genevoise qui rappelle leur origine et qui leur convient plus que toute autre, honorent les tables les plus recherchées. »

Carême, l'une des illustrations de l'art culinaire, qui dirigea tour à tour le service de bouche chez le prince de Talleyrand, chez le prince régent d'Angleterre, chez les empereurs de Russie et d'Autriche, etc., etc., dans *le Cuisinier parisien* consacre de longues et méticuleuses pages à sa préparation.

Gouffé, le fameux chansonnier du Caveau, et le vaudevilliste bien connu, n'a pas dédaigné non plus de consacrer

À LA MOUCHE

quelques lignes au délicieux poisson; il est le véritable parrain de la truite à la Chambord que nous connaissons tous. La truite est toujours pour le pêcheur une capture hors ligne, l'objet d'une poursuite tenace et continue. Après la cuisson, sa chair est ferme, d'une couleur rose jaunâtre ou d'un rose peu foncé, très voisine de celle du saumon lorsque le sujet est volumineux.

Elle a donné son nom à une mélodie de Schubert, *la Truite*, traduction française de Crével de Charlemagne.

D'après plusieurs critiques renommés, la *Barcarole* et *la*

Truite sont les deux productions les plus légères, les plus souriantes de Schubert.

A titre de curiosité, nous donnons ici cette poésie de *la Truite* :

> Au bord d'une onde claire,
> Avec ses jeunes sœurs,
> La truite légère
> Jouait parmi les fleurs.
> Couché près de la rive,
> Dans l'ombre, j'admirais
> De sa grâce naïve
> Le charme plein d'attraits.

TRUITES SUR L'HERBE

> Au sein du flot limpide,
> Bientôt un vieux pêcheur
> De sa ligne perfide
> Jeta l'appât trompeur.
> Longtemps ivre de joie,
> Riant de ses détours,
> Il croit tenir sa proie
> Qui l'abuse toujours.

> Enfin, ruse cruelle !
> Honteux de son erreur,
> De l'onde pure et belle
> Il trouble la fraîcheur !

Pleurant sa destinée,
Soudain, hélas ! fatalité !
La pauvre infortunée
Perdit sa liberté.

Évidemment ça n'est pas du Baudelaire, mais c'est peut-être très bien en allemand.

Les pêcheurs sont tous poètes, cependant ils écrivent peu ; ils rêvent et vivent leur poème au bord de l'eau ; s'il est parmi nos lecteurs des imitateurs de Crevel qui veulent chanter la truite, qu'ils aillent à Montreuillon, dans la Nièvre, pêcher quelques truites nivernaises, elles sont peu connues ; mais ce sont à coup sûr les plus belles et elles deviendront les Muses diaprées qui inspireront les poètes, chevaliers de la gaule, qu'ils soient du Nord ou du Midi [1].

1. G. Albert Petit, conseiller maître à la Cour des comptes, a écrit sur la Truite un livre admirable : *la Truite de rivière*, 500 pages, nombreuses illustrations, Paris, 1897.

L'Anguille

La pêche à l'Anguille se fait aux *nasses* et surtout à la *ligne de fond* (traînée).

L'anguille a une prédilection marquée pour la lamproie, appelée aussi chatouille, et pour le gros ver de terre à tête noire ; cependant elle mord très bien au vif et préfère le goujon au vairon, et même aux autres amorces vives.

On la prend aussi en amorçant avec de petites grenouilles, des crapauds de même taille, des salamandres aquatiques ou tritons, des escargots extraits de leur coquille et des limaces rouges ; en somme, avec tout ce qui est considéré comme répugnant par la majorité de la race humaine.

Particulièrement, nous vous recommandons pour la pêche de nuit des dés de mou de veau !... essayez-en avant d'en rire, et ne le dites à personne, surtout.

Il est très rare de la capturer à la ligne proprement dite, car, en général, madame l'anguille n'est visible que la nuit — si nous osons nous exprimer ainsi — et à moins qu'on ne la pêche au grelot !... mais braconnage !

Son nom lui vient du latin *anguilla*, de *anguis*, serpent.

Elle appartient à la classe des Malacoptérygiens apodes où elle est le type de la famille des anguilliformes.

C'est un poisson de forme cylindroïde, très allongé, couvert d'un enduit visqueux ou limoné, comme disent les pêcheurs, et qui est répandu dans les eaux douces, saumâtres ou salées de l'Europe.

On en connaît plusieurs espèces et plusieurs variétés distinctes, mais qui n'ont pu être jusqu'à présent caractérisées d'une manière suffisante.

Sur nos côtes et dans nos rivières, les principales sont : le *plat-bec*, le *verniau* et le *long-bec*. Les jeunes anguilles qui se trouvent à l'embouchure des fleuves et les remontent sont appelées : *civelles*, *bouirons* ou *montées*.

Il y en a, comme nous venons de l'écrire, d'après les maîtres en la matière, plusieurs espèces, mais nous croyons plutôt, et ceci est une opinion que nous n'obligeons personne à partager, qu'elles changent simplement un peu la couleur de leur robe et même leur physique, suivant le sol ou l'eau qu'elles habitent.

Cependant cette couleur ne varie guère que du brun clair au brun foncé sur le dos, et du blanc pur ou blanc gris sous le ventre.

Les unes ont le museau pointu, les autres le museau plat, soit ! S'ensuit-il pour cela qu'elles forment deux espèces différentes ? Non, nous ne le croyons pas ; de même, dans notre pauvre humanité, les nez pointus et les nez en pied de marmite (pour nos délicates lectrices, le nez à la Roxelane, c'est plus poétique) n'ont jamais formé deux classes à part.

Tout cela, c'est pâtée de naturalistes, et ces messieurs, n'ayant rien de mieux à faire, éprouvent souvent, pour se distraire, le besoin d'embrouiller les choses les plus simples.

Nous, pêcheurs, de goûts plus modestes, nous ne considérons que deux espèces d'anguilles classées bien différemment, celles qui sentent la vase et celles qui ne la sentent pas.

Hélas ! les dernières sont beaucoup trop rares.

Comme dans cet animal chanté par Monselet, le divin

cochon, dans l'anguille tout est bon : la peau sert aussi bien que le reste.

Coupée en lanières, elle fait la joie des enfants, qui, grâce à elle, s'échauffent l'hiver en faisant tourner ces toupies qu'on appelle des *sabots* ou des *rabots*.

Jadis, on en faisait une sorte de fouet destiné aux épaules des varlets récalcitrants.

Plusieurs lanières de peau d'anguille jointes ensemble formaient une espèce de martinet, nommé *escourgée*, fouet que le peuple appelait pittoresquement anguillade !

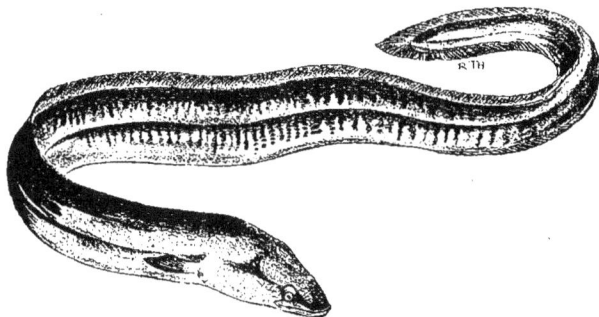

ANGUILLE

Rabelais dut en savoir quelque chose, car il écrit :

« Il lui bailla si bien l'anguillade que sa peau n'eût rien valu à faire cornemuse ! »

Le sang d'anguille est un poison violent[1], il faut bien faire attention en écorchant ce poisson de ne pas se couper et surtout de s'introduire du sang dans la blessure ouverte.

Il produit une enflure immédiate et souvent les mêmes symp-

1. Le sérum du sang des poissons du genre anguille contient un poison très énergique, l'*ichtyotoxine*; 50 centigrammes de sérum injecté dans la veine jugulaire d'un chien de 15 kilogrammes le tue en quatre minutes; une anguille de 2 kilogrammes possède assez de poison pour tuer dix hommes.

M. le professeur Mosso, de l'Université de Turin, ayant mis sur sa langue une goutte de sang d'une anguille, ressentit une sensation âcre et brûlante suivie d'une abondante salivation et de grandes difficultés dans les mouvements de déglutition.

tômes d'empoisonnement que par la morsure de la vipère,
surtout lorsque l'anguille n'est pas fraîche.

On prétend même que le fameux poison qu'employait avec
tant de succès l'honorable famille des Borgia, n'était autre que
du sang d'anguille putréfié.

Après tout, pourquoi pas ?

Les boyaux d'anguilles sont parfaits pour en prendre d'autres, cet animal aime son espèce au point de la digérer morte
ou vive, et les toutes petites anguilles sont un mets des plus
prisés par les grosses ; quant à la chair, elle est parfaite, et il
existe plus de cinquante recettes culinaires pour la préparer.

Malgré sa qualité, les personnes qui n'aiment pas l'anguille
ne sont pas rares, ce n'est pas que le goût leur soit désagréable,
elles n'y ont jamais goûté, mais elles ont contre ce poisson une
répugnance instinctive qui provient de sa trop grande ressemblance avec le serpent.

Les grosses anguilles ont un goût très prononcé d'huile
rance, il faut donc les dégraisser pour les manger, et le meilleur
moyen est de les saler un jour ou deux à l'avance. Les anguilles
de 1 à 2 livres sont bien supérieures aux grosses de l'espèce, surtout lorsqu'elles sont pêchées dans l'eau courante.

L'habitation de l'anguille est presque toujours la vase, les
trous des berges ou les fentes des rochers.

Dans cette dernière habitation, elles se réunissent souvent
en nombreuse compagnie, et la queue, collée contre la paroi de
la roche, elles tendent au dehors leurs longs corps de serpents
qu'elles balancent continuellement.

A l'automne, lorsque la feuille tombe et roule au fond de la
rivière, en suivant le courant, les anguilles se mettent en boule,
seules parfois elles se nouent, mais plus ordinairement elles
forment à plusieurs une pelote ronde qui suit la marche des
feuilles et est entraînée comme elles. C'est l'époque des pêches
fructueuses pour les meuniers, qui connaissent bien cette habitude ; ils disposent alors sous les vannes du moulin, côte à côte,
des nasses de bois face à l'arrivée de l'eau, et l'anguille, pauvre
boule qui roule inconsciemment, y est précipitée d'autorité,
sans avoir, comme compensation, l'assurance d'un appât quelconque.

Nous en avons vu prendre ainsi jusqu'à vingt dans une seule nasse et dans la même journée.

On prétend que les anguilles, surtout pendant les nuits de mai et de juin, vont à terre chercher leur nourriture, et qu'elles ont un goût très prononcé pour les petits pois, ni plus ni moins que le pigeon. Elles les écrasent et les mangent.

TROP TARD! LE SOLEIL EST LEVÉ

Nous ne voyons pas ce qu'il y a de vrai dans ce réci qui, depuis la plus haute antiquité, court les campagnes, mais nous l'avons toujours entendu conter et de la façon la plus sérieuse par de braves gens dignes de foi.

Ce que nous pouvons affirmer, pour l'avoir vu, c'est que l'on trouve souvent, et que nous-même avons trouvé sur les routes séparant les rivières des champs et des jardins, des anguilles écrasées par des voitures de passage, et qu'aussi les faucheurs, à l'époque des foins, en coupent en deux dans les luzernes et dans les endroits humides des prés.

Pendant longtemps on ignora le mode de reproduction de l'anguille; on prétendit même qu'elle naissait des petits vers qu'on trouve parfois en quantité dans les goujons.

On connaît maintenant complètement les phases de sa production, mais nous n'en dirons rien ici, renvoyant nos lecteurs, que cette donnée toute scientifique pourrait intéresser, aux nombreux ouvrages techniques écrits sur ce sujet.

Les anguilles se reproduisent à la mer [1], c'est ce qui fait la variation de leur nombre dans certaines de nos rivières; une année elles y pullulent, une autre on n'en voit plus une seule.

Il y a une vingtaine d'années, l'anguille était assez abondante dans le Cher et l'Yonne; elle y est beaucoup plus rare aujourd'hui et nous croyons l'époque prochaine où elle disparaîtra complètement du centre de la France, si on n'y met bon ordre.

En voici la raison :

Lorsqu'à l'état de frai les anguilles remontent de la mer dans les fleuves, la Loire, la Seine, etc., elles se suivent et forment un banc épais, si épais même que c'est le moment d'écrire, comme à Marseille : « Il n'y a plus d'eau, ce n'est plus que du poisson. »

A cette époque, par tous les moyens possibles, les riverains les récoltent, et savez-vous pourquoi faire ? — Du fumier, tout simplement !

Ils fument leurs champs avec des anguilles : voilà ce qui peut s'appeler manger son bien en herbe, ou plutôt notre bien !

Pêchée ainsi sur une cinquantaine de kilomètres par des milliers de cultivateurs, il ne nous arrive plus dans les rivières du Centre que de rares anguilles, les échappées de cette Saint-Barthélemy.

La montée d'anguilles étant mise chaque année en coupe réglée, le peu qui en reste est absolument insuffisant pour fournir à l'alevinage des contrées éloignées de la mer, et ce poisson se fait de plus en plus rare.

Cette pêche, à l'embouchure des fleuves, est devenue en

---

1. On prétend qu'elles se reproduisent aussi en étang d'eau douce, il y a de nombreuses discussions à ce sujet, mais la preuve n'en est pas encore faite officiellement.

quelque sorte industrielle; nous nous sommes laissé dire qu'on la pratiquait même par le chalutage à vapeur, et que dans la Loire-Inférieure il existait des usines de guano d'anguilles.

Rassurez-vous, amis pêcheurs, on étudie la question au ministère de la marine; on l'étudiera même encore longtemps, longtemps, et nous finirons par avoir perdu le goût de... l'anguille lorsqu'elle sera résolue.

L'anguille croît très lentement et sa vie est des plus longues, parlant poisson s'entend. On a des exemples d'anguilles conservées de dix-sept à vingt ans en domesticité.

Celles de nos rivières ne pèsent presque jamais plus de 4 à 6 livres, mais en Prusse, dans certains lacs, on en a pêché de 9 à 10 kilogrammes, et leur longueur n'était pas moins de 3 mètres, — de véritables boas constrictors. Si en France centrale on ne fait plus guère de pêches miraculeuses à l'anguille, il n'en est pas de même dans certains pays. Nous citerons comme exemple celle qui eut lieu en Corse pendant l'année 1896.

Dans l'étang de Biguglia, près Bastia, on pêcha au filet, pendant la même journée, 50 000 kilogrammes d'anguilles; plusieurs felouques napolitaines aménagées en viviers les transportèrent à Naples, où les Napolitains, très friands de ce poisson, n'en firent qu'une bouchée — une large bouchée!

L'anguille est douée d'une grande force, elle parvient à franchir des murs assez élevés.

Le professeur Frenzel cite le cas d'une jeune anguille de 12 centimètres de long qui, près de la station biologique de Friedrichshagen, se faufila dans les racines à fleur de terre d'un arbuste. L'étang d'où elle venait était à 4 mètres de là, et elle avait dû en franchir les bords, hauts de 1 m. 50.

L'anguille peut vivre cinq à six jours hors de l'eau dans un lieu humide et par un temps frais, mais elle périt promptement au soleil. Il n'en est pas de même dans la vase presque desséchée où elle peut passer un temps très long sans en souffrir outre mesure.

A l'appui de cette affirmation, nous pouvons citer cette pêche bizarre que conte le *Code de Chasse* publié, en 1829, par Horace Raisson, chez Jules Lefeire.

« ... Allant un jour chez M..., à V..., nous vîmes dans une

prairie, au bord de l'eau, un paysan qui, de distance en distance, donnait un grand coup de bêche.

« — Que faites-vous donc là, demandâmes-nous, l'ami ?

« — Messieurs, nous répondit-il, je pêche des anguilles.

« — Comment cela ?

« — Ce terrain est à sec depuis deux jours, et les anguilles sont restées sous le gazon.

« En effet, au bout de quelques instants, il en déterra une aussi fraîche que si on venait de la prendre au filet ; nous comprîmes alors ce que c'était que de pêcher à la bêche, bien que nous n'en eussions aucune idée. »

Lorsque le canal du Nivernais est à sec pendant la période nécessaire aux réparations, c'est-à-dire le chômage, l'anguille se réfugie dans la vase épaisse ; là on la pêche à la fouane ou fouine, instrument formé de quatre ou cinq branches de fer en forme de trident.

Le pêcheur avance en piquant devant lui cette sorte de fourchette au manche long de 1 m. 50, il l'enfonce dans la vase jusqu'au sol dur et harponne ainsi les anguilles qui y dorment ; mais il ne faut pas être dégoûté, car la vase puante et gluante vous monte jusqu'à mi-jambe. C'est ainsi que dans les sables, sur les plages de Bretagne, les marayeurs, pêcheurs à marée basse, capturent la petite raie, la sole, la limande et toutes autres espèces de poissons de mer qui se réfugient dans les graviers presque à sec sous une mince couche d'eau.

De tous les poissons, c'est du reste l'anguille qui s'accommode du plus grand nombre de façons ; nous dirions même qu'elle s'accommode de toutes les façons, et sur elle tous les Vatels du monde essayèrent leurs talents culinaires.

Si on la met à toutes les sauces en cuisine, on la met aussi à bien des ragoûts en littérature, car elle sert souvent de figure, même dans le langage courant.

« Toujours pâté d'anguilles », dit le proverbe, pour citer une chose dont on se dégoûte facilement.

« Anguille sous roche. »

« Il a échappé comme une anguille. »

« Rompre l'anguille sur le genou », tenter l'impossible.

« Il ressemble à l'anguille de Melun, il crie avant qu'on ne l'écorche », se dit de celui qui crie, qui se plaint avant d'avoir souffert.

Selon quelques étymologistes, ce proverbe vient d'un nommé Languille, bourgeois de Melun. Il jouait dans un mystère le rôle de saint Barthélemy, qui fut écorché vif. Dès que, sur la scène, Languille aperçut le bourreau, il prit son rôle au sérieux et se

PÊCHE A L'ANGUILLE DANS UN CANAL

mit à pousser des cris et chercha à s'enfuir, ce qui amusa fort les assistants.

Le poète Boisjolin écrit :

> L'anguille au corps d'argent,
> Qui s'arrondit, serpente et glisse en s'allongeant.

Ces deux vers, dont un amputé, sont dans tous les livres de pêche, nous nous demandons pourquoi. Mouton du brave Panurge, nous les citons pour ne pas déroger à une habitude.

Et pour terminer avec la glissante anguille, glissons légè-

rement sur le joli conte *Pâté d'anguille* du bon La Fontaine; il
est un de ses plus charmants et de ses moins licencieux.

Le fabuliste commence par exprimer en quatre vers sa
théorie sur la continence en amour :

> Mainte beauté, tant soit exquise,
> Rassasie et soûle à la fin,
> Il me faut d'un et d'autre pain ;
> Diversité, c'est ma devise.

C'est aussi celle d'un mari qui, fatigué des beautés de sa femme,
jette les yeux sur celle de son valet; mais ce dernier prend
mal la chose.

> Il fit à son maître un sermon.
> « Monsieur, dit-il, chacun la sienne,
> Vous en avez à la maison
> Une qui vaut cent fois la mienne. »
>
> . . . .
> Le patron ne voulut rien dire,
> Ni oui, ni non, sur ce discours
> Et commande que tous les jours
> On mit aux repas près du sire
> Une pâtée d'anguille...

Notre valet, on le devine, ne tarda pas à se lasser d'un plat aussi
délicieux :

> « Eh ! quoi, toujours pâtés au bec,
> Pas une anguille de rôtie,
> Pâtés tous les jours de ma vie !
> J'aimerais mieux du pain tout sec ! »

Et le maître de lui répondre :

> « Qu'ai-je fait qui fut plus étrange ?
> Vous me blâmez lorsque je change
> Un mets que vous croyez friand,
> Et vous en faites tout autant !
> . . . .
> Mon doux ami, je vous apprends
> Que ce n'est pas une sottise,
> En fait de certains appétits,
> De changer son pain blanc en bis ;
> Diversité, c'est ma devise. » .

Le valet, qui ne trouve plus rien à répondre à cet argument, se console en mettant lui-même en pratique la devise de son maître... en commençant, à titre d'essai, par la propre femme de celui-ci.

Anguille, anguille, voilà bien de tes coups !

Pour terminer de l'anguille, signalons ceci : la balle, résidu du battage du blé, fait gonfler et crever le poisson qui ne manque jamais de l'avaler, non pour se nourrir, mais pour se jouer, lorsque, mouillée et lourde, elle tombe sur les fonds. L'anguille, en particulier, la mange facilement, surtout celle d'orge et d'avoine, qui justement sont les plus malsaines.

Les meuniers principalement ont cette habitude de se défaire de leurs déchets en balles en les jetant au fil de l'eau. Ils détruisent ainsi, sans s'en douter, des quantités de poissons et principalement d'anguilles.

AU LAC

Pêches de luxe

Il en est de la pêche comme de la chasse. Tel chasseur poursuit le lièvre et la perdrix dans les garets communs, muni d'un fusil de 100 francs, tel autre ne chassera que le chevreuil, le cerf ou le faisan dans ses propriétés privées, avec un fusil dernier modèle de 700 ou 800 francs et même plus. Les pêcheurs riches sportmen, convaincus, pêchent de grosses espèces, brochets, saumons, truites, à l'aide d'engins merveilleusement combinés dont le prix est inabordable aux petites bourses. Nous ne traiterons pas ici de la pêche à la mouche artificielle, elle nécessiterait un volume spécial, mais nous dirons deux mots de la pêche au lancer à l'américaine, qui commence à faire en France d'énormes progrès tant elle est attrayante, pratique, productive et peu dangereuse au point de vue du dépeuplement puisqu'elle ne sert à capturer que de grosses espèces voraces, s'étant du reste déjà reproduites.

Devant un maître comme M. Bouglé, qui est le véritable introducteur de cette façon de pêcher en France, nous n'avions plus qu'à nous incliner et serrer notre plume. Tout ce que nous aurions pu écrire après lui eût été inférieur.

Nous devons donc à l'amabilité de M. Bouglé et à la bonne confraternité de MM. Wyers frères, directeurs de *la Pêche moderne*, de pouvoir offrir à nos lecteurs les admirables pages qui vont suivre sur la pêche au lancer à l'américaine.

La Pêche au lancer à l'américaine

Par pêche au lancer nous entendons l'action de lancer, à l'aide d'une canne, un appât naturel ou artificiel, vivant ou mort, fixé à l'extrémité d'une ligne qu'il entraîne à travers les anneaux de la canne.

Les deux seules méthodes de lancer connues en Europe sont, croyons-nous, les suivantes : 1° le lancer avec ligne lovée à terre ou dans le creux de la main (Thames style) ; 2° le lancer du moulinet, c'est-à-dire avec ligne enroulée sur le moulinet (Nottingham style). Ces deux méthodes ont été à plusieurs reprises parfaitement exposées dans *la Pêche moderne* et nous n'y reviendrons par conséquent que pour montrer en quoi la méthode américaine en diffère.

Le lancer avec ligne lovée s'exécute tantôt avec la canne à une seule main, tantôt avec la canne à deux mains. Par contre, le lancer du moulinet tel qu'il est généralement pratiqué en Europe exige la canne à deux mains.

On verra de suite que le lancer à l'américaine se distingue nettement des deux genres précédents quand nous aurons dit que c'est *un lancer du moulinet exécuté avec la canne à une seule main.*

L'ÉQUIPEMENT POUR LE LANCER A L'AMÉRICAINE : LA CANNE

Avant d'expliquer comment s'exécute le lancer à l'américaine, il est indispensable de décrire l'outillage spécial qu'il exige.

La canne sera de préférence en bambou refendu, légère et assez raide ; les longueurs extrêmes seront d'environ 1 m. 90 et 2 m. 60 ; les anneaux seront assez espacés et de grand diamètre ; le porte-moulinet sera placé au-dessus de la poignée. La canne que nous employons personnellement peut être décrite ainsi : bambou refendu hexagonal, deux joints égaux de 1 mètre chacun, sept anneaux égaux avec bagues intérieures en agate de 8 millimètres de diamètre, poignée détachable recouverte de liège de 28 centimètres, porte-moulinet au-dessus de la main et courte poignée supplémentaire également garnie de liège au-dessus du porte-moulinet. Longueur totale : 2 m. 28 ; poids total : 210 grammes.

LE MOULINET

Le moulinet joue un rôle si important dans le genre de lancer que nous avons à décrire, qu'il est indispensable de nous y arrêter un peu longuement. La bobine et la manivelle du moulinet employé pour le lancer à l'américaine sont montées sur deux axes distincts engrenant au moyen de pignons de diamètres inégaux, de telle façon qu'un seul tour de la manivelle produise plusieurs tours de la bobine. C'est ce qu'on appelle le moulinet multiplicateur.

L'opinion généralement répandue au sujet de cette multiplication est qu'elle a pour objet de rendre la récupération de la ligne, c'est-à-dire son enroulement sur la bobine, beaucoup plus rapide. En réalité, ce n'est pas ce résultat qui nous intéresse le plus. Ce qui, en effet, nous préoccupe ici avant tout, c'est le

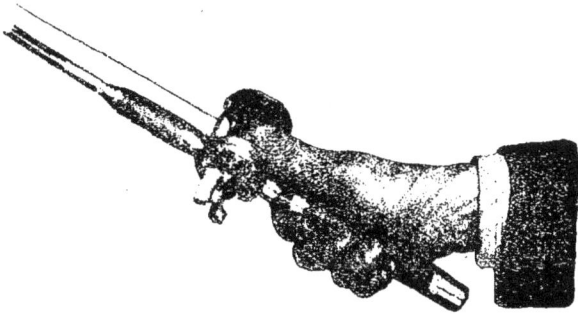

POSITION DU POUCE SUR LA BOBINE

lancer, soit, au contraire, le déroulement de la ligne. En nous plaçant à ce dernier point de vue, le moulinet en question devient, en fait, un moulinet *démultiplié*, ou, si l'on veut, le moulinet multiplie à l'enroulement mais *démultiplie* au déroulement ; nous dirons donc non pas qu'un tour de la manivelle produit plusieurs tours de la bobine, mais qu'un tour de la bobine ne produit qu'une fraction de tour de la manivelle. Cette seconde façon d'exprimer le même fait a l'avantage de nous faire entrevoir aussitôt l'importance de ce moulinet au point de vue du lancer. Il est évident, en effet, que puisqu'il y a *dé*multiplication, la force d'inertie ou résistance à vaincre pour entraîner les parties mobiles du moulinet dans l'acte du lancer sera diminuée proportionnellement à la *dé*multiplication. Il y a également lieu de tenir compte de la résistance opposée par l'air à la rotation de la manivelle et de sa poignée, et il y aura encore ici un gain appréciable puisque la manivelle et sa poignée n'accompliront, grâce à la *dé*multiplication, qu'une révolution relativement lente au lieu de plusieurs révolutions rapides. Le résultat pratique sera que le moulinet multiplicateur permettra de lancer des poids légers à cause du peu de force nécessaire pour mettre l'appareil en mouvement.

Le moulinet multiplicateur du type « Kentucky » paraît être actuellement le plus en faveur auprès des pêcheurs américains.

MOULINET AMÉRICAIN POUR LA PÊCHE AU LANCER

Il est fabriqué par diverses maisons et en diverses qualités. C'est un moulinet à quadruple multiplication, c'est-à-dire qu'un tour de la manivelle correspond à quatre tours de la bobine. Un cliquet à ressort et un frein peuvent entrer en jeu au moyen de deux boutons distincts, mais doivent toujours être enlevés pour exécuter le lancer. Ce moulinet est généralement construit en maillechort, sauf les axes et pignons qui sont en acier trempé. A première vue le moulinet « Kentucky », par sa longue bobine, ses plaques de petit diamètre et sa manivelle grêle, rappelle assez bien ces mécaniques naïves que l'on voit encore aux mains de quelques pêcheurs rustiques. Toutefois ce n'est là qu'une apparence trompeuse, car le « Kentucky » est, au contraire, un engin précis, compliqué et assez coûteux, dont les roulements et engrenages exigent une fabrication très soignée pour assurer le minimum de frottement et, par suite, une extrême mobilité de la bobine. Certains amateurs américains n'hésitent pas à payer de 150 à 200 francs les meilleurs moulinets de ce type, dont les pivots sont garnis de rubis comme ceux d'une montre de prix. Un poids de 5 décigrammes suspendu à l'extrémité de la ligne, la canne étant tenue horizontale, doit suffire à entraîner la bobine d'un bon moulinet de ce genre.

Il semble, toutefois, que le moulinet à lancer idéal devrait comporter un dispositif permettant de rendre la bobine folle, c'est-à-dire indépendante pendant le déroulement de la ligne dans le lancer. Ce désembrayage devrait, de préférence, être automatique; il pourrait, toutefois, sans inconvénient, s'effectuer au moyen d'un bouton ou levier manœuvré avant chaque lancer. Par contre, le réembrayage après le lancer devrait nécessairement être automatique, c'est-à-dire s'effectuer directement par la simple mise en mouvement de la poignée de la manivelle pour enrouler la ligne; il importe, en effet, de pouvoir supprimer toute manœuvre et par conséquent tout retard entre le moment où l'appât lancé rencontre la surface de l'eau et le moment où la récupération de la ligne commence.

LE LANCER DE DROITE A GAUCHE

1. *Premier temps*

En résumé, le moulinet à lancer devrait, pour approcher de la perfection, réunir les caractères suivants : double multiplication, embrayage et désembrayage automatiques, bobine aussi légère que possible montée sur billes avec un dispositif de réglage, cliquet facultatif agissant sur l'axe de la manivelle et formant frein [1].

Le moulinet multiplicateur se place sur la canne au-dessus de la main et de façon que la manivelle soit à droite lorsque

1. Nous avons eu récemment (décembre 1902) l'occasion d'essayer le premier exemplaire d'un très ingénieux moulinet à embrayage automatique inventé par un amateur français. Avec quelques modifications de détail, ce moulinet paraît appelé à un grand succès, et nous sommes heureux d'apprendre qu'il se trouvera prochainement dans le commerce à un prix modéré.

les anneaux de la canne et le moulinet sont tournés en dessous.

Il est assez curieux que les moulinets multiplicateurs américains aient été connus en Europe bien avant que l'on n'y soupçonnât le genre de pêche dont il est ici question et auquel ils sont uniquement destinés. Il en est résulté un malentendu dont on trouve la trace dans les traités de pêche des meilleurs auteurs français et anglais même les plus récents ; nous les voyons en effet, presque tous, mentionner le multiplicateur américain à propos de la pêche à la mouche artificielle et en déconseiller l'usage à leurs lecteurs. La précaution paraît tout à fait superflue lorsqu'on sait que jamais les pêcheurs américains n'ont songé à employer le multiplicateur pour la pêche à fouetter, à laquelle il ne convient nullement, pour plusieurs raisons, et qu'ils se servent, au contraire, dans ce cas, de moulinets à simple action et à cliquet assez semblables aux nôtres. Il n'était peut-être pas sans intérêt de fixer ce point d'histoire et le lecteur excusera sans doute la digression.

LE LANCER DE DROITE
A GAUCHE
2. *Deuxième temps*

LA LIGNE

La ligne sera en soie tressée non vernie, très serrée et très fine. Elle doit être à la fois résistante, légère et peu absorbante. Celle que nous employons pour la pêche de la truite et du brochet au poisson tournant et du calibre H est longue de 75 mètres.

LE LANCER : LES DEUX TEMPS

Le lancer se fait en deux temps, soit une position préparatoire et le lancer proprement dit.

Le moulinet étant placé sur la canne, comme il est dit ci-

dessus, on devra engager la ligne dans les anneaux et attacher
à son extrémité un poids ou plomb de 15 grammes qui repré-
sentera provisoirement l'appât que l'on emploiera plus tard
pour pêcher.

Ce plomb aura l'avantage de ne pas s'accrocher si ce premier
apprentissage se fait sur le gazon. La ligne devra être enroulée
sur le moulinet de façon que le poids ne soit au plus qu'à
30 centimètres de la pointe du scion. On saisira la poignée de
la canne de la main droite, le moulinet et les anneaux de la
canne en dessus, le pouce de la main droite appuyant fortement sur le milieu de la bobine ou, plus exactement, sur la
ligne enroulée sur la bobine, de façon à maintenir celle-ci im-
mobile, après s'être assuré que le cliquet et le frein du moulinet
sont enlevés (voir figure, p. 131). On prendra ensuite la position représentée dans la figure 1, c'est-à-dire le bras droit à
peine plié et légèrement écarté du corps, le coude en dedans,
la pointe de la canne aussi basse qu'il sera possible sans laisser
le plomb toucher le sol, les anneaux et le moulinet en dessus
mais légèrement tournés vers la gauche, c'est-à-dire vers le
corps, porter le poids du corps sur la jambe gauche, le bras
gauche pendant naturellement, plier légèrement la jambe droite,
tourner la tête vers la gauche de façon à fixer par-dessus l'é-
paule gauche le but à atteindre.

Le deuxième temps, représenté par la figure 2, consiste dans
l'acte même de lancer. Le pêcheur portera la canne de droite à
gauche et de bas en haut par un mouvement très régulier et de
vitesse croissante, le bras droit qui l'exécute passant diagonale-
ment près du corps jusqu'à ce que la main droite soit arrivée à
hauteur de l'épaule gauche et que la canne soit pointée dans la
direction du but à atteindre, ou plutôt d'un but imaginaire situé
perpendiculairement au-dessus du but réel. Le mouvement sera
arrêté à ce point, nettement et sans secousse, la main droite
serrant énergiquement la poignée de la canne; la pointe du
scion sera ensuite doucement abaissée dans la direction du but
réel au moment où le plomb ou appât atteindra la surface de
l'eau. Le mouvement du bras que nous venons de décrire devra
être accompagné d'un certain pivotement de tout le corps vers
la gauche, la jambe gauche servant de pivot, de façon à accen-

tuer l'impulsion totale. L'ensemble du mouvement doit être exécuté en souplesse et ne produire aucun à-coup.

L'ACTION DU POUCE SUR LA BOBINE

Presque aussitôt que le mouvement décrit ci-dessus aura commencé on devra desserrer notablement le pouce de la main droite qui pressait la bobine, sans cependant perdre tout à fait le contact de celle-ci, puis appuyer de nouveau très fortement sur elle lorsque le plomb sera arrivé au bout de sa course, de façon à arrêter net toute rotation de la bobine juste au moment où le plomb atteindra la surface de l'eau. Si la rotation de la bobine continuait un seul instant après que le poids aurait cessé d'entraîner la ligne il en résulterait un désagréable embrouillement. Afin de protéger l'épiderme du pouce, on pourra employer un doigtier en grosse laine tricotée.

Cette action graduée du pouce sur la bobine est en réalité la seule difficulté que rencontrera le novice et il devra s'y

LE LANCER DE GAUCHE A DROITE
3. *Premier temps*

exercer patiemment. Avec un peu d'application et de pratique cette action du pouce ne tardera pas à devenir parfaitement automatique et à laisser par conséquent au pêcheur toute liberté d'esprit.

LE LANCER DE GAUCHE A DROITE

Le lancer que nous venons de décrire peut être exécuté aussi facilement de gauche à droite, toujours en employant la main droite. C'est alors une sorte de coup de revers qui s'exécute à peu près de la même façon que le lancer de droite à gauche. Les figures 3 et 4 représentent les deux temps du lancer de gauche à droite et nous paraissent suffisamment intelligibles pour qu'il soit inutile d'insister. Nous nous contenterons de recommander au débutant de s'exercer également dans les deux directions, car on s'apercevra vite en pêchant qu'il est très utile de pouvoir lancer indifféremment dans les deux sens.

APRÈS LE LANCER

Lorsqu'il s'agit d'un appât qui doit être ramené presque aussitôt qu'il est tombé à l'eau, comme c'est le cas pour les divers appâts tournants tels que cuillers, poissons artifi

ciels, poissons morts montés sur hélice, etc., le pêcheur devra, dès que le lancer ci-dessus décrit aura été exécuté, faire passer la canne dans la main gauche, les anneaux et le moulinet en dessous et commencer à mouliner de la main droite avec la rapidité qu'il jugera convenable selon les circonstances. La main gauche tiendra la canne immédiatement au-dessus du moulinet, à l'endroit où se trouve une sorte de courte poignée supplémentaire. Le talon de la canne pourra être appuyé contre le corps à peu près à hauteur de la ceinture. On fera passer la ligne entre les doigts de la main gauche, qui par certains petits mouvements plus faciles à imaginer qu'à décrire devront assurer une répartition aussi régulière que possible de la ligne sur la bobine. Ce dernier point est d'une grande importance, car la ligne ne se déroulera convenablement au lancer qu'autant qu'elle aura préalablement été correctement enroulée. La petite manipulation en question est facile à acquérir, mais n'en est pas moins indispensable.

LE LANCER DE GAUCHE
A DROITE
4. Deuxième temps

LE LANCER VERTICAL

Le lancer que nous avons achevé de décrire pourrait s'appeler

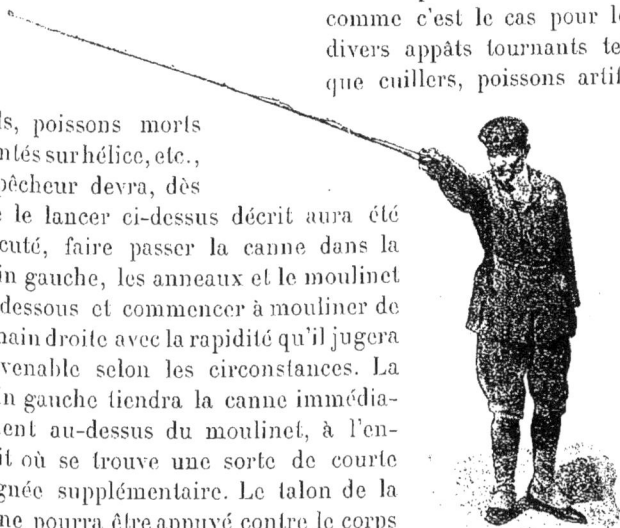

lancer horizontal ; c'est le plus anciennement et le plus généralement pratiqué par les pêcheurs américains. Il existe toutefois
un autre style américain que nous appellerons lancer vertical.
Pour ce lancer, la position de la canne est celle que représente
la figure 6, c'est-à-dire à peu près celle de la canne à fouetter
au moment où la ligne vient d'être ramenée en arrière. Dans
cette position on imprimera au poids ou appât, qui doit, comme
pour le lancer horizontal, être ramené à 30 centimètres au plus
de la pointe du scion, un mouvement de va-et-vient par-dessus
la pointe
du scion.
Lorsque,
par ce
mouvement et les flexions alter-
natives de la canne en avant et
en arrière qui l'accompagnent, on aura
développé un élan suffisant, on abaissera
vivement la canne en avant jusqu'à un
angle d'environ 45 degrés, tout en s'effor-
çant de lancer l'appât aussi haut que
possible. L'action du pouce sur la bobine
sera exactement la même que dans le
lancer horizontal. Le lancer vertical exige
une canne très courte, c'est-à-dire ne
dépassant guère 2 mètres et un moulinet
extrêmement sensible. Ce style a l'avantage
d'assurer une très grande précision dans le
lancer ; il est surtout pratiqué par les

APRÈS LE LANCER

5. *Récupération de la soie*

pêcheurs de Chicago parce que les lacs de la région environ-
nante sont généralement couverts de végétation et ne présentent
que quelques petites ouvertures dans lesquelles il s'agit de faire
tomber l'appât avec certitude.

Le lancer vertical est aussi à peu près exclusivement pratiqué
dans les concours de lancer qui sont souvent organisés aux États-
Unis, parce qu'ici encore la précision est un facteur presque aussi
important que la distance.

Ce style a acquis une certaine vogue même dans les États
de l'Est et il en est résulté une tendance générale à réduire de

plus en plus la longueur des cannes. Il semble toutefois que les cannes très courtes requises pour le lancer vertical soient moins avantageuses pour manœuvrer un poisson vigoureux.

Nous terminerons l'étude du lancer en recommandant au débutant de commencer par des jets courts dont il devra se contenter tant qu'il ne possédera pas parfaitement l'action du pouce sur la bobine. Plus tard, pour allonger son lancer, il ne devra pas oublier ce principe : lancer haut pour lancer loin. De même que dans les autres genres de lancer mentionnés ci-dessus, il ne saurait être question de trajectoire tendue, une grande partie de la force transmise à l'appât se trouvant absorbée par le poids de la ligne, les frottements, si réduits soient-ils, et surtout l'inertie des organes du moulinet qui doivent entrer en mouvement (bobine, axe, pignons, manivelle).

LA MANŒUVRE DU POISSON

Pour manœuvrer un poisson d'une certaine taille avec les cannes que nous venons de décrire, la meilleure méthode paraît être la suivante : lorsque le poisson déroule la ligne en fuyant, la canne doit être maintenue ou replacée dans la main droite, anneaux et moulinet en dessus, le pouce réglant par une pression appropriée sur la bobine le degré de résistance que l'on jugera prudent d'opposer aux efforts du poisson. C'est surtout à ce moment que s'imposera l'usage du doigtier en laine

6. LE LANCER VERTICAL

dont nous avons parlé plus haut. Aussitôt que l'on sentira le poisson faiblir et par conséquent la possibilité de regagner un peu de ligne, on repassera vivement la canne dans la main gauche, anneaux et moulinet en dessous, et l'on moulinera de la main droite. Si le poisson repart de nouveau, la main droite reprendra possession de la canne, et ainsi de suite en répétant ces changements de main autant de fois qu'il sera nécessaire pour suivre toutes les phases de la lutte. Si l'on procède de la façon qui vient d'être indiquée, il sera préférable de ne pas employer le cliquet, ni surtout le frein dont sont en général munis les moulinets multiplicateurs.

LES APPLICATIONS DU LANCER A L'AMÉRICAINE

La méthode de lancer que nous venons d'exposer est employée aux États-Unis, principalement pour la pêche du *black bass*, sorte de perche très vigoureuse dont la capture présente un intérêt sportif presque égal à celui que fournit la pêche des salmonides. L'appât employé est le plus souvent la grenouille vivante, parfois le véron ou encore divers appâts artificiels. La grenouille ou le véron, accroché par les lèvres à un simple hameçon, est lancé aussi légèrement et aussi loin que possible et aussitôt ramené presque à fleur d'eau. Les Américains pratiquent également ce lancer avec appâts tournants naturels ou artificiels pour la pêche des diverses variétés de truites et de brochets que l'on trouve aux États-Unis.

C'est également pour la pêche de la truite, du brochet et de la perche aux appâts tournants que ce lancer nous paraît susceptible d'être adopté en Europe et particulièrement en France. Les Américains se servent aussi de ce lancer pour certaines pêches de mer, celle du bar par exemple, et il semble que l'on en trouverait de même l'emploi sur nos côtes.

Pour en finir avec les applications du lancer à l'américaine nous ferons remarquer qu'il convient tout spécialement à la pêche au vif, soit avec flotteur, soit au *pater noster*, cela à cause de la délicatesse avec laquelle il permet de lancer le vif sans le maltraiter. Pour la pêche au vif avec flotteur on emploiera un « bouchon glisseur » qui permettra de pêcher n'importe quel fond, malgré le peu de longueur de la canne.

L'ÉQUIPEMENT DE LA LIGNE

Le lancer à l'américaine ne permet qu'un bas de ligne très court, l'appât, comme il a été expliqué, ne devant guère être qu'à 30 centimètres du scion. Une des meilleures façons de monter la ligne est la suivante : à l'extrémité de la ligne de soie attacher un chapelet de six à huit émerillons dont le dernier porte une boucle à ressort ; à cette boucle attacher un bas de ligne en racine de 30 centimètres de longueur dont l'extrémité inférieure sera nouée directement à l'appât. Pour la pêche du brochet ou de tout autre poisson à mâchoire fortement armée, la racine sera remplacée par 30 centimètres de fil d'acier tordu très fin. Enfin, si l'on juge nécessaire de plomber, on placera naturellement le plomb immédiatement au-dessus des émerillons et l'on pourra, dans ce cas, adopter un bas de ligne de 50 centimètres environ pour éviter que le plomb ne soit trop apparent, mais sans dépasser ce maximum, car, ainsi qu'on l'a vu ci-dessus, il importe que la pointe de la canne soit, au premier temps du lancer, tenue aussi basse que possible sans que l'appât touche le sol. Il n'y a d'ailleurs aucun inconvénient à employer des bas de ligne aussi courts, la ligne de soie étant très fine et très peu visible.

LES AVANTAGES DU LANCER A L'AMÉRICAINE

En comparant le lancer à l'américaine aux autres méthodes pratiquées en Europe, nous trouvons à son actif les avantages suivants : canne très légère et très maniable, rapidité et délicatesse de l'exécution, grande précision, possibilité de lancer des appâts très légers à une distance suffisante.

Pour préciser un peu ce dernier point, nous dirons qu'avec l'outillage décrit ci-dessus il est assez facile de lancer un poids de 10 à 12 grammes à 25 mètres et un poids de 15 grammes à 35 mètres, et cela avec une très grande précision, même sans recourir nécessairement au lancer vertical. Bien qu'à notre avis les distances ci-dessus suffisent presque toujours en pratique, nous ne les indiquons pas comme une moyenne assez facile à obtenir après un court apprentissage ; les distances beaucoup plus grandes ont, en effet, été atteintes dans les concours organisés aux États-Unis et un record de 176 pieds (53 m. 68) avec poids de 14 gr. 5 a été établi à New-York en 1888.

Il est vrai que le lancer avec ligne lovée à terre, surtout s'il est exécuté avec une longue canne à deux mains, permet de lancer un poids léger à bonne distance et avec grande précision, mais cette méthode présente le grave inconvénient des embrouillements fréquents de la ligne. Il arrive aussi avec cette méthode que le pêcheur, au moment où il ferre un poisson, se trouve avoir une certaine longueur de ligne déroulée à terre, par conséquent susceptible de s'emmêler, tandis qu'avec le lancer à l'américaine le poisson est toujours sur le moulinet dès le début.

Comparant, pour terminer, le lancer à l'américaine au lancer du moulinet avec canne à deux mains, nous reconnaîtrons volontiers à cette dernière méthode l'avantage de la distance, à la condition toutefois d'employer les appâts lourds. Par contre le lancer du moulinet avec la canne à deux mains a le grave désavantage d'exiger une canne pesante, par conséquent peu maniable, et un appât lourd, ou, ce qui est pire encore, un bas de ligne fortement plombé. Enfin cette méthode a surtout le défaut de manquer totalement de précision dans le lancer.

Tout compte fait des avantages et inconvénients respectifs des trois méthodes, il nous paraît peu probable que le pêcheur qui aura pris la peine d'apprendre le lancer à l'américaine revienne jamais, sauf en de très rares circonstances, aux engins grossiers et encombrants du lancer à deux mains. En adoptant ainsi la canne à une seule main pour la pêche à lancer, il ne fera d'ailleurs qu'obéir, plus ou moins consciemment, à la loi qui semble régir l'évolution de l'outillage de pêche en général. N'est-il pas, en effet, évident que le progrès en pareille matière se réalise toujours dans le sens de la diminution de poids et de volume ? Le pêcheur à la mouche artificielle, enfin, n'a-t-il pas, lui aussi, échangé contre une canne de 3 mètres, pesant à peine 200 grammes, la lourde canne à deux mains chère aux pêcheurs de truites des précédentes générations[1]?

1. L. Bouglé (reproduction interdite).

UNE DE NOS PÊCHES

Les Poissons d'eau douce

Les poissons de la pêche en eau douce ne sont pas aussi nombreux que l'on pourrait se le figurer; il n'y en a que vingt-neuf espèces et encore faut-il comprendre dans ce nombre des poissons qui n'en ont guère que le nom, comme l'ammocette, et ceux qui vivent aussi bien en eau douce qu'en eau salée, comme le saumon, l'alose, l'anguille, etc.

Voici le nom par ordre alphabétique de ces vingt-neuf sortes de poissons que l'on peut capturer dans nos eaux françaises : l'able ou ablette, l'alose, l'ammocette, l'anguille, le barbeau ou barbillon, la bouvière, la brème et la brème bordelière, qui n'est qu'une variété; le brochet, la carpe, le chabot, le chevaine ou chevesne, le chevalier ou ombre-chevalier [1], le

1. On dit aussi *omble*.

chondrostome, appelé plus communément hotu et nase ; les corégones, dont le lavaret est le type le plus commun, l'éperlan de Seine, l'épinoche, la féra, le gardon blanc et rouge, le goujon, la gremille, la lamproie, la loche, la lotte, la perche, le saumon, la tanche, la truite, le vairon ou véron, la vandoise.

Dans les pages précédentes, nous avons longuement parlé de l'ablette, du goujon, du gardon et de toute la blanchaille ; du vairon, de la perche, du brochet, du chevesne, de la tanche, du barbeau, de la carpe, du chondrostome, de la truite, de l'anguille et de la féra, qui sont les plus communément pris à la ligne et au filet, sauf cependant pour la féra, peu commune.

Pour les autres, qui sont très rarement capturés, soit à cause de leur rareté, de leur pêche difficile et bien spéciale, ou de leur peu de qualité, nous nous contenterons de donner quelques indications générales, afin de permettre au lecteur qui les ignorerait de les distinguer, si par hasard il les capturait accidentellement.

Alose, Lamproie et Lotte. — Nous allons parler de ces poissons dans la partie : *Engins peu connus* ; néanmoins nous y reviendrons en quelques notes brèves. Le saumon a été traité fort longuement et fort souvent dans quantité de livres spéciaux sur sa pêche. Quoique très étudié il est peu connu et presque tous les auteurs qui ont écrit sur son compte se contredisent mutuellement. Mange-t-il ou ne mange-t-il pas en eau douce ? voilà le principal sujet de polémique. Nous ne le considérons pas comme un poisson de pêche ordinaire, il nécessite de grands équipements et nous ne saurions en parler ici, où il ne s'agit que de pêches pouvant être exécutées à peu de frais par Monsieur Tout-le-Monde.

Alose. — L'Alose est un poisson de mer qui remonte les fleuves au mois de mai afin d'y frayer. C'est absolument, comme forme, un gros hareng. Le dos est un peu plus vert que ce dernier et sa mâchoire inférieure avance plus ; elle a une tache noire derrière les ouïes et porte une échancrure à sa mâchoire supérieure garnie de dents très fines. L'alose atteint quelquefois plus de 1 mètre de long. On prend souvent de petites aloses de quelques centimètres, car elles grandissent en eau douce et ne retournent à la mer que lorsqu'elles ont atteint la

taille d'une ablette. L'alose à l'oseille est un plat connu et justement renommé. L'alose d'eau douce est très fine. Il y en a

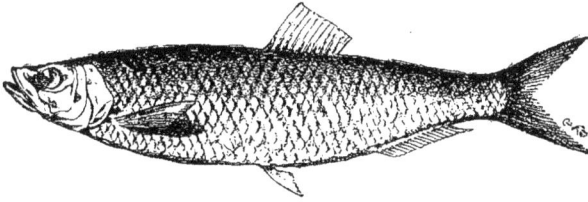

ALOSE

beaucoup dans la Loire et on en capture des quantités à Nevers
et à La Charité.

Ammocette. — L'Ammocette, que l'on nomme aussi *Chatouille*
dans certains départements, est souvent prise à tort pour une très
petite anguille. Elle vit dans la vase où on la récolte avec une
pelle, elle est très vive et fait une amorce bien vivante et bien

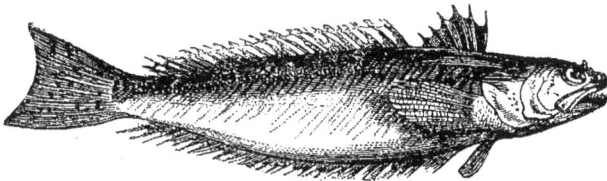

VIVE

remuante pour la ligne de fond. Le barbeau en est très friand.
A part cela elle ne sert pas à grand'chose et est très difficile à
se procurer. Elle ne mord pas à la ligne et, si elle est comestible,
ce qui est probable, du moins on ne la porte à la cuisine que
rarement, tant son aspect de ver de terre et sa bouche de sangsue
sont répugnants.

Bouvière. — La Bouvière, que les savants appellent *Rhodeus
amarus* et que l'on nomme dans le Centre *treue* (du mot truie),
est un fort joli petit poisson plat et ventru assez semblable à
une jeune carpe, mais bien plus coloré, car il a sur les côtés des

10

reflets irisés charmants. Il ne mord pas à la ligne et n'est pas
comestible, car il est très amer et d'une taille exiguë. Il ferait
une très bonne amorce pour la pêche, s'il ne mourait rapidement lorsqu'il est tiré de l'eau ou blessé. Il vit par bandes dans
les eaux tranquilles et préfère les coins de la rivière où séjournent des branchages pourris ou des herbes épaisses poussant
sur un lit vaseux.

Chabot. — Il est inutile de décrire le Chabot, c'est le plus

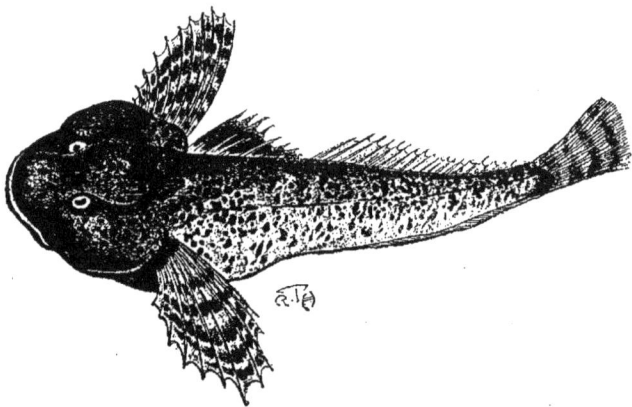

CHABOT

laid de tous les poissons. Sa tête est énorme en proportion du
corps ou plutôt de la queue, car il est tout queue. Ses nageoires
semblent des ailes, et lorsqu'il est pris à l'hameçon il gonfle ses
opercules, roule ses gros yeux et tord sa queue qu'il tient
rigide.

On lui coupe la tête pour le manger. Sa chair est grasse et
parfaite de finesse, mais il est très difficile de s'en procurer une
quantité suffisante pour faire un plat. On s'en sert vivant pour
pêcher le brochet; cherchant à atteindre le fond, il remue continuellement et ne craint aucune blessure. Il a aussi l'avantage
de pouvoir rester longtemps hors de l'eau sans mourir. Il mord
au ver de terre assez fréquemment et sa façon de toucher est
assez amusante. Il est très long à déguster sa proie. Tapi auprès
d'une pierre, faisant corps avec le sable, presque invisible, il

guette les alevins qu'il avale d'un seul coup. Passe-t-il un ver
près de lui, il l'attire et le mange lentement en donnant de
petits coups au flotteur qu'il ne fait jamais plonger, car il ne
s'enfuit pas. Se sent-il piqué, il se réfugie sous sa pierre et le
pêcheur se croit accroché.

On le prend ordinairement à la main, car il est peu farouche,
aime l'eau claire et peu profonde et compte sur sa couleur fond
de rivière pour se cacher aux yeux de ses persécuteurs.

Chevalier. — L'Ombre-Chevalier est très rare en France. On
ne le trouve guère que dans les pays de montagnes, car il aime

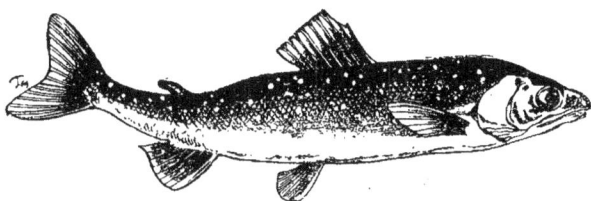

OMBRE-CHEVALIER

encore, plus que la truite, l'eau claire et courante des torrents.
Sur le dos il porte une nageoire si grande quand elle est développée qu'on dirait plutôt une aile. Jeune ce poisson est blanc,
en vieillissant il devient roux. On en prend à la mouche
quelques-uns dans le Doubs et dans l'Ain, mais autant dire
qu'il n'existe pas pour nous.

C'est un délicieux poisson dont l'espèce tend de plus en plus
à disparaître. Tous les ans un arrêté spécial interdit sa pêche à
Paris. Comme il n'y en a jamais eu, c'est un sujet traditionnel
de plaisanteries faciles.

Corégone. — Le Corégone ou Lavaret est aussi rare que le
chevalier, il lui ressemble, mais a la tête beaucoup plus petite
et la nageoire dorsale quelconque; il ne dépasse que rarement
35 centimètres. Nous n'en avons guère que dans le lac du
Bourget. Inutile d'insister!

Éperlan de Seine. — L'Éperlan de Seine se distingue si
difficilement de l'ablette qu'il est continuellement pris pour
elle. Les Parisiens le connaissent bien et s'ils rejettent l'ablette

ils gardent l'éperlan; il est plus petit, plus vert et plus rond.

Les autres distinctions et différences ne regardent que les livres d'histoire naturelle.

Il n'y en a du reste à notre connaissance que dans la Seine et nous en avons pris des quantités à Juvisy.

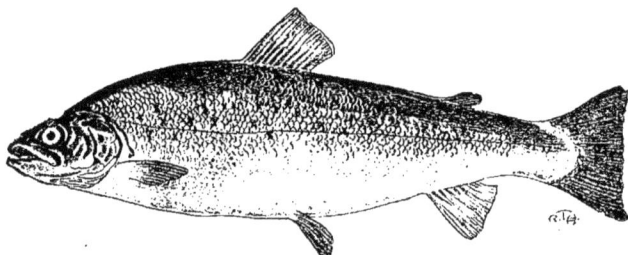

TRUITE DE MER

Épinoche. — Un poisson qui pourrait faire le pendant à la bouvière comme inutilité, mais un poisson des plus intéressants comme mœurs : respectons-le, c'est un bon père de famille. Il mord à la ligne contre un ver de terre et ne rapporte rien au

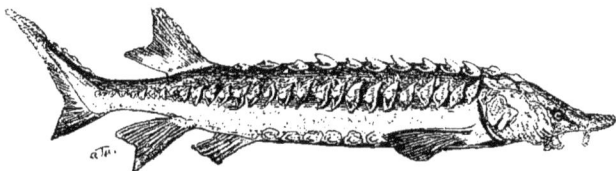

ESTURGEON

pêcheur. Cuirassé, épineux, joli de forme et de ton, c'est un ornement pour l'aquarium, il ne saurait servir à autre chose. On le trouve dans les ruisseaux peu profonds où il fréquente les vérons. Il se prend à la bouteille. Les enfants lui piquent un fétu de paille sur son épine dorsale, qui à elle seule suffit pour le distinguer de toutes les autres espèces, ils ferment le fétu par un petit drapeau en papier et la pauvre épinoche promène son étendard à la surface de l'eau jusqu'à ce qu'elle soit parvenue à s'en débarrasser. Pour peu que cet agrément désagréable soit mis sur le dos d'une douzaine d'épinoches, l'effet produit par tous ces drapeaux se pourchassant est des plus drôles.

Les épinoches adultes sont plus petites que de petits vérons.

Gremille. — Le poisson que l'on nomme plus communément perche-goujonnière, ou goujon perché. Son nom l'indique, il tient des deux, quoique étant pris à tort pour leur produit. Il est presque aussi laid que le chabot, mais en plus il est gluant et malpropre de couleur quoique ayant des tons dorés. Sa tête complètement osseuse n'a pas d'écailles. La gremille a à peu

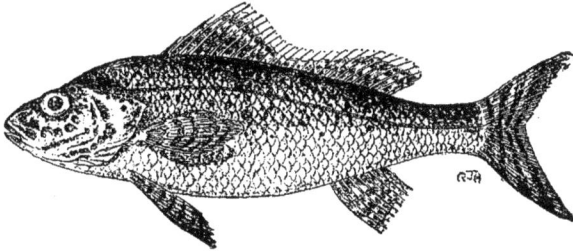

GREMILLE

près les mœurs de la perche et est très bonne à manger. On la capture au ver de terre. Elle mord très lentement, un peu comme le chabot, mais dès qu'elle a englouti le ver elle fuit et, si elle le peut, plonge profondément et fortement. Elle est facile à capturer.

Lamproie. — La Lamproie a la tête de la sangsue et le corps d'une anguille; il y en a deux espèces d'eau douce, la grande et la petite. La première se nomme sept-œil, la seconde sucet. C'est cette dernière que nous avons décrite sous le nom d'ammocette.

Loche. — La Loche est un petit poisson de la grosseur d'un moyen goujon, sa peau est molle, gris verdâtre parsemé de taches brunes. Elle porte deux longs barbillons de chaque côté de la bouche. Elle est toujours cachée sous les pierres et fuit au moindre bruit. Elle mord rarement à la ligne. On la trouve un peu dans toutes sortes d'eau; ayant très peu d'arêtes elle est parfaite à manger. Mais, comme nous l'avons dit, elle est très difficile à capturer et ne saurait compter dans les poissons à pêcher.

Lotte. — Encore un poisson qui ressemble à l'anguille, mais une anguille épaisse, massive.

Comme le caméléon elle change de couleur suivant les eaux où elle vit. Il est rare de la capturer à la ligne, elle dort tout le jour et ne sort que la nuit.

Elle existe dans beaucoup de rivières françaises, mais cepen-

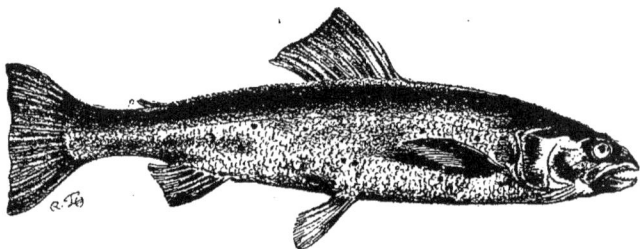

SAUMON

dant on en consomme peu. La chair cependant est très bonne quoique un peu filandreuse.

On la prend ordinairement au ver de terre, mais, très vorace, elle mange de tout.

La bouche de la lotte est largement fendue, elle contient des quantités de dents doublées, elle porte en barbiche sous le menton un long et unique barbillon qu'elle allonge à volonté. Elle est comme marbrée et ne ressemble par sa forme à aucun autre poisson; on ne saurait la confondre.

Saumon. — Lorsque vous prendrez un poisson pesant plus de 12 kilogrammes et n'étant pas un brochet, vous pourrez dire que vous avez pris un saumon. Si c'est un petit saumon, pour ne pas le confondre avec une autre espèce, vous constaterez s'il a la mâchoire inférieure relevée en forme de crochet, l'œil petit, la nageoire dorsale longue, haute, rapprochée de la tête, le dos gris verdâtre ou bleuâtre, argenté sur les côtés, blanc nacré dessous, vous aurez encore certainement affaire à un saumon. Ce sont les indications principales à donner, et si vous êtes

curieux allez dans une bibliothèque un peu bien garnie, vous
y trouverez en vingt ou trente volumes d'auteurs différents
l'art de dire des bêtises sur ce poisson, délicieux, plein de
qualités, mais qui tend de plus en plus à délaisser les rivières
françaises en s'apercevant du peu de soin qu'on a de lui, quoiqu'il serait une ressource nationale, comme jadis.

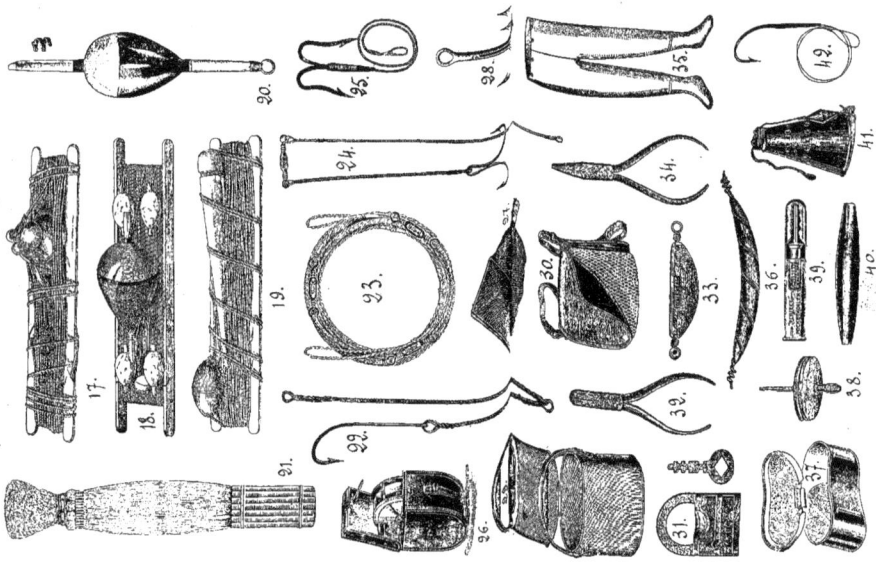

Pêches aux divers engins

Pêches aux divers engins

La ligne de fond

La ligne de fond ou traînée, telle qu'on la fabrique soi-même, est certainement l'engin le moins coûteux qu'il soit, sa confection simple et sa pêche presque toujours fructueuse.

Elle nécessite une grande pratique de la rivière et un véritable instinct de pêcheur, car, placée au hasard, elle pêchera au petit bonheur et sera souvent relevée à vide.

Tel braconnier ou tel amodiateur, qui la posera dans une rivière ou dans un lot de pêche qui lui était jusqu'alors inconnu, rentrera bredouille, tandis qu'un professionnel de la région sera de retour chez lui avez une filoche bien garnie de superbes pièces.

Elle se compose tout simplement d'un cordeau plus ou moins long, suivant que la rivière est plus ou moins large, aux deux extrémités duquel le pêcheur forme une boucle qui servira à faire un nœud coulant autour de la pierre d'arrêt.

Le cordeau doit être solide, tressé fin, tanné pour ne pas qu'il pourrisse, et mis à l'eau une huitaine de jours avant de s'en servir, puis tendu, afin d'en éviter les vrillements au moment de la pose.

Les hameçons de taille moyenne, à boucle, doivent être solides, bien *râblés*, si nous osons nous exprimer ainsi.

Pour les attacher à la ligne de fond, on se sert d'une cordelette longue de 10 à 15 centimètres, de même composition que celle de la ligne proprement dite, mais beaucoup plus fine, quoique suffisamment solide pour ne pas que la capture, en se débattant, puisse la couper ou la ronger facilement.

On passe cette ficelle dans la boucle de l'hameçon après y voir fait un nœud fermé ; autour du fer on fait un autre nœud, simple ; en tirant, le nœud dur vient former arrêt, plus on tire plus il se serre, on ne peut plus le dénouer accidentellement, et il restera ainsi, solide à l'hameçon, autant que durera la ficelle elle-même.

A l'extrémité libre de cette cordelette on fait un autre nœud dur, par le même procédé on l'amarrera à la corde de la ligne de fond au fur et à mesure que cette ligne sera jetée à l'eau du haut de la levée du bateau de pêche.

Le poisson pris, il n'y aura qu'à défaire le nœud simple et on aura la prise au bout du filin, ce qui évitera en la décrochant de la manquer et permettra au retour de faire sécher les hameçons tout en roulant la ligne de fond pour éviter l'encombrement de la barque. Nous parlons ici de la pêche faite par les amodiateurs ; les braconniers procèdent d'une autre façon, nous y reviendrons au courant de cet ouvrage.

On peut mettre sur une ligne de fond autant d'hameçons qu'on le désire, mais il vaut mieux les espacer de 3 à 5 mètres et poser un plus grand nombre de lignes ; le poisson pris, s'agitant, donne des secousses à la ficelle et empêche ses confrères de mordre.

Dans la haute Yonne, qui nous sert de type, les lignes ont de 10 à 20 mètres de long ; on y place ordinairement cinq hameçons au plus, c'est suffisant.

Dix lignes sont la bonne moyenne de mise à l'eau pour chaque pêche ; il faut un certain temps pour les poser, et, à moins d'être très habile, c'est à peu près le maximum à placer pendant les quelques heures qui précèdent la nuit ; le poisson d'amorce, devenant moins vif au fur et à mesure qu'il est resté plus longtemps à l'eau, a besoin de n'y être mis qu'au dernier

LA POSE DES LIGNES EN BATEAU

moment, cette sorte de ligne ne pêchant qu'après le soleil couché.

Avec cinquante hameçons submergés on peut faire par un temps convenable une fort belle pêche.

Pour cinquante hameçons remarquez qu'il faut déjà se procurer les amorces, en général des goujons ou dès petits blancs, — ce qui donne un total de 2 livres de friture ! — car la ligne de fond est presque exclusivement amorcée au vif.

Le véron est bon, mais il ne tente pas les grosses pièces, et on ne l'emploie que faute de mieux.

Il est interdit d'amorcer avec des blancs qui n'ont pas la taille, cela cependant se fait couramment ; s'ils avaient la taille ils seraient beaucoup trop gros pour prendre les espèces moyennes.

A l'une des extrémités de la ligne on noue par un nœud
coulant une grosse pierre d'environ 1 kilogramme ; à l'autre
une plus petite, et on n'a plus, la ligne de fond étant prête, qu'à
la tendre au bon endroit dans le sens de la largeur de la
rivière.

Toutes ces explications données, prenons depuis le commencement une partie de pêche à la ligne de fond exécutée par
M. Lablette, le brave M. Lablette, qui est depuis des années le
fermier d'un lot de pêche pour une somme en général minime,
et qui prend sans aucune fatigue pour 500 francs de délicieux
poissons dans son année.

Un de ses amis est venu le trouver et lui a dit :

« Mon cher Lablette, j'ai du monde à dîner dimanche soir,
il me faudrait une matelote sérieuse, je voudrais que tu me la
pêches le matin, je viendrai te donner un coup de main si tu
en as besoin.

— Entendu, a répondu le brave homme, samedi sois ici à
trois heures et demie, on placera les lignes de fond. »

Et les deux camarades ont bu ensemble le traditionnel
verre de vieux marc.

Vendredi soir, pour être certain d'avoir ses amorces prêtes,
Lablette a pris son bateau ; il a remonté l'Yonne à la perche
pendant quelques centaines de mètres.

Le voilà sur les sables au-dessus du village d'Armes ; il
amarre la barque, ramasse son épervier goujonnier qui repo-
sait à sec sur la levée, prend la perche avec laquelle il s'est
conduit, et la boîte de fer-blanc dont le couvercle est percé de
trous, puis descend du bateau.

Une dizaine de pas plus loin, il gratte le sol de la rivière,
charge l'épervier, attend quelques minutes, puis couvre des
mailles serrées l'endroit où il a fait de l'eau trouble.

Il retire l'engin, le coup n'est pas mauvais, voilà dix-sept
goujons frétillants dans les bourses ; au bout d'une vingtaine
de minutes, il possède une soixantaine d'amorces toutes bien
vives qui gigotent dans la boîte. Il va les verser dans la boutique à demi pleine d'eau (la botte, comme on dit ici) du bateau,
et s'en retourne chez lui.

Nous sommes au mois de septembre, il fait un temps superbe

quoiqu'un peu froid le matin. Il n'y a pas de lune, et le vent n'a soufflé d'aucun côté depuis plusieurs jours.

L'eau est calme, la rivière normale ; il fera bon demain placer des lignes ; l'ami aura sa matelote, il en est certain le vieux pêcheur !

Le matin, il va voir si ses amorces sont en bon état, il en retire quelques-unes qui, ayant été serrées par le filet, sont mortes ; de son épuisette carrée il racle le fond de la boutique ; avec amour il contemple ses poissons. Il a là en réserve un brocheton de 2 livres et quelques petits blancs pour les griffons ; satisfait de son tour de propriétaire, il rentre chez lui et prépare les lignes de fond.

Ce n'est pas long, il n'a qu'à les placer dans un panier fait pour cela, les cordeaux bien roulés ne forment pas un gros volume. Les hameçons, rangés cinq par cinq et piqués sur des lièges, sont frais et luisants, la pointe n'en est pas émoussée.

Il met de côté douze lignes et soixante hameçons ; on ne sait pas : d'habitude il n'en prend que dix, mais il vaut mieux en emporter plus, cela tient si peu de place.

Dans une boîte de bois, voici le gros fil bis, les aiguilles à laine et les ciseaux.

Tout cela au panier !

L'ami arrive, on porte l'épervier au bateau pour le cas où l'on verrait dormir une belle pièce sous l'eau, mais on ne s'en servira probablement pas, car Lablette ne fait pas deux choses à la fois, du moment qu'on pêche à la ligne de fond c'est à la ligne de fond, pas plus.

Le bateau est propre, il a deux levées et une botte au milieu ; sur l'une l'ami prend place ; la perche en main, il pousse l'esquif le nez en avant ; sur l'autre Lablette, assis, bourre une pipe et l'allume. Il ne parle pas, il rêve.

Lentement la barque remonte la rivière presque sans courant à cet endroit, on placera la première ligne au bout le plus éloigné du lot, pour n'avoir plus qu'à redescendre.

La rivière fait beaucoup de détours : après 2 kilomètres de navigation on est encore en vue du village, mais aussi on est arrivé à la borne qui marque la limite du lot.

Sous l'une des levées sont une trentaine de pierres longues, la réserve pour les lignes ; on les a choisies exprès sans angles pour ne pas couper la corde, et blanches pour trancher sur le fond de l'eau.

A son tour, l'ami se repose, il pousse le bateau au bord par le travers de la rivière et le maintient en s'appuyant sur la perche.

L'eau est peu profonde, sur les rives croissent de gros pieds d'osiers sauvages qui retombent comme des saules pleureurs, et dont les racines immergées forment avec leurs chevelures de véritables cavernes à poisson.

L'endroit est un gué ; un peu plus bas est un profond d'eau ; c'est là, sur le gué, que la perche et le blanc chasseront cette nuit.

Lablette dispose sa ligne. Il noue une pierre, la pose sur la levée où il est, forme cinq boucles ouvertes le long du bordage, un peu au-dessus de l'eau, et les étend sur toute la longueur du bateau, puis, ayant noué la petite pierre, la place sur l'autre levée.

Il prend du fil, l'aiguille, les ciseaux, enfile une aiguille et pêche un goujon dans la boutique ; quand il le tient frétillant dans sa main il passe l'hameçon par la gueule et adroitement le fait ressortir, sans blesser l'amorce, par un des trous du nez ; ensuite il longe le corps avec la ficelle, passe son aiguillée sous la peau et la noue de façon que la ficelle même adhère au corps du goujon sans pour cela le blesser ; il coupe le fil blanc au ras du dos et noue son amorce à la première boucle ; le goujon est à l'eau où il reprend la connaissance qu'il avait quelque peu perdue pendant l'opération.

Cinq fois le pêcheur fait le même manège, la ligne est prête.

« Pousse maintenant ! » crie-t-il à son aide d'occasion. Et l'autre, comme s'il voulait traverser la rivière pour rejoindre le bord opposé, donne doucement un coup de perche, car il faut marcher lentement.

Lablette pose la grosse pierre à 1 m. 50 du bord pour ne pas qu'on puisse la lui lever méchamment ; il suit en tendant la ligne, il la pose délicatement en la raidissant un peu. Enfin il arrive à l'autre pierre et la jette à l'eau. La ligne de fond est placée, elle n'a plus qu'à remplir son office.

Dix fois il fait le même manège en descendant le cours de la rivière, il choisit ses endroits, les sables sur les gués, les morts où dorment les brochets à l'abri des nénuphars, les roches où, serrées les unes contre les autres, les anguilles attendent la nuit pour faire un mauvais coup, — attaque nocturne !

Il ne fait aucune marque ; demain, sans hésiter, d'un coup de crochet, le *picot*, perche de bois terminée par un fer pointu à angle droit, il pêchera la ligne à la première pierre et la lèvera. A la onzième, il fait presque nuit, Lablette ne coud plus ses poissons d'amorce, il n'a pas le temps et se contente de les accrocher, mais pour qu'ils tiennent mieux il leur perce la lèvre au lieu de passer l'hameçon par la narine, toujours un hameçon simple moins visible qu'un double.

On amarre le bateau, on sert le surplus des lignes et des hameçons et chacun rentre chez soi en se donnant rendez-vous pour le lendemain au petit jour, c'est-à-dire à cinq heures moins un quart.

. . . .

L'ami est exact, et Lablette debout. Dès que l'on voit clair, on part lever les lignes, le froid pique et l'amateur de matelote en poussant sa barque a les doigts gelés. Il conduit le bateau un peu au-dessus de l'endroit où est placée la dernière ligne d'hier soir, la première maintenant, puis il redescend lentement.

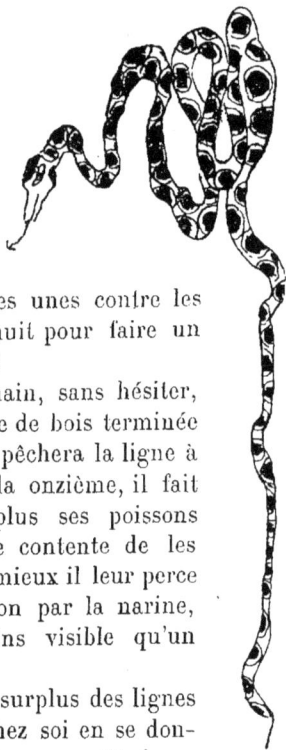

11

Lablette a mis à l'eau son picot qu'il laisse racler le fond, il touche les pierres, le bois coulé, le sable ; il soulève légèrement pour laisser passer. Puis, tout à coup, ayant accroché la corde, il crie : « Halte ! » Le bateau s'arrête et il soulève la première pierre.

« Il n'y a rien », dit-il, car à la ficelle il sent très bien si quelque pièce est à l'autre extrémité. En effet, la ligne mal amorcée n'a pas donné un bon résultat ; sur cinq amorces, trois sont dévorées et les hameçons vides se balancent narquois.

Nous serons plus heureux à la prochaine.

Lablette et son bateau remontent ; le même manège recommence ; cette fois ça se débat, mais le pêcheur a la main sûre, il sait s'y prendre et la perche est bientôt au fond de la barque.

Il est impossible de retrouver la troisième ligne : malgré toutes les recherches le picot ne rencontre rien.

« Je sais ce que c'est, dit Lablette, c'est une anguille, elle a noué la corde autour d'elle et maintenant tout est ramassé, poisson et ficelle, sur la grosse pierre. » Il se penche, voit une tache blanche, plonge le picot et retire un véritable peloton emmêlé, où, ficelée comme une momie, gît morte une superbe anguille.

Et la pêche continue ainsi jusqu'à la première ligne placée.

La promenade a été fructueuse, l'une des lignes de fond avait un poisson à chaque amorce, l'ami saute de joie, Lablette est ravi, mais il ne le montre pas.

« En dix-huit cent et..., dit-il, j'ai fait beaucoup mieux, j'ai pris... », et il commence à exagérer.

La matelote est au complet, perche, brochet, blanc, anguilles achèvent de crever au fond du bateau, une ficelle sortant de chaque gueule, un hameçon croché dans l'estomac. La gourmandise a puni ces amateurs de chasse facile.

Il fait grand jour, l'ami tire mystérieusement d'un havresac une vieille bouteille de cru du pays, du pain, du fromage, un verre et installe le tout sur le bateau qui maintenant redescend, seul, lentement le fil de l'eau :

« Si on l'arrosait ? » dit-il.

Et on l'arrose, la matelote ! et doucement, doucement, pendant que les pêcheurs boivent, la barque descend sans fatigue comme endormie sur l'eau calme qui, elle aussi, a l'air de sourire en dormant.

. . . .

Comme nous l'avons dit au début de cet ouvrage, au gué de Chevroches, à 2 kilomètres au-dessus d'Armes, la rivière

BARBEAU, CARPE, BROCHET

n'est plus amodiée, c'est-à-dire n'est plus louée par l'État. C'est dans cette partie surtout que s'exercent les ravages de la ligne de fond. C'est le cas de dire, elles sont à demeure dans la rivière et il faut qu'il y ait une quantité énorme de poissons de la grosse espèce pour y résister.

Il est impossible de faire quoi que ce soit à ces pêcheurs de profession, car les riverains ignorent leur droit ou s'en moquent, et la ligne de fond n'est pas un engin prohibé, du reste le serait-elle qu'elle est tellement facile à cacher, et d'une perte si minime en cas de prise, que cela ne changerait rien.

Le braconnier ne fait pas tant de façons pour placer ses lignes et il est très difficile de le pincer sur le fait. Il part de chez lui dès le matin, les mains dans ses poches, rien ne décèle son occupation. Arrivé là où il veut placer une ligne de fond, il coupe une branche de saule, monte une petite ligne à goujons, y met un ver de terre dont il a une collection sur lui, gratte le fond de la rivière avec ses pieds, prend cinq goujons rapidement, les maintient vifs dans son mouchoir qui pend dans l'eau, fabrique sa ligne sur le bord, place la première pierre très près de la rive et, d'un tour de main à lui, lance l'autre pierre ; il ne se trompe jamais et donne l'élan voulu pour tendre la ficelle sans que la secousse puisse faire quitter les amorces.

Tous les braconniers recommencent ainsi autant qu'ils ont de lignes, les espaçant quelquefois de 500 mètres, mais toujours naturellement aux endroits les plus poissonneux.

La nuit venue, ils s'arrêtent, tirent de leur blouse du pain, boivent un coup à leur gourde et, cherchant quelque abri, se couchent et dorment à une petite distance de leur dernier engin.

Avant le lever du jour, en redescendant, ils relèvent leurs lignes, enfilent leurs prises dans une branche d'arbre et rentrent à la ville vendre leur capture. Ils sont une dizaine qui font ce métier-là, et jamais entre eux ils ne se volent en relevant les lignes qu'ils n'ont pas placées eux-mêmes.

C'est un travail très dur, très fatigant, ils remontent parfois l'Yonne jusqu'à 30 kilomètres et restent souvent deux jours dehors ; ils font cela deux fois dans la semaine et il n'est pas rare de leur voir vendre pour 40 francs de poisson, ce qui leur laisse un bénéfice de 5 francs par jour en moyenne, et, punition bien méritée, l'assurance d'avoir, pour retraite plus tard, des douleurs !

Une autre plaie, ce sont des voyageurs marchands de paniers et romanichels habitant des caravanes [1], qui s'intitulent

1. Voiture couverte.

pêcheurs ; eux aussi placent des lignes de fond ; ils arrivent
dans la contrée, s'installent sur un chemin auprès de la rivière
et pêchent toute la nuit, leurs femmes vont vendre le produit à
la ville et pendant un mois portent tous les jours de 25 à
30 livres de brochet, rien que du brochet ; puis, tout à coup, la
caravane mystérieusement disparaît, pour sans doute aller
opérer dans un autre département.

Nous ignorons l'amorce qu'emploient ces gens, mais ce que
nous pouvons certifier, c'est qu'ils prennent du brochet où

LE PARTAGE

personne n'en prend d'habitude et qu'ils en pêchent des quantités tous les ans depuis dix ans, car on les voit reparaître au
mois de juillet, réguliers comme le sont les hirondelles au printemps.

Beaucoup de pêcheurs confondent la ligne de fond avec la
ligne dormante. Ce n'est pas la même chose, la ligne dormante
est une ligne sans gaule tenue en main, la ligne de fond est
celle que nous venons de décrire et dont les amorces reposent
sur le fond même. On l'amorce parfois avec des vers, du mou,
des limaces jaunes, mais dans la haute Yonne toujours avec
des petits poissons ou des lamproies.

La lamproie est parfaite pour la pêche de l'anguille et du

barbillon, on la nomme de différents noms, entre autres chatouille, mais elle est assez difficile à se procurer ; il faut aller
loin, dans les ruisseaux vaseux, où on la récolte avec une pelle
à même la vase ou le sable.

L'époque des premiers froids, fin octobre, novembre, est la
meilleure pour la ligne de fond, mais il faut être un enragé
pêcheur pour s'amuser à coudre les goujons avec l'onglée au
bout des doigts.

Voici un procédé qui nous a toujours réussi :

Nous nous servons d'une aiguille faite exprès, triangulaire,
longue et terminée par une ouverture comme un mousqueton
de chaîne de montre, et nommée aiguille à amorcer ; dans le
mousqueton nous passons la boucle de la ficelle, puis nous
piquons le goujon près du cou, nous suivons longitudinalement
entre chair et peau, et faisons sortir l'aiguille et le fil près de
l'anus. Ainsi prise, l'amorce ne peut se libérer, le gros à pêcher
avale tout et se croche de lui-même.

Ce procédé est très simple, très vite, et l'aiguille en question qui ne coûte que deux sous se trouve généralement chez
tous les marchands d'articles de pêche montés un peu sérieu
sement.

La ligne de fond doit être relevée très matin, car au jour le
poisson se débat et parvient souvent à se décrocher, ou, autre
inconvénient, à couper la ficelle.

Comme en général il est piqué au boyau, s'il échappe il
est perdu pour tout le monde, car il meurt fatalement et pourrit
au fond ou à la surface de la rivière.

Le Trimmer et le Griffon

Le *trimmer* n'est autre chose que l'ancienne toupie, et la toupie il y a une cinquantaine d'années était un engin bien connu dont on se servait beaucoup dans les étangs et même dans les rivières ; qu'elle soit simplement en planche de sapin, ou comme le trimmer en liège peint, joli à l'œil et bien verni, la toupie n'en reste pas moins la même, en principe.

Nous allons donc décrire de notre mieux le trimmer, qui se vend couramment chez les fabricants d'engins de pêche.

Le trimmer est composé de deux plaques de liège, en forme de bouchon de bocal, ou d'une seule, pourvu qu'elle soit suffisamment épaisse ; dans la tranche on pratique circulairement, et faisant le tour de la plaque de liège, une rainure suffisante pour y enrouler, de façon qu'elle ne dépasse pas le bord, une ficelle câblée de soie assez solide pour prendre, sans danger d'être rompue, un fort poisson.

Cette ficelle aura de 10 à 15 mètres de long et sera nouée par une extrémité autour de la ceinture du liège.

Par le milieu, on fait un trou destiné à passer un bâtonnet gros d'un bout et étroit de l'autre, en forme de pain de sucre, sa longueur sera d'environ 15 centimètres ; il y a simplement un équilibre à établir de façon que le liège pose bien à plat sur la surface de la rivière ou de l'étang.

L'un des côtés du trimmer est peint en blanc, l'autre en rouge. Le côté blanc, plus visible sur l'eau, sera mis en dessous, le côté rouge au-dessus, afin qu'après avoir été touché par le poisson, et s'étant retourné, le blanc soit aperçu de loin.

A l'extrémité de la ficelle libre se trouve un émerillon très léger, en acier bruni, et une balle de plomb destinée à maintenir l'amorce à une certaine profondeur et l'empêcher de remonter à la surface. L'émerillon lui permettra de tourner sans s'emmêler dans la bannière.

A l'aide d'une aiguille spéciale dont nous avons parlé à propos de la ligne de fond, on passe de la tête à la queue de l'amorce, entre cuir et chair, un laiton terminé par un griffon à deux branches, c'est-à-dire deux hameçons placés dos à dos.

On attache ce laiton à l'émerillon, puis, faisant une encoche dans le liège et une autre à l'extrémité étroite du bâtonnet, on passe la ficelle dans les deux, et l'amorce vient prendre de l'autre côté, formant avec le trimmer un triangle équilatéral dont le bâtonnet est une perpendiculaire élevée par le milieu.

Le poisson amorce pend donc dans l'eau à une certaine distance du liège, absolument libre de ses mouvements, très vif, n'étant blessé dans aucune partie vitale et entraînant avec lui tout l'engin.

Il faut bien entendu donner le fond voulu, c'est-à-dire faire une moyenne de la profondeur de la rivière et placer l'amorce juste entre deux eaux, en déroulant ou en roulant la ficelle câblée autour de la toupie avant de la fixer en la passant dans la légère encoche.

Les fonds varient, il est vrai, mais il faut, autant que possible, choisir, si l'on pêche en rivière, la partie où il y a au moins 1 mètre d'eau.

Ainsi préparé, le trimmer est prêt pour la pêche, on ne

amorce sept ou huit d'avance, et tous ensemble, dans le sens de
la largeur, à quelques mètres les uns des autres, on les lâche
au gré du courant ; on dirait une petite flottille qui descend le
cours d'eau.

Il n'y a plus qu'à les suivre en bateau lentement, à 15 ou
20 mètres de distance, en fumant sa pipe, ou, si l'on n'est pas
fumeur, en se tournant les pouces, distraction que nous recommandons particulièrement à messieurs les pêcheurs à la toupie.

Cette pêche est très amusante et très mouvementée.

AMORCE DÉBROUILLARDE

Un trimmer s'accroche, un autre va au bord, il faut les
recueillir et les remettre en bonne voie ; naturellement il arrive
à certain moment, tous ne marchant pas avec la même vitesse,
que l'on sera à 100, même 200 ou 300 mètres du premier.
Cela n'a pas d'importance, car il viendra toujours un instant
où lui-même s'arrêtera pour une raison ou une autre, et à
son tour il faudra le diriger ; c'est ainsi que l'on peut, en
emportant des provisions de bouche, descendre le cours d'eau

toute une journée en ne renouvelant les amorces qu'à chaque prise.

Les amorces étant destinées à prendre du gros brochet ou de la grosse perche doivent être en général proportionnées à cette taille ; nous nous servons d'ablettes, de vandoises, ou de petits blancs.

Que de fois ainsi, dans notre léger bateau portatif, nous avons descendu l'Yonne depuis Villers jusqu'à Clamecy, c'est-à-dire une quinzaine de kilomètres, et chaque fois nous avons pris quelques belles pièces au milieu d'émotions les plus variées, car parfois, rencontrant une herbe, le trimmer passe au blanc ; on se précipite croyant tenir déjà la proie et, hélas ! il n'y a rien.

Les trimmers, placés ainsi à côté les uns des autres, forment autant de lignes particulières, ils garnissent tout, offrant leur proie facile au brochet à l'affût ou à la perche en promenade. Si dédaigneux, le rapace en a laissé passer une, comme un défi, il voit venir l'autre, c'est une tentation perpétuelle qui réussit presque toujours par l'obliger à mordre.

Ce bouchon sur l'eau ne l'inquiète pas plus qu'une feuille morte, il se précipite, tandis que l'amorce effrayée cherche à s'échapper, entraînant avec elle le liège qui la maintient entre deux eaux, elle a l'air d'être libre, la pauvre amorce, ce qui ne se présente pas dans la pêche à la ligne de fond. Dans un dernier effort, elle fuit vers les berges, mais retenue par le trimmer elle est vite avalée et avec elle le terrible griffon ! le brochet est pris et bien pris.

Il tire et plonge, la ficelle encochée fait basculer le trimmer qui se retourne ; surpris de cette légère résistance le brochet donne une secousse qui décroche la soie ; elle pend maintenant au bout du bâtonnet. Troisième secousse et la voilà libre, le brochet file, ennuyé de ce fil qu'il traîne et dont il n'a pas encore compris toute l'horreur.

Cette fois, il n'éprouve plus aucune résistance, car le trimmer maintenant sous cette pression tourne comme une toupie déroulant ses 10 mètres de soie.

Il n'en est pas besoin de tant ; fatigué, piqué dans la gorge, le brochet ou la perche se réfugie près d'une pierre, dans une joncière ou sous la berge.

Au milieu de l'eau, le trimmer moqueur rayonne de toute
sa blancheur immaculée. Le pêcheur vient, le prend, et n'a plus
qu'à suivre la ficelle en bateau pour capturer maître brochet qui
n'a pu couper son laiton.

C'est une pêche très agréable que l'on peut faire à plusieurs,
mais il faut être franc : étant pratiquée en plein jour, elle n'est
pas aussi lucrative que la ligne de fond, elle est plaisante voilà
tout et il faut s'estimer heureux si avec huit ou dix trimmers,
pendant un après-midi, on prend deux ou trois beaux poissons.

Cette pêche complète l'agréable promenade en bateau.

Naturellement, le trimmer pêche aussi la nuit, mais comme

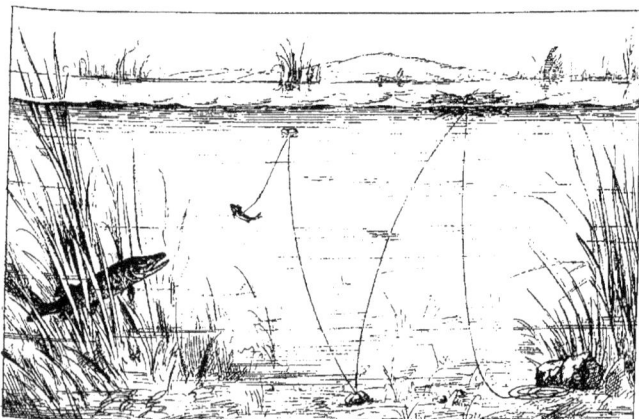

LE GRIFFON

il s'arrête fréquemment dans les herbes, vers les pierres, sur
les gués ou près des rives, l'amorce qui tient à sa peau se
cache et bonsoir; on retrouve son trimmer le lendemain sans
prise aucune, à quelques mètres de l'endroit où on l'avait
lâché.

Le trimmer est-il permis ou défendu?

Point n'en parle le Code de pêche, nous croyons qu'on peut
l'assimiler à la ligne de fond.

Il va sans dire en tout cas qu'il n'est permis qu'aux amodiateurs dans les rivières amodiées.

Le *griffon* a beaucoup d'accointances avec lui, par la façon dont il pêche, mais lui est fixe et entièrement entre deux eaux.

Il sert surtout à la capture du brochet. En somme, c'est un engin de braconnier, qu'il est bon de connaître, car il est simple et pratique.

L'objet principal est un griffon à deux branches comme celui du trimmer et une corde quelconque, solide, d'une dizaine de mètres environ.

Le griffon étant amorcé, on le noue après la corde, à l'autre extrémité on attache une lourde pierre de 2 ou 3 kilogrammes.

Notez qu'il s'agit d'engins de braconnier, et qu'il faut bien dissimuler l'instrument, en même temps il faut qu'il coûte très bon marché pour que, s'il est saisi, la perte ne soit pas sensible.

C'est cependant un engin autorisé comme la ligne de fond et, par conséquent, à l'usage des fermiers de pêche.

On jette à l'eau, près de la pierre, une partie de la corde, environ 5 mètres, puis on attache à cette même corde un petit paquet de joncs destiné à en maintenir une partie au niveau de l'eau et à indiquer la position du griffon.

On mesure la distance qu'il y a entre les joncs qui forment flotteur et le fond de la rivière, là on place, en la nouant à la corde, une pierre beaucoup plus petite que la première, 200 ou 300 grammes environ, ce sera le lest; à hauteur d'eau, comme pour les joncs de ce lest, on noue à la ficelle une petite branche de saule destinée à empêcher l'amorce de se vaser ou de s'ensabler, ce morceau de saule faisant liège, et on place l'amorce à égale distance de ce bouchon improvisé qui est à la surface de l'eau et du sol.

Voilà le griffon posé. Ce que nous venons de décrire se fait ordinairement en se mettant à l'eau, mais, naturellement, c'est encore plus pratique en bateau.

L'amorce tire continuellement sur la branche de saule et parvient à la maintenir entre deux eaux, il ne reste donc plus à la surface que le paquet de joncs qui a l'air d'être absolument naturel, et, à moins d'un œil parfaitement exercé, il est impossible à celui qui suit les berges de se douter que là est un formidable piège à brochet.

Le braconnier en place une trentaine comme cela, à de certaines distances, l'amorce n'étant pas endommagée restera vivante au bout de son laiton sept et huit jours; tous les matins, le pêcheur passe, il voit si son paquet de joncs est sur l'eau; si cela est, c'est que la ligne n'a rien pêché et il continue sa course.

S'il n'y a plus de joncs, il se met à l'eau, retire le brochet, le blanc ou la perche capturé et, prenant une amorce dans la boîte qu'il a toujours avec lui, replace son griffon.

Ainsi posé, le griffon a absolument la forme d'un M, dont

RELÈVE DES TRIMMERS

le premier jambage, un peu court, aurait à l'extrémité le poisson amorce; au premier angle, le flotteur de saule; au deuxième angle en bas, la petite pierre de lest; au troisième angle, en haut les joncs et l'extrémité du dernier jambage, la grosse pierre destinée à maintenir la prise qui ne saura la traîner; à noter que ce dernier jambage laisse reposer au fond 5 à 6 mètres de ficelle.

Lorsque le brochet mord, il se sauve avec sa proie, allonge toute la corde et, après s'être débattu inutilement, se tapit à distance ou, l'ayant emmêlée, la maintient près de la grosse pierre; d'une façon comme d'une autre les joncs ne restent pas à la surface, ce qui permet au pêcheur de constater qu'une pièce est au bout de sa ligne.

C'est une pêche pratique et tout à fait de professionnel ; on détruit ainsi tous les ans dans la haute Yonne des quantités de brochets, car les braconniers et même les amodiateurs ne placent des griffons que là où ils savent qu'habite habituellement un de ces poissons.

L'avantage du griffon est surtout de pouvoir séjourner longtemps dans l'eau, sans que pour cela l'amorce crève; par conséquent elle pêche continuellement.

Le Carrelet

Le *carrelet*, souvent dénommé *carré, carreau* ou *échiquier*, est l'engin le plus commun et le plus en usage dans certains départements.

Dans la Nièvre entre autres, contrée qui nous sert de type pour nos récits de pêches, il n'est pas de maison habitée par un pêcheur qui ne possède, comme un meuble familial et nécessaire, son carrelet.

Autant dire que toutes les maisons en ont un, car dans cette région centrale tout particulier est pêcheur de père en fils.

Le carrelet est une nappe simple et carrée, qui mesure 1 m. 50 à 2 mètres de côté; elle est bordée par une cordelette solide de la grosseur d'un tuyau de plume de pigeon.

Sur 1 mètre carré environ, jamais plus, vers le milieu, les mailles sont très serrées, très étroites, de façon à retenir les petits poissons qui s'y réfugient lors de la levée, tandis que sur le reste de la surface elles sont très larges, afin de permettre une rapide sortie de l'eau; en effet, si toutes les mailles étaient

étroites, elles emploieraient plus de fil et offriraient plus de
résistance, l'effort devrait donc être plus grand pour soulever
et sortir l'engin. Le carrelet serait aussi plus lourd, car chaque
fil, et ils sont nombreux, en s'imbibant d'eau augmenterait
d'autant son propre poids.

Le carrelet réglementaire doit toujours être fait d'une seule
sorte de mailles, petites ou grandes, empressons-nous d'ajouter
qu'on ne le fabrique jamais ainsi.

La nappe porte à chacune de ses extrémités, à la pointe du
carré, une boucle de ficelle, solide quoique moins grosse que
celle qui entoure l'engin.

Cette ficelle sert à attacher la nappe à l'extrémité de quatre
perches légèrement arquées destinées à la tendre horizontalement.

Ces perches sont toujours en bois de noisetier ou de cor-
nouiller, séchées ou passées au four. Les premières se nomment
des *coudres*, les secondes des *gourgeliers*.

Coupées vertes, les nœuds enlevés, séchées au four rapidement, elles conservent toute leur solidité, et malgré cela sont
aussi flexibles qu'un ressort.

Leur point de jonction est un cube de chêne de 10 centi
mètres carrés sur chaque face, coiffé d'un tronc de pyramide
percé d'un trou pour passer la corde qui le rattachera à la
perche de levée ; la partie carrée de ce cube est percée sur chaque
face d'un trou qui le traverse entièrement, de sorte que chaque
plan permettra en même temps l'entrée d'une perche de carrelet, et la sortie de l'extrémité de l'autre. Le cube se nomme
la tête du carrelet ou plus communément la *tête de chat*.

La tête de chat étant nouée à la perche de levée n'en est
jamais défaite, alors qu'au contraire pour serrer l'engin on
enlève les perches et que la nappe en est décrochée et mise,
étant sèche, à part. Les quatre petites perches sont couchées le
long de la grande et attachées après elle, l'engin se divise donc
en réalité en deux parties, la nappe et les perches, et est ainsi
d'une grande facilité de transport. On le monte sur place en
quelques minutes.

Les petites perches ont en général 2 mètres de longueur,
elles sont de la grosseur d'une canne ordinaire ; au contraire,

il est nécessaire que la perche de levée soit très légère, bien
droite, assez grosse pour ne pas casser, et ait au moins
5 mètres de long.

Ordinairement on se sert pour fabriquer cette gaule d'une
branche de saule sans courbure ou défaut, que l'on écorce et
que l'on rend lisse en la passant à la plane, puis, pour la rendre
légère, on la laisse sécher six mois dans un grenier; le four la
rendrait trop cassante, étant donnée l'essence du bois. On voit
donc que pour se procurer une perche de levée il est bon de

LE CARRELET POSÉ

s'y prendre d'avance, il est vrai qu'elle peut servir pendant
toute une existence de pêcheur.

Dans les départements du Centre un beau carrelet exécuté
dans toutes les règles de l'art se vend pour la nappe de 7 à
9 francs suivant la grandeur, ceci basé sur 1 franc du pied, les
quatre petites perches, plus une de rechange, 1 fr. 25, on nomme
cela un *jeu*. Quant à la perche de levée, elle n'a pas de prix
courant et, pour être bien servi, il est bon de se la faire soi
même; on peut se la procurer facilement sur le premier saule
venu; ce bois a si peu de valeur qu'aucun propriétaire ne
protestera.

Au total il est facile d'avoir pour 10 à 12 francs un carrelet

12

au grand complet; comme on le voit c'est un des grands engins le meilleur marché, et il a l'avantage d'être d'une longue durée.

L'*échiquier* n'est autre qu'un grand carrelet ; en outre, la poche du fond est un peu plus creuse, car il sert à pêcher dans les eaux profondes; comme il serait impossible à un homme de le lever, on se sert d'un appui, d'une corde et d'une poulie ; en général il est fixé sur un bateau ou sur une rive poissonneuse, son transport n'étant pas des plus faciles et son poids respectable.

Le carrelet, qui semble très lourd au débutant, se lève pourtant très facilement avec un peu d'habitude, c'est une leçon à apprendre. Lorsqu'il est posé bien à plat dans la rivière, l'homme s'asseoit sur le manche, la cuisse gauche sur l'extrémité du bois, la cuisse droite au contraire lui servant d'appui, il tient le bois avec la main droite en avant de la cuisse droite et avec la main gauche en avant de la cuisse gauche.

Tous ces efforts combinés, le poids du corps et le levier des deux mains sortent l'engin de l'eau jusqu'à l'extrémité des perches ; dès que celles-ci sont sorties de 1 centimètre au-dessus de la rivière, il n'y a plus à craindre que le poisson ne s'échappe ; voyant le filet de tous les côtés lui former une muraille, il pique en bas et se réfugie sur le fond de la poche, là où les mailles sont très étroites; dès lors il est pris, et rejoindra dans la filoche ceux qui déjà doivent l'y attendre.

S'il est gros, il cabriole, mais il ne peut sortir et imite de lui-même le jeu des soldats qui passent un ami à la « couverte », il saute et ressaute sans pouvoir s'éloigner du centre.

Il ne faut jamais laisser le carrelet plus d'une minute à l'eau ; on ne prendrait pas plus de poisson en le laissant un quart d'heure, au contraire !

La pêche au carrelet est une pêche amusante et propre, peu fructueuse il est vrai en grosses pièces, mais suffisante pour procurer la friture nécessaire au déjeuner de l'amateur.

On ne peut pêcher avec cet engin, comme avec la plupart des engins du reste, que lorsque l'on est fermier ou lorsque l'on s'en sert dans les rivières non amodiées.

Le véritable pêcheur au carrelet ne sort son engin de la

remise que lorsque l'eau à la suite d'une crue est devenue légèrement trouble ou simplement augmente, *pointe*, comme disent les gens des bords.

Lorsque la crue gagne les prés au hasard des places, il risque fort de prendre de très belles pièces.

Il nous est souvent arrivé, à nous qui écrivons ceci, de pêcher à même le pré couvert simplement de quelques centimètres d'eau, et de récolter ainsi des bandes de gardons explorateurs qui profitaient de la crue pour visiter leur nouveau domaine. Jamais nous n'avons pris de ce qu'il est convenu de nommer une grosse pièce. Nous citerons cependant ce cas extraordinaire d'un brochet de 18 livres, pris devant nous, au carrelet, à l'embouchure d'un ruisseau, insignifiant d'ordinaire, qui formait torrent ce jour-là.

Quelques pêcheurs amorcent le carrelet ; cela ne sert absolument à rien ; on ne prend avec cet engin que le poisson qui passe ou celui qui, curieux, c'est le cas le plus fréquent, vient voir au léger bruit que font les quatre pointes des perches lors de la mise à l'eau et s'aventure sur l'échiquier.

A la mer, cependant, et dans certains étangs où le poisson ne vient pas toujours près des rives, et où le pêcheur au carrelet change rarement de place, il est bon d'amorcer.

Pour pêcher ainsi, la meilleure amorce est le pain de chènevis dont on attache un gros morceau sur le fond du carrelet.

On pose l'engin dans un endroit bien propre et profond de 50 à 75 centimètres au moins, puis on jette quelques pelletées de terre mélangée de débris de chènevis. En tombant sur le carrelet cette terre trouble l'eau et se dépose sur les mailles qui deviennent invisibles et font corps avec le fond.

Le poisson ne saurait se défier des quatre perches de soutien.

Le gros morceau de chènevis se délaye petit à petit et les parcelles qui se tiennent suspendues dans l'eau attirent le poisson du voisinage qui se trouve bientôt réuni sur la nappe de l'engin.

Il faut lui donner le temps nécessaire à son arrivée et ne relever le carrelet que toutes les demi-heures, car, trouvant table mise, le poisson restera fort longtemps.

Dans un étang, ce procédé de pêche réussit toujours.

Nous l'avons aussi essayé dans le canal mais sans obtenir un résultat satisfaisant.

Lorsque l'on pêche au carrelet dans un canal, ou dans une rivière dont les bords sont en pente rapide, ce qui empêche de placer l'engin dans la position nécessaire à une prompte levée, on noue à l'extrémité de la perche, sur la *tête de chat*, une corde assez longue.

Cette corde tirée du haut de la berge par un associé de pêche, alors que le pêcheur appuie la perche à terre et dirige le carrelet, fait levier avec le manche, de sorte que la levée s'exécute rapidement et sans aucune fatigue.

On a parlé il y a quelques années d'interdire la pêche au carrelet dans les départements du Centre sous prétexte que des pêcheurs peu scrupuleux jetaient sur le sol, en secouant la nappe pour en chasser l'eau, les alevins qui y mouraient rapidement.

Ce fut un tollé général et une véritable levée de perches, les préfets reculèrent devant cette révolution de gens paisibles, car chacun d'eux savait qu'il n'est rien de terrible comme un calme pêcheur momentanément surexcité, de sorte que le carrelet est toujours en grande faveur dans la Bourgogne, le Nivernais et le Bourbonnais.

L'Épervier

L'*épervier* est l'engin pour ainsi dire spécial aux amodia-teurs ; il n'y a guère qu'eux qui puissent en faire usage. Il est coûteux et a besoin fréquemment de réparations ; il nécessite presque toujours un bateau, la pêche du bord n'étant pas bien intéressante, sauf en temps de crue ou d'eau trouble, lorsque le poisson s'approche des berges inondées.

Le nom d'épervier a été donné à ce genre tout particulier de filet parce qu'il tombe sur les poissons comme l'oiseau de proie fond sur ses victimes.

Les anciens paraissent avoir connu l'épervier ou du moins des engins analogues ; citons les *amphiblestres*, filets faits de manière à pouvoir enfermer les poissons de tous les côtés ; les *dictues*, filets destinés à être jetés ; les *calummes*, etc.

L'épervier est mentionné dans une ordonnance rendue en 1338 par Philippe VI, roi de France, qui confirme un règle-ment du bailli de la ville de Sens, concernant les instruments dont on se servait pour pêcher dans la rivière d'Yonne :

« Nous deffendons l'esprévier, se il n'en a moule d'un grant denier, et si n'en peschera l'en point, fors de soleil levant jusques à soleil couchant. »

On donne à l'épervier les noms de *furet, risseau* et *ressant.*

Il y a plusieurs sortes d'épervier; les principales sont : l'épervier à larges mailles, l'épervier goujonnier et le bâtard (mailles étroites au bas et larges à la nappe).

Nous croyons bien que ce dernier n'est pas très catholique et qu'il se rangerait volontiers plutôt dans la catégorie des engins prohibés, mais quoi qu'il en soit il est toléré, ou du moins l'administration semble fermer les yeux sur sa présence dans les bateaux.

On pêche à l'épervier de deux manières, en le traînant et en le jetant.

La pêche à l'épervier en *traînant* exige ordinairement plusieurs hommes, parce que l'on emploie des filets plus grands et plus lourds que pour la pêche à *jeter.*

Cette sorte de pêche ne se pratique qu'en eau basse.

Pour jeter l'épervier il faut savoir se *charger*, être solide et ne pas craindre de se mouiller. Il y a plusieurs manières de se charger, la plus curieuse est de maintenir les plombs avec les dents, mais la plus usitée est la suivante : le pêcheur tient d'une main la culasse, de l'autre il saisit le bord à 30 centimètres au-dessus de la corde plombée et il ramène sur son épaule la partie intermédiaire. Il imprime alors à son corps un mouvement d'oscillation et lance le filet de toute sa force.

Cela a l'air tout simple et cependant nécessite un fort long apprentissage pendant lequel, en général, à moins d'apprendre à terre, on suit le filet à la rivière et l'on fait soi-même le poisson.

L'épervier est le complément nécessaire d'un grand nombre d'autres pêches, entre autres la pêche à la senne, la pêche au goujon en boulant, la pêche à la traîne sur un autre filet, la pêche dans les trous et ressets de la berge. Mais la pêche au seul épervier est des plus amusantes. Il faut pour cela être au moins deux, l'un poussant le bateau à la perche, les rames ne pouvant servir dans ce cas, l'autre jetant le filet sur la levée d'avant.

L'eau doit être claire, le temps beau ; du soleil si c'est possible, et comme heure de huit heures du matin à cinq heures du
soir.

Un bon *meneur de bateau* est nécessaire, il doit *marcher*
sans bruit, pour ainsi dire se glisser à la surface de la rivière,
se diriger facilement à gauche ou à droite au commandement,
arrêter net sa barque lorsque l'épervier tombe à l'eau, et reculer
à la longueur de corde pour permettre au pêcheur de tirer
convenablement sur le sable ou la vase son engin fermé. Tout

L'ÉPERVIER EN BATEAU

cela, il doit le faire promptement et, pour bien pêcher à l'épervier, il est nécessaire d'employer toujours le même *meneur de
bateau* auquel on est habitué.

La barque monte lentement le cours de la rivière, faisant
des crochets à droite, à gauche ; à l'avant, le pêcheur tout chargé
guette, il lui faut le coup d'œil juste et la main prompte, il est
pieds nus pour être plus solide sur la levée et l'habillement
qu'il porte n'a point de boutons.

Quelquefois il reste chargé cinq, dix minutes s'il n'aperçoit
rien sur les sables, ou seulement quelques *coureurs* qui ne

valent pas la peine du coup. Mais voici qu'une bande de gardons passe fuyant devant le bateau, il lance l'engin qui s'étale en montant en l'air, retombe bien arrondi et bien étendu sur l'eau et, entraîné par les plombs, coule à fond rapidement ; la majeure partie de la bande est maintenant sous les mailles qu'elle cherche à traverser. L'épervier, comme un gigantesque oiseau de proie, a fait son œuvre, il n'a plus qu'à refermer sa vaste gueule.

Déjà le bateau s'est éloigné, à la longueur de la corde attachée au poignet du pêcheur et, du bout de la perche, le *meneux* le maintient fixe. Par petites secousses de droite et de gauche le pêcheur fait rejoindre les deux côtés les plus éloignés de l'engin. Serrés de près par les plombs, les poissons se boursent, ils ne s'échapperont plus maintenant.

L'épervier est tiré sur le fond jusque sous le nez du bateau, et là, le haut de la nappe est tordu afin de bien serrer les plombs, puis d'une brusque secousse il est remonté à l'air sur la levée, et les captures jetées à la boutique qui occupe le milieu de l'esquif. De nouveau le *meneux* pousse sa perche pendant que le pêcheur se charge.

Ainsi, ils vont tous les deux montant ou descendant le cours d'eau, sournoisement, en silence, et l'épervier s'abat sur les bandes effarouchées qui passent ou sur les solitaires qui dorment sur les sables.

Parfois le pêcheur recouvre d'un seul coup, au hasard, une touffe de nénuphars ou d'autres herbes isolées lorsqu'il suppose qu'un brochet y dort, puis il tire à lui doucement afin d'en chasser l'habitant devant les plombs.

Tant que l'épervier n'est pas arrivé à l'extrémité de l'herbe, le brochet ou la perche ne bougent pas ou avancent doucement sans se montrer, mais dès qu'ils sont chassés de leur refuge, d'une brusque poussée de queue ils montent à la nappe et essayent de s'échapper par la surface, hélas ! ils sont cernés de partout et, bientôt lassés, ils redescendent au fond et vont se prendre d'eux-mêmes dans les bourses.

Les carpes sont les poissons les plus difficiles à capturer ainsi, elles se tiennent toujours où il y a de la vase, et, dès qu'elles sont couvertes par l'engin, au lieu d'essayer de fuir elles piquent la tête dans cette vase, la queue perpendiculaire ; les plombs se referment sur elles et lorsque le pêcheur remonte l'épervier les deux côtés du filet glissent doucement sur les écailles du poisson qui échappe fatalement.

Aussi, pour prendre des carpes est-il nécessaire d'agiter au travers des mailles la vase du bout de la perche à bateau, ce qui oblige les malins poissons à se réfugier dans les bourses.

Pour jeter l'épervier dans les eaux profondes il faut bien connaître sa rivière, car on risque fort de remonter des pierres,

L'ÉPERVIER REMONTÉ

des épines, des bûches ou de déchirer l'engin sur les rochers ou sur les vieux fonds de bateaux abandonnés.

Le pêcheur à l'épervier ne doit pas négliger de couvrir là où l'eau est peu profonde, les épines et autres débris formant fagot, arrêtés sur les sables. C'est là que se tiennent à l'ombre les plus gros brochets.

Pour retirer l'engin il faut se mettre à l'eau, remuer du bout d'un bâton les immondices, et prendre le poisson qui, chassé, vient se réfugier dans les mailles du filet.

Naturellement, le démêlage de ces épines n'est pas facile, mais la capture que l'on vient presque toujours de faire est une véritable récompense à la perte de temps et à l'ennui d'un démêlage laborieux.

Pour être pêcheur et bon pêcheur à l'épervier il ne faut pas être paresseux.

Les vandoises, pendant la saison chaude, se réfugient sur les sables à peine recouverts de quelques centimètres d'eau. C'est là qu'à pied, de l'eau jusqu'à la cheville, le pêcheur à l'épervier les poursuit en courant ; rien d'amusant comme cette pêche qui nécessite une grande adresse.

Parfois on a la désagréable surprise, en retirant l'épervier, de voir s'agiter dedans une couleuvre, un serpent d'eau, même une vipère qui se baignait le bout du nez seulement à la surface, et il faut voir le brave pêcheur, lâchant précipitamment son engin, regagner le bateau en attendant que le reptile se soit enfui en sifflant au travers des mailles de la nappe.

Il est interdit de pêcher de gros poissons avec un goujonnier et de prendre de petits poissons dans un épervier à larges mailles. Pour parer à cela les pêcheurs emportent ordinairement les deux et croient ainsi être dans leur droit et rouler les gardes, ils se trompent : la loi a prévu ce cas et nous renvoyons les intéressés aux lois sur la pêche, qui ne sauraient trouver leur place ici.

Souvent le pêcheur à l'épervier rencontre des bandes de goujons dormant sur les sables et d'un seul coup en prend une trentaine, il en est de même pour les gardons et les petites brèmes pendant les fortes chaleurs de juillet et d'août, et pour cela il n'est pas nécessaire d'avoir un très grand et très lourd épervier, au contraire nous nous sommes toujours servi d'un très petit, vite chargé et peu fatigant à lancer.

L'eau étant peu profonde, la charge de plomb n'a pas besoin d'être lourde et nous trouvons qu'il y a plus de satisfaction et de plaisir à couvrir exactement un poisson qui fuit devant vous qu'à prendre au hasard en eau profonde une pièce que l'on ne voit pas ; de même qu'il y a plus de mérite de tuer avec du 0 un canard sauvage au vol qu'à en démolir une douzaine à 300 mètres avec une canardière sur un étang.

Lorsque les eaux augmentent et qu'elles sont boueuses on fait sur les bords et dans les tournants de magnifiques pêches, le poisson venant en général se réfugier là pour éviter le courant.

Mais ces crues ont lieu alors qu'il fait encore froid, ou lorsque l'eau provenant de neige fondue est glacée ; comme il est nécessaire de se mouiller pour pratiquer la pêche à l'épervier, cette pêche devient une corvée et les enragés qui la font quand même y gagnent souvent des pneumonies et toujours des dou leurs qui leur tiennent chaud — au lit ! — sur leurs vieux jours.

Le Gille

Comme il est interdit de traîner des filets sur le fond des cours d'eau pour ne pas détruire les œufs et les jeunes alevins et que le *gille* est un filet à traîner, cet engin doit donc être compris dans la série des filets prohibés.

Cependant, dans certaines contrées, et on ne sait trop pourquoi, il est, sinon autorisé, du moins toléré ; nous nous en sommes servi fréquemment sous l'œil même des gardes, pour pêcher dans des canaux à demi asséchés.

Le gille n'est en somme qu'un très grand épervier, construit exactement comme cet engin, connu de tous, mais de dimensions telles qu'un seul homme ne saurait le manœuvrer à la main. Aussi n'en fait-on usage que comme filet traînant.

Il possède des bourses, des plombs très gros, est fait de grandes mailles ne pouvant retenir que les grosses pièces, et à l'extrémité de la *chapelle*, ou coiffe, ou pointe de l'épervier, est attachée, comme dans ce dernier, une solide corde non vrillable, destinée à permettre de sentir les secousses du poisson et à retirer l'engin de l'eau.

Il est en général trois fois plus grand qu'un épervier ordinaire et peut tenir en largeur 10 à 12 mètres de rivière.

Nous avons recherché les racines du mot *gille*, qui est devenu un peu vieillot, car on dit plus fréquemment épervier à traîner, ou grand épervier ; nous n'avons trouvé qu'approximativement cette origine.

D'après nous, il viendrait de l'expression populaire *faire le gille*, c'est-à-dire se retirer, s'enfuir peureusement.

L'expression elle-même provient de l'histoire, ou plutôt de la légende de saint Gilles, qui s'enfuit de son pays et se cacha de peur d'être sacré roi.

Il y a sans doute là une allusion moqueuse au poisson fuyant poussé par les plombs, alors que l'homme lui fait le grand honneur de vouloir le manger.

Peut-être le mot vient-il aussi du personnage de l'ancienne comédie, le gille, le niais de la pièce, en voulant dire à cela que cette pêche est une pêche de niais, car en effet on s'y donne beaucoup de mal sans grand succès, à moins de circonstances spéciales que nous expliquerons tout à l'heure.

Hatzfeld Darmesteter et Thomas, dans leur dictionnaire de la langue française, disent :

Gille, origine inconnue, paraît être le même mot que *gielle*, mentionné dans Modus XIVᵉ, comme nom d'une partie constitutive de rets.

Le gille a été souvent interdit par d'anciennes ordonnances.

Il y a deux façons de pêcher avec le gille, en bateau, se laissant entraîner par le courant, et à la main, en entrant dans l'eau.

Même à l'aide de perche on ne saurait remonter un courant en traînant ce lourd filet, du reste les plombs quitteraient le sol et le poisson fuirait sous les bourses, il faut donc traîner le gille en suivant le courant, si ce courant est sensible.

Le gille a son utilité dans les rivières peu larges, très profondes, où ne saurait atteindre un épervier ordinaire, qui malgré son poids se refermerait avant de toucher le sol.

Il sert aussi dans les rivières couvertes d'herbes ou ayant

une forte épaisseur de vase. Le poisson dans les herbes et la vase laisse passer les plombs de l'épervier sur son dos, car ces herbes lui forment une cuirasse et l'engin refermé remonte à vide.

Il n'en est pas de même pour le gille, plus lourd en plomb et plus solide de mailles, qui, traîné dans la boue ou dans les herbes, fait l'effet d'un rateau et en chasse le poisson apeuré ; il monte alors à la nappe, se trouvant pris avant d'avoir pu se cacher à nouveau.

Pour pêcher au gille en bateau, il suffit de deux hommes, et voici comment on procède :

L'un des pêcheurs tient ou les rames ou la perche. Son travail est de maintenir le bateau en travers du courant, les deux levées perpendiculaires aux berges. C'est une véritable corvée, très fatigante, que seule saurait faire un salarié.

Aux deux extrémités du bateau, du même côté, et ce côté étant placé en amont, sont fixées deux fortes chevilles de bois, solidement arrêtées dans le bordage. Des clous ne sauraient faire l'affaire, ils couperaient les mailles du filet.

Le second pêcheur accroche à ces deux chevilles une partie de la corde plombée égale à toute la longueur du bateau. Elle reste donc tendue par ces deux points d'arrêt.

Ce qui reste du filet est jeté par-dessus bord, de façon cependant que le gille soit dans le bon sens, c'est-à-dire la corde en dessus.

Les plombs s'arrêtent sur le sol de la rivière tandis que le bateau, suivant le courant, les traîne lentement ; il s'ensuit que de la barque au sol se forme une vaste poche de 8 à 10 mètres d'ouverture et de 3 à 4 mètres de haut.

La *chapelle*, ou partie conique du filet, reste soutenue un peu en arrière, entre deux eaux, au moyen de la corde principale de relève que le pêcheur s'est attachée au poignet et tient en outre du bout des doigts afin d'en saisir tous les mouvements.

Quand un poisson frappe dans les mailles, le pêcheur exercé

le sent à la corde, et, décrochant vivement le filet des deux che
villes, il laisse tomber la plombée à l'eau. S'il n'y a aucune
secousse, il laisse parcourir au gille une centaine de mètres
environ, et alors procède de même, car parfois le poisson se
laisse entraîner sans se débattre.

Lorsque la corde plombée est à l'eau, le gille se trouve sur le
fond comme un épervier ordinaire et forme un cercle ; il n'y a
plus qu'à le fermer en tirant la corde de relevée et à le remonter
en donnant à la nappe, dès qu'on a la pointe de la chapelle, un
mouvement de vrille comme le ferait une ménagère tordant du
linge pour le sécher.

Le traînage du gille à la main se fait dans les rivières peu
profondes dont le courant ne suffirait pas à traîner l'engin. Il
s'exécute soit du bord avec deux cordes, ce qui est peu pratique,
soit en se mettant à l'eau, ce qui est la véritable façon de
pêcher avec cet engin.

Comme nous l'avons dit, il ne saurait servir sur un fond
de rocher ou de sable, mieux vaudrait alors employer la senne,
ou le filet à traîner, engins qui ont l'inconvénient parfois d'être
trop longs pour l'étroitesse des cours d'eau.

Dans un endroit propre, le poisson s'enfuirait et ne se prendrait pas, car il ne se laisserait pas atteindre par le filet.

Tel n'est pas le cas dans une rivière couverte d'herbes, et
voici comment font nombre de pêcheurs que nous avons vu
employer le gille :

Ils fauchent la rivière ni plus ni moins qu'un pré. Au fil de
l'eau l'herbe coupée s'en va, ou bien ils la récoltent pour en
faire de l'engrais, toujours de première qualité. Il ne reste au
fond qu'un mince tapis de racines ayant quelques centimètres
de hauteur, comme le chaume d'un champ coupé à la faucille.
Le travail fait sur une longueur de 1 kilomètre, notez que la
rivière est peu large et ce travail très facile, le pêcheur laisse
reposer l'eau cinq à six jours. Le poisson qui a fui, curieux
comme cette race l'est toujours, revient en masse de toutes les
cachettes du cours d'eau ; cette herbe qui repousse verte et
fraîche lui plaît, et il prend ses quartiers sur ce pré d'un nouveau genre. Au jour indiqué pour la pêche, le pêcheur barre les
deux extrémités de l'endroit fauché avec de vieux filets pour

empêcher le poisson réuni là de fuir dans les hautes herbes, puis il pose le gille qu'il traînera en montant et en redescendant indistinctement. Pour cela, il faut être trois autant que possible.

On place le gille dans toute sa largeur, ce qui forme une étendue de deux cordes plombées l'une à côté de l'autre ; l'un des pêcheurs ramasse à une extrémité la corde d'avant et la soulève à hauteur des hanches, c'est le maximum auquel doit atteindre l'eau. A l'autre extrémité, le second pêcheur en fait autant, mais, en outre, il tient à la main la corde de relevée, comme il est dit pour la pêche du gille en bateau, afin de sentir les secousses du poisson.

Tous deux se mettent en marche lentement, tandis que le troisième pêcheur suit derrière pour décrocher le gille, s'il s'accroche, le soulever par-dessus les pierres et retirer les épines ramassées.

En outre, de temps à autre, il marche sur les plombs dans toute la longueur et les pousse du pied pour déloger les poissons qui tâcheraient de les laisser passer sur leurs écailles.

Tous les 20 à 30 mètres, les pêcheurs de tête lâchent le filet entièrement à l'eau et le tirent sur le bord, à moins qu'une secousse n'ait avant cela averti le conducteur de la pêche que quelque brochet donne du nez dans les mailles.

Nous avons vu faire ainsi de superbes pêches ; mais c'est une véritable destruction qui ne saurait être utile que pour capturer les espèces nuisibles lorsqu'elles sont en trop grande abondance.

Cette pêche est aussi des plus efficaces dans les canaux vaseux, à l'époque du chômage, le gille garnissant à peu près la largeur d'un canal en eau basse.

Là, les berges étant sans arbres et droites pour la plupart, on peut tirer du bord avec deux cordes, une seule personne étant à l'eau pour surveiller le filet.

D'après le décret du 18 mai 1878, sont prohibés tous les filets traînants, à l'exception du *petit* épervier jeté à la main et manœuvré par un seul homme.

Toutefois, des arrêtés préfectoraux, rendus après avis des conseils généraux, peuvent autoriser, à titre exceptionnel, l'em ploi de certains filets traînant à mailles de 40 millimètres au moins, pour la pêche d'espèces spécifiées, dans les parties profondes des lacs, des réservoirs, des canaux et des fleuves et rivières navigables.

Tout ceci revient à dire que, s'il vous prenait la fantaisie de pêcher au gille, vous ferez bien aussi de vous informer préalablement, afin d'éviter le procès qui vous assimilerait à un vulgaire braconnier.

L'Araignée et le Tramail

Le *trémail* ou *tramail* est employé partout et surtout à la mer, il n'en est pas de même de *l'araignée* dont nous n'avons pu trouver la description nulle part, et qui est notée dans les dictionnaires par cette simple phrase : *sorte de filet de pêche*.

Et pourtant, l'araignée pêche bien mieux que le tramail et d'une façon beaucoup plus simple.

Le tramail est un filet formé de trois nappes, posées immédiatement les unes sur les autres, et montées sur une ralingue qui est commune à toutes et qui borde le filet en haut et en bas.

La nappe du milieu, à la différence des deux autres dont les mailles sont larges, est formée de mailles serrées et flottantes. L'ordonnance de 1669 interdisait l'emploi du tramail, il est permis pour la pêche maritime sous le nom de *tramail séden-taire* et on l'emploie constamment dans la haute Yonne. C'est donc un engin autorisé maintenant ; à plus forte raison l'araignée. Les deux rêts extérieurs du tramail se nomment les *aumées* ou *hamaux*. La nappe est aussi nommée *flue*.

On donne au tramail et à l'araignée une hauteur moyenne de la profondeur de la rivière, en général ceux employés pour l'Yonne ont de 1 m. 75 à 2 m. 50 de hauteur ; il en est de même pour la longueur, ces filets, ne devant pas en barrer plus des deux tiers, ont de 20 à 30 mètres, jamais plus.

Le tramail est chargé en bas par d'assez lourdes balles de plomb espacées de 10 centimètres en 10 centimètres ; il est soutenu sur l'eau, tous les 30 à 40 centimètres, par de gros lièges carrés ; le fil en est plus fort que celui de l'araignée.

Le tramail placé forme dans la rivière une muraille de filet contre laquelle vient buter le poisson qui circule. Nous verrons plus loin la façon dont il se prend.

L'araignée, contrairement au tramail, est faite en fil très fin, du fil à coudre bis et solide ; les mailles sont, suivant les grosseurs de poisson que l'on veut capturer, larges ou étroites ; une grosse pièce ne saurait se prendre dans une araignée à friture, et réciproquement ; il est nécessaire d'avoir plusieurs tailles d'araignées, ce qui n'existe pas pour le tramail, qui capture toutes les espèces.

Ce dernier serait donc plus avantageux, mais il est trop visible et le poisson vient moins facilement s'y jeter.

Le haut et le bas de l'araignée sont terminés par deux tresses blanches dans lesquelles passe la corde de soutien des mailles, avec, dans celle du haut, de petits morceaux de liège de la grosseur d'un crayon, très peu espacés les uns des autres. Ils serviront à faire flotter l'araignée qui est elle-même très légère. La tresse du bas contient les plombs qui reposeront sur le fond, ces plombs sont du 0 de chasse.

Le tramail pêche comme l'araignée et se place de même.

Aux deux extrémités se trouve une ficelle assez solide et assez longue nouée à la tresse contenant les lièges, cette ficelle sert à tendre le filet en l'attachant aux herbes ou aux arbres de la rive.

Le pêcheur qui veut placer une araignée ou un tramail commence par attacher la corde à un arbre de la berge après avoir choisi une place bien nette dans la rivière, sous peine de déchirer l'engin en le relevant.

Le bateau s'éloigne, lentement, en ligne droite, de berge en berge, conduit à la perche ou aux rames par le *meneur* qui marche à reculons. Debout à l'arrière, le pêcheur, tenant de la main gauche l'araignée dont les plombs reposent sur la levée, la laisser couler à l'eau mètre par mètre et la dirige de la main droite.

Si l'araignée est plus longue que la rivière, pour pêcher dans les règles il faut redescendre le courant au demi-tiers de la lar

POSE DU TRAMAIL

geur et placer le reste de l'engin dans le sens des rives, ce qui lui fait former un crochet. Lorsque le dernier mètre est à l'eau le pêcheur suit de nouveau avec le bateau, son araignée à rebours, il la soulève, lui fait faire des replis, et regarde si les plombs reposent bien sur le fond, puis, arrivé à la ficelle, la dénoue et la jette elle-même à la rivière. L'araignée flotte donc librement, retenue au fond par le poids des plombs.

Beaucoup de pêcheurs laissent l'araignée accrochée à la berge. C'est un tort, outre que des maraudeurs peuvent la tirer, cela la raidit trop et empêche le poisson de se prendre aussi facilement. On le fait quelquefois dans la crainte d'une crue qui entraînerait l'engin. A cela il y a à répondre que d'abord il n'irait pas loin sans trouver une pierre du fond qui le raccrocherait, qu'ensuite il est très facile de retrouver 30 mètres de filet dans une rivière de 2 mètres au plus de fond sur 20 à 35 de large et qu'il est impossible de pêcher à l'araignée s'il y a le plus petit courant, et que, à l'époque où ces engins pêchent, juin à octobre, des crues sont bien peu à craindre.

Nous posons donc ce principe, l'araignée doit être toujours libre des deux bouts et flotter en eau calme ; au moindre courant elle se couche sur le sol et ne pêche plus.

L'araignée, pas plus que le tramail, ne pêche lorsqu'il fait clair de lune, elle ne pêche pas non plus lorsqu'il règne certains vents défavorables.

On place les araignées et les tramails le soir, un peu avant la tombée de la nuit, pour les relever dans la matinée du lendemain, mais il ne faudrait pas en déduire que ces engins ne pêchent pas en plein jour : nous avons souvent réussi en les plaçant l'après-midi à prendre des brochets ou des blancs en chasse, rarement des perches.

Il nous arriva même un jour, à dix heures, d'y trouver trois brèmes de 4 livres qui venaient de s'y mailler, mais nous avons tout lieu de croire qu'elles s'étaient prises en fuyant devant notre bateau. Le gardon, entre autres, se prend très bien le jour dans les araignées à friture.

Lorsque les araignées sont neuves, elles pêchent rarement, aussi les pêcheurs les laissent-ils séjourner un jour ou deux dans l'eau avant de les tendre.

Comme le fil se pourrit vite on le rend moins fragile en tannant les araignées neuves, pour cela on les confie une semaine au tanneur qui se charge de ce travail.

L'araignée vaut en général de 1 fr. 50 à 1 fr. 75 le mètre courant sur 2 mètres de hauteur, et le tramail environ le double.

Le poisson circulant la nuit arrive auprès de l'engin ; d'abord, il hésite, puis, prenant son parti, pique dans les mailles, il introduit son museau dans une, les fils s'arrêtent sur la tête, il entraîne le filet léger formant une poche, mais cela devient lourd ; alors, gêné, il tourne à gauche ou à droite, repique dans la nappe, forme une seconde poche et finit par s'emmailloter lui-même comme le serait un bébé de six mois par sa nourrice. Plus il se débat, plus il s'entoure de fils, jusqu'à ce qu'enfin paralysé il se tienne tranquille ou meure asphyxié.

Une même araignée peut prendre ainsi des quantités de poissons, nous avons pêché parfois dans la même jusqu'à quinze mulets, une bande qui passait par là sans doute.

Le tramail agit comme l'araignée, le poisson s'y ficelle encore plus, et arrive à faire de véritables nœuds autour de son corps à l'aide des larges mailles extérieures, et cela à tel point qu'incapable de s'y reconnaître, pour le sortir de cet inextricable réseau, le pêcheur est souvent obligé de couper plusieurs mailles pour l'arracher de cette pelote d'un nouveau genre.

Le tramail est en réalité le complément du grand filet, nous en reparlerons dans la pêche à la traîne, car c'est sur lui que l'on *traîne* cet engin. Il est le mur qui barre la rivière et met un obstacle à la fuite du poisson.

Les anguilles et les loutres sont une véritable calamité pour le pêcheur à l'araignée.

L'anguille se prend : elle noue dans ses replis 1 ou 2 mètres carrés de fil, s'échappe en oubliant, comme souvenir, un immonde limon et une pelote de ficelle emmêlée qu'il faut couper, ce qui n'est pas sans laisser un vaste trou dans l'engin et donner du travail de réparation pour plusieurs heures à l'infortuné pêcheur.

Quant à la loutre, elle fait mieux : de passage elle se maille, se débat, rage, coupe l'araignée en vingt endroits, et, dégagée, s'enfuit sur la berge, entraînant une bonne partie du filet qu'elle achève de détruire pour se dépêtrer.

Parfois, méfiante ou simplement prudente, ayant déjà été pincée, elle se contente de s'approcher en nageant de l'araignée et, s'il y a du poisson, elle coupe les corps qu'elle va dévorer, en laissant les têtes dans les mailles, ce qui a l'air d'une mauvaise farce.

Il est bon quelquefois d'entourer les joncières et de placer l'araignée dans le sens du courant, car le poisson pendant la nuit y cherche sa nourriture et se prend comme il le ferait au milieu de la rivière dans le filet tendu d'une berge à l'autre.

Nous disions plus haut que le pêcheur doit laisser un tiers de la rivière libre, ainsi le veut la loi, mais cela se fait rarement, on ne laisse ordinairement de chaque côté que quelques mètres qui ne servent absolument à rien, car nous avons vu bien souvent des araignées de 7 ou 8 mètres prendre du poisson dans une rivière large de cinq fois autant, alors que dans des araignées la barrant entièrement il n'y avait aucun poisson.

C'est une affaire de hasard et de chance. Le principal est que l'araignée touche bien au fond et à la surface, qu'elle soit de fil très fin et lestée convenablement.

L'araignée, comme le tramail, nécessite beaucoup de soin ; dès qu'elle est retirée de l'eau, il faut la laver proprement, en lever les épines, les feuilles, les herbes, les pailles qui l'emmêlent, l'étendre de toute sa longueur sur le pré, la mettre sécher et la plier convenablement, puis la réparer, car chaque fois qu'elle a été mise à l'eau il est fort rare qu'elle n'ait pas récolté quelque accroc.

C'est à coup sûr une très jolie pêche, mais elle offre bien des inconvénients. Si vous voulez pêcher sérieusement, il vous faut savoir faire vous-même du filet, on n'a pas toujours sous la main un cordier ; il faut trouver la place de mettre sécher plusieurs engins de 30 mètres de long, les prés ne sont pas rares, mais les propriétaires, jaloux des pêcheurs, prétendent que cela abîme l'herbe.

Il faut donc que les filets soient secs, car rien n'est plus facile à voler qu'une araignée qui ne pèse pas en tout 1 livre et qui peut tenir dans une poche ! il y a les chevaux qui se prennent dans la nappe, et des vaches qui les mangent !

Il est bon d'avoir quelques araignées et un tramail, cependant il ne faut pas s'en servir tous les jours, c'est tout à fait l'engin indiqué pour une grande pêche, que l'on ne fait que trois ou quatre fois par an.

C'est avec des araignées que nous avons fait nos plus belles pêches, nous n'avons pas pris des poissons de 15 livres ou plus, il n'y en a guère dans cette partie de l'Yonne, mais nous

avons capturé de fort belles pièces, et il y a véritablement une
bien grande joie à soulever ce filet lorsqu'il porte, comme un
espalier des fruits, cinq ou six beaux poissons d'autant de livres.

Pour placer l'araignée, le bateau est nécessaire, pour la
retirer point n'en est besoin ; il suffit d'être adroit, de prendre les deux extrémités du même côté, lièges et plombs, et de
tirer doucement de la berge : cela a son charme car on ne voit
pas le poisson et on le sent se débattre au milieu ou à l'autre
extrémité. La peur de le manquer vous tient dans une angoisse

POSE DE L'ARAIGNÉE

étrange qui n'est pas sans occasionner, lorsqu'on a enfin opéré
sa capture, une joie profonde !

Tous les poissons ne sont pas emmaillotés comme nous l'a-
vons dit au début de ce récit ; ainsi présenté cela ne serait pas
exact, il y en a qui viennent se prendre lorsqu'on retire l'engin,
alors ils ne tiennent parfois à l'araignée que par la tête et souvent, dans un dernier effort, risquant à s'abîmer les ouïes, ils
s'arrachent et disparaissent presque sous la main du pêcheur.

Nous avons pris des brochets qui n'avaient absolument que
le bout du museau et les dents supérieures d'attachés à l'araignée, on eût cru le taureau conduit à l'aide d'une boucle.

Le barbillon se prend très facilement dans les araignées, le jeune principalement.

Ayant placé une araignée à mailles moyennes sur un gué, nous avons pris, certain jour, une nuée de barbillons d'une demi-livre environ, il y en avait une soixantaine, tous accro chés par l'espèce d'épine qui termine la nageoire dorsale, on eût dit qu'ils l'avaient fait exprès, ils avaient tous pu passer au travers des mailles, mais ils n'avaient pas réfléchi à ce crochet en scie qui les suspendit et les arrêta au passage.

Le tramail a un emploi spécial que ne remplit pas l'araignée, il est d'une utilité incontestable pour les braconniers ; grâce à lui ils peuvent entourer les épines submergées, les herbes, les nénuphars, les souches d'arbres, les racines, en déloger le poisson qui se cache en le chassant à coups de bâton, et le prendre aux mailles alors qu'il cherche à fuir dans l'eau troublée.

Lorsque la pêche est terminée il faut avoir soin de passer plusieurs fois les engins à l'eau, car la vase dont les mailles sont couvertes les ferait vite pourrir.

Le tramail s'emmêle difficilement, il est donc très simple à nettoyer ; telle n'est pas l'araignée, fréquemment elle ne forme plus qu'une infecte pelote de feuilles, d'herbes et de ficelle, qui désespère le pauvre pêcheur novice. Il n'en sortirait jamais sans quelques conseils. Voici donc la plus simple façon de démêler l'araignée.

Prendre le tas, car c'est un véritable tas ! le poser dans un pré où il n'y a ni épines, ni pailles, chercher une extrémité de l'araignée et tirer en marchant, elle viendra sur toute sa longueur, formant alors une sorte de corde. Lorsqu'elle est bien étendue, chercher les lièges, dérouler cette corde à l'extrémité et, lorsqu'on a lièges et plombs, piquer en terre ces derniers à l'aide d'un morceau de bois et suivre les lièges tout du long, en se reculant à la distance de la largeur de l'araignée.

On sera étonné de la facilité avec laquelle l'araignée se déroulera pour former une nappe.

Lorsque l'araignée est sèche, se mettre à deux, l'un aux lièges, l'autre aux plombs, et la plier en traçant des brasses égales des deux côtés, en forme d'U, dont on rapproche les pointes dans la main gauche. Lorsque toute l'araignée est pliée, attacher les extrémités et le milieu par une corde; en faisant ainsi, elle sera prête à poser de nouveau pour la prochaine pêche.

Bien plier une araignée est de toute nécessité, car lors de la pose, quand une partie est à l'eau et que le bateau marche, la moindre difficulté dans le développement de la nappe peut complètement changer la disposition de l'engin et obliger le pêcheur à recommencer le placement.

LA NASSE EN FER

La Nasse

La pêche à la *nasse* est, à notre avis, la plus agréable, la moins fatigante et la moins coûteuse des grandes pêches, étant donné son résultat.

La ligne de fond ne nécessite, il est vrai que de petits frais ; pour ainsi dire, elle ne coûte rien ou fort peu, mais il faut se procurer l'amorce, et là justement est la difficulté.

La nasse pêche seule.

C'est un véritable monstre ouvrant sous l'eau sa large gueule, et attendant que l'alouette, qui, dans la circonstance, est un poisson, lui entre dans le ventre toute vivante, sinon toute rôtie.

La nasse semble être douée de vie ; calme, elle repose sur le sol de la rivière, on dirait un poulpe sans tentacules : tout tête et tout estomac ; elle n'a point d'yeux, mais on distingue la place où ils devraient se trouver ; la nasse est effrayante en soi ! Il y a plusieurs sortes de nasses : celles de bois,

celles de fil de fer ou de treillage métallique, et celles dites
tambours.

La nasse est en bois ou en treillage métallique. Quand nous
disons en bois, nous employons bien le mot, car la nasse en
osier est à peu de chose près impropre pour la pêche, elle se
brise facilement, se déforme, ne dure jamais plus d'une saison
et prend peu de poisson.

Allez dans les contrées où l'on pratique réellement la pêche,
vous ne trouverez pas de nasses en osier. La nasse en osier ne
se vend qu'aux amateurs qui s'en procurent une ou deux et qui
trouvent que la prise de quelques gardons est, pour eux, une
capture supérieure.

La véritable nasse, celle que font les marchands de paniers
des villages, doit être entièrement fabriquée en pèlerin.

Le pèlerin est un bois assez lourd aux tiges longues et flexibles, brun vert d'écorce, qui pousse au bord des rivières, dans
les haies, et un peu partout où il y a des étangs ou des cours
d'eau.

Très recherché, il est assez rare, et la nasse, qui jadis valait 2 et 3 francs, est assez difficile à trouver aujourd'hui pour
5 francs, on la paye 5 fr. 50, 6 francs et même 7 francs suivant
qu'on en est plus ou moins pressé et que le fabricant a plus
ou moins d'ouvrage, car il n'en fait jamais à l'avance.

Savoir fabriquer des nasses est un véritable talent, ils sont
rares ceux qui les font bien, et comme les jeunes gens ne s'a-
donnent pas à cette fabrication et que les anciens disparaissent
petit à petit, la nasse, la vraie, la seule, disparaîtra aussi
bientôt du nombre de nos engins de pêche.

Heureusement le progrès suit son cours, et la nasse en treillage la remplacera avantageusement.

Pour être dans la forme voulue, la nasse en bois doit avoir
2 mètres de long environ, 50 centimètres de hauteur de ventre,
80 centimètres de gueule et une largeur d'ouverture propor-
tionnée. Ouverte à l'extrémité, on bouche cette ouverture avec
de la paille maintenue par un bâtonnet passé dans les rayons
de pèlerin.

Il est mauvais de fermer les nasses avec de petits cônes
tressés en osier, au bout de dix relevées ils sont brisés, ou bien

alors il faut en avoir une collection ; la paille dans l'eau dure un mois. La nasse ne doit avoir qu'un seul œillet, deux œillets sont de la fantaisie bien inutile, le poisson pris ne ressortira pas, et plus il aura de place dans la cage moins il s'abîmera.

La nasse en bois pêche admirablement toutes les espèces de taille moyenne et principalement l'anguille, cependant il faut remarquer que le brochet l'évite et que le gros blanc, le chevesne de 2 livres, n'y entre jamais.

Après une saison, fût-elle admirablement conditionnée, elle est hors d'usage ; elle devient, au bout d'un séjour assez court dans l'eau, vaseuse et gluante et est toujours très lourde à lever sur le bateau. En outre, il lui faut, pour la maintenir au fond, trois lourdes pierres qui souvent se détachent, et parfois la font ne pas adhérer complètement au sol.

Relevez dix nasses en bois, vous êtes couvert de vase des pieds à la tête et votre bateau est ignoble !

Voilà les moindres inconvénients de la nasse dont nous venons de parler, et nous nous contredirions complètement avec le début de ce récit, si nous n'avions la nasse en fil de fer ou plutôt en treillage métallique.

En écrivant cela, nous allons faire certainement pousser des cris de paon aux vieux pêcheurs endurcis. « Comment, Monsieur, nous écriront-ils, vous vous dites pêcheur et vous nous parlez de la nasse en fer ! mais vous n'y connaissez rien, avec votre outil en treillage on ne prend rien du tout ; le poisson en a peur et n'y entre jamais », etc., etc. — Bien fâché de vous contrarier, cher Monsieur, mais avez-vous pêché avec des nasses en fer ? Non ! Eh bien, essayez-en, nous ne vous disons que ça !

Pendant cinq ou six ans, nous avons pratiqué la nasse en bois, mais pour essayer nous avons acheté une nasse en fer. Content, nous nous en sommes procuré deux, puis trois, et aujourd'hui nous en avons vingt-quatre depuis huit ans, et ce sont toujours les mêmes !

Quant au poisson nous en avons pris trois fois autant par an qu'avec les autres.

Économie et succès !

Ne croyez pas que nous allons faire de la réclame à quelque

maison spéciale, toutes les nasses en treillage sont bonnes et
pour peu que vous sachiez couper du fil de fer et que vous ayez
dans les environs un ferblantier, vous pouvez les faire vous-
même après en avoir vu une.

Nous avions découvert deux fabricants de nasses en treillage,
l'un vendait les siennes 9 francs, l'autre 6 fr. 50.

Nous en avons eu des deux espèces et nous avons constaté
que les moins chères, étant les plus simples, pêchaient le mieux.

Nos nasses sont tout simplement une carcasse de fort fil de
fer ayant la forme voulue pour rester rigide, recouverte de ce
treillage en hexagone qui se vend partout 30 centimes le mètre.

La gueule est la même que pour les nasses en bois et le fond
s'ouvre par une porte maintenue avec un crochet.

Quant à l'œillet, c'est l'âme de l'engin ; il est formé de petit
fil de fer rigide, ni trop ni trop peu serré, que le poisson écarte en
entrant.

Les qualités de cette sorte de nasses sont nombreuses. Elle
est très légère, elle va facilement au fond et se pose bien à plat
sans qu'il soit besoin d'y mettre des pierres, elle est toujours
propre et a l'immense avantage de ne pas s'user.

Pour un pêcheur qui n'est pas professionnel, il faut une
nasse tous les 150 à 200 mètres ; avec douze nasses, il pourra se
distraire chaque jour une matinée entière et il n'aura dépensé
que 72 à 75 francs de mise de fonds, alors que ses engins lui
dureront dix et même quinze ans.

S'il veut les retirer de l'eau, pour la saison terminée, les
ranger, il les empile toutes sur son bateau et les rentre facilement au hangar, où il n'a plus à s'en occuper et où il les retrou-
vera l'année suivante en aussi bon état que lorsqu'il les remisa.

En semblable occurrence, la nasse en bois serait hors d'usage,
le bois étant mangé par les vers.

Cependant il ne faudrait pas croire que tout est rose dans la
vie du pêcheur à la nasse en fer, elle offre un inconvénient : le
poisson pris dans son corps ne saurait être conservé longtemps.

En passant dans l'œillet ou en se débattant dans la nasse, il
s'écorche aux fils de fer et, mis au vivier, il prend la mousse au
bout d'une dizaine de jours.

En outre, il faut que les nasses soient relevées tous les deux jours au moins, sous peine de trouver mortes certaines espèces, comme le brochet et le chevesne.

Le brochet surtout passe son nez de canard dans les mailles de fer et s'arrache souvent la lèvre ; il y a aussi un avantage, c'est que lorsqu'on le laisse un peu trop longtemps dans cette cage, on le trouve tout écaillé.

Quoi qu'il en soit, cela ne saurait offrir d'inconvénients que pour le professionnel qui garde son poisson au vivier afin de le revendre en temps voulu. Qu'un amateur puisse conserver sa

NASSES PRIMITIVES

matelote fraîche dans une botte ou boutique huit jours, n'est-ce pas suffisant ?

Avec la nasse en fil de fer, il aura tout agrément et ne fera pas la corvée désagréable de lever cette chose boueuse, immonde et coûteuse qu'on appelle la nasse en bois.

Maintenant que nous vous avons bien entretenu de la nasse et de ses qualités, nous allons vous parler de la pêche à la nasse en détail et vous démontrer la beauté des prises et la façon d'amorcer, quand on amorce.

La nasse en fer ne pêche pas le premier jour qu'elle est mise à l'eau ; il faut qu'elle prenne le *goût de la rivière*.

14

Si vous l'avez retirée un mois ou deux, ou lorsqu'elle est neuve, elle ne pêchera pas ; il faut donc avoir soin de la mettre à l'eau quelques jours avant l'ouverture de la pêche, dans un vivier ; si ce n'est pas possible, dans la rivière même, en fermant la gueule, de façon à ne pas encourir la fatale contravention.

Ceci est une affaire de bonne foi que savent très bien apprécier les gardes-pêche.

La nasse en fer pêche partout, dans les profonds d'eau comme sur les gués, au milieu comme au bord.

La placer là ou là plutôt qu'ici est une question de flair chez le pêcheur et dépend souvent de l'augmentation ou de la diminution du volume d'eau dans la rivière.

Les passages étroits sous les ponts et les passerelles, la nasse cachée sous les chevrins où se réfugie le poisson, les goulettes entre les herbes sont les meilleurs endroits.

Il est bon autant que possible d'éviter les trop forts courants, mais l'eau absolument calme n'est pas fameuse, et, contrairement à l'habitude, nous ne plaçons pas nos nasses dans les *morts*.

Il faut avoir toujours soin de poser les nasses la gueule en aval, c'est-à-dire le fond de la nasse du côté de la source et la gueule, naturellement, du côté de l'embouchure de la rivière.

Une nasse placée en tout autre sens ne pêche jamais, à moins que ce ne soit dans un étang ou une mare. On amorce les nasses avec du pain de chènevis en carrés d'une demi-livre par engin. Le pain de chènevis grillé est supérieur et s'effrite moins. Voici une autre sorte d'amorce, elle date de quelques siècles, nous la donnons à titre de curiosité : attirez le poisson dans les nasses, pilez de l'ortie avec de l'herbe de quintefeuille, marjolaine et de thym, mettez cette composition dans vos nasses, elles seront bientôt pleines.

En hiver, l'époque où elles pêchent mal, on peut les amorcer avec des caillots de sang. Mais dans les nasses les amorces sont vite dissoutes par l'eau, le pain de chènevis entre autres est rare et coûteux, il ne faut donc amorcer que lorsque l'on tient à prendre une certaine quantité de poisson à jour fixe, alors le chènevis est tout indiqué.

Nous avons vu amorcer aussi avec de l'avoine en épis, au

moment de la fauchaison ; à notre avis, les nasses auraient aussi bien pêché seules.

L'amorce la meilleure est la plus simple, c'est-à-dire le vif.

Lorsqu'une nasse est placée, il est rare qu'un petit blanc, un gardon curieux ou une brème *baladeuse* ne rentre pas à l'intérieur; malgré sa taille exiguë, elle en sort difficilement ; aussi, si vous voulez prendre de belles pièces, gardez-vous bien, en relevant vos nasses, de retirer cette amorce naturelle, car c'est elle qui attirera auprès de l'engin le brochet, la perche, le blanc, l'anguille et, devant cette [proie facile en ce garde-manger, les invitera, adroits cambrioleurs, à forcer l'entrée de l'œillet pour s'en saisir.

Les nasses ne pêchent pas de la même façon dans tous les endroits de la rivière. Dans tel engin, vous trouverez presque toujours des perches, dans tel autre du blanc, et dans celui-ci du brochet. C'est que là où est telle et telle nasse, ce coin de rivière est plutôt fréquenté par une espèce de poisson que par l'autre, et ceci non pour une saison de pêche, mais pour toutes les années ; comme nous, le poisson a ses préférences et, s'il voyage, il revient toujours à son quartier habituel.

Lorsqu'un pêcheur ne possède que deux ou trois nasses, il lui est facile de se souvenir de l'endroit où il les a placées, mais s'il arrive à en avoir deux ou trois douzaines, il ne s'y reconnaît plus et en oublie, il est donc nécessaire de prendre des points de repaire et de les grouper. Nous les plaçons six par six et nous ne les dérangeons jamais pendant la saison, nous contentant de les retourner en sens contraire lorsque, pour une raison ou pour une autre, nous ne désirons pas qu'elles pêchent.

Entre tel pont et tel arbre, nous en plaçons six ; entre tel gué et telle maisonnette, nous en posons six autres, et ainsi de suite, ce qui nous permet de ne jamais en oublier et de savoir de suite si on nous en a levé pendant la nuit ou si quelque maraudeur s'est emparé de quelques-uns de nos engins, soit pour les voler, soit plutôt, l'objet étant encombrant à emporter, pour les placer dans un endroit de lui seul connu, où il pourra, doublement filou, venir les lever en braconnant.

Pour lever les nasses, il suffit d'un croc ou d'un griffon de fil de fer accroché à une longue corde. Les nasses placées sur les bords sont toujours faciles à retrouver, une herbe un peu haute, une *gevrine*, une pile de bois, un saule vous les font recon naître.

Mais le cas n'est pas le même pour celles qui sont dans le milieu de la rivière, quelquefois à plusieurs mètres de profondeur.

Pour celles-là, ne craignant pas qu'on vienne nous les lever, si ce n'est en bateau, ce qui n'est pas très facile pour des maraudeurs, nous les marquons légèrement de cette façon : nous nouons à la gueule une assez forte corde goudronnée, nous lui donnons juste la longueur du fond, et à l'autre extrémité nous enfilons entre deux nœuds un bouchon de bouteille ; nous pouvons donc, le bouchon restant sur l'eau, retrouver notre nasse et la lever avec sa corde sans l'aide du crochet.

Le liège ainsi placé est à peine visible du bord, alors qu'on peut facilement le voir en bateau.

La nasse est très facile à dissimuler, il faut savoir où elle est et la placer soi-même pour la retrouver, il est donc assez rare d'en perdre ; cela ne nous est pas arrivé souvent et sur deux douzaines de nasses, depuis sept ou huit ans, il ne nous en manque que quatre à l'appel, malgré l'isolement de la partie de rivière où nous pêchons et le grand nombre de braconniers de toute espèce qui circule sur ses bords.

Un jour, deux de nos nasses disparurent ; malgré toutes nos recherches nous ne pûmes les retrouver et les considérâmes comme perdues. Nous en avions fait notre deuil, lorsqu'en passant en bateau le long d'un petit mur de soutènement des terres d'un pré, nous aperçûmes deux ficelles sortant de l'eau à quelques mètres de distance, deux petites pierres les maintenaient sur le bord. Pensant avoir à faire à des lignes de fond, nous nous en approchâmes pour les lever ; après chaque ficelle était une de nos nasses, l'une faisait face au courant, l'autre lui tournait le dos ; notre voleur les avait mises tête-bêche et en avait pris deux, ne sachant pas comment elles se plaçaient, se disant qu'ainsi certainement une d'elles serait dans le bon sens.

Nous nous gardâmes bien de les enlever et, ne dérangeant rien, nous rentrâmes à la maison. Le lendemain, en pleine nuit, nous vînmes nous poster derrière un saule, voisin des deux nasses ; nous avions notre fusil de chasse chargé à deux coups de petit plomb, et nous attendîmes le jour. Ce ne fut pas long ; un homme sauta les haies, vint auprès des nasses, et, ayant constaté qu'il était bien seul, se mit en devoir de les lever, agenouillé au bord de l'eau.

Il soulevait la première, lorsque, visant au-dessus de lui, nous lâchâmes simultanément les deux coups de notre arme. La frayeur du braconnier fut telle qu'il tomba à l'eau et qu'il fut fort heureux de notre aide pour s'en tirer.

Ce n'était pas un professionnel du braconnage, mais un brave carrier, amateur de poisson ; trouvant la leçon suffisante, nous le laissâmes fuir, jurant, comme le renard de la fable, qu'il ne ferait plus de pêches clandestines à nos dépens.

Les pêcheurs à la ligne détestent les nasses, et nous comprenons cela ; outre qu'elles détruisent passablement de poisson, ils y accrochent parfois leurs hameçons et les cassent ; parfois aussi, ils sortent la nasse de l'eau et, très en colère, la piétinent pour la briser ; hélas ! tout effort est inutile, c'est à peine s'ils arrivent à la déformer, et c'est là encore un avantage de la nasse en fer.

Lorsque nous voulons faire une jolie pêche et qu'il ne nous en coûte rien comme amorce, nous prenons de ces longues herbes qui sont dans tous les cours d'eau, nous les attachons à la gueule de la nasse et jetons cette dernière dans un endroit où la rivière est bien nette.

Le poisson vient rôder autour de ces herbes qu'il n'a pas encore vues là ; curieux, il les perce de son museau et découvre cette sorte de caverne qu'est la nasse ; il pousse plus loin ses recherches, passe l'œillet et est pris.

L'ablette chassée et suivie de près se réfugie aussi derrière ces herbes protectrices, le brochet la suit et, derrière elle, pénètre dans la nasse ; mais elle, la brillante et fine ablette, ressort par les mailles, tandis que lui, encagé et tout sot, fait des efforts désespérés pour l'imiter et ne parvient qu'à détériorer sa verte figure.

Il ne faut pas croire que les nasses pêchent sans relâche ; à ce métier, la rivière serait vite à sec ; beaucoup ne pêchent que rarement, d'autres ne prennent que de grosses pièces. Les nasses ne pêchent pas quand il fait de la lune, et du 1er au 10 octobre on peut les retirer pour toute la froide saison.

Nous avons même remarqué qu'à l'ouverture de la pêche elles ne font rien la première semaine. Pourquoi ? nous l'ignorons ; nous constatons un fait, voilà tout.

Le meilleur moment est, à notre avis, août et septembre.

Dans les nasses en fer, assez fréquemment, on prend de petits poissons en dehors par la tête, dans les mailles, pincés comme les souris dans une souricière. Chaque fois que nous avons relevé nos nasses, dans le nombre nous avons trouvé des rats d'eau noyés ; nous en avons détruit innocemment plus d'une grosse de cette façon, désagréablement surpris de trouver, au lieu d'une perche ou d'un maître brochet, ce sale animal qui est en même temps un laid braconnier.

Il arrive aussi parfois de prendre des loutres dans les nasses. Un jour nous en trouvâmes deux noyées dans la même ; malgré tous leurs efforts, elles n'avaient pu parvenir à couper le fil de fer.

Il ne faut pas compter prendre de tout petits poissons dans les nasses en fer, c'est pourquoi il est bon d'en avoir trois ou quatre en bois pour le goujon, la tanche et l'anguille de petite taille, qui glisseraient au travers des mailles treillagées.

Bien souvent, trouvant la nasse vide, nous avons constaté la présence de limon après le fer, ce qui nous prouvait le passage d'une anguille de moins d'une livre.

Nous prenons des brochets principalement le long des joncières et près des nénuphars ; des perches sous les chevrins où nous rentrons entièrement la nasse, ainsi cachée par les racines ou les branches trempant dans l'eau, et des blancs, des gardons et des brèmes en plein courant. Quant aux anguilles, c'est le seul poisson qui se prend dans n'importe quel endroit de la rivière ; il est du reste assez rare et nous nous estimons heureux lorsque nous en capturons de quinze à vingt pendant la saison ; il faut dire que ce sont de fort jolies pièces pesant de 3 à 5 livres et que la chair n'en sent jamais la vase.

La tanche est rare, cependant nous en avons pris dans les

nasses en fer, en général petites; nous n'avons jamais capturé
de barbillons ou de grosses brèmes, la brème trop large rentre
difficilement dans l'œillet. Quant à la carpe, il n'en faut pas
parler.

Un engin qui se rapproche beaucoup de la nasse et dont on
se sert couramment dans la haute Yonne est le varvau ou
verveux; il se place dans
les goulettes, entre les herbes, et pêche comme la
nasse.

Il est en fil au lieu d'être
en osier, mais s'il pêche
bien il offre une série d'inconvénients qui en défen
dent l'usage aux amateurs.

D'abord, il est assez coûteux, puis il faut le sortir
de l'eau tous les jours, le
laver et sécher.

Nous nous en sommes
servi souvent, mais nous
lui préférons de beaucoup
la nasse, dont il a tous les
inconvénients et une partie
seulement des qualités;
quoi qu'il en soit, il est bon
d'avoir à sa disposition
quelques verveux pour s'en

NASSE EN BOIS

servir au besoin dans les goulettes bien placées.

Si vous ouvrez un dictionnaire au mot *Nasse*, vous trouverez
qu'il y est écrit (en parlant de la pêche avec cet engin) :

« Cette pêche offre des chances très diverses. Généralement
elle est peu productive; on n'y prend guère que du fretin, de
petits poissons blancs, quelques perches, de temps à autre. Les
grosses pièces sont fort rares... », etc.

Voilà qui est absolument faux, pour les nasses en fer du
moins; en une seule saison de pêche nous avons pris, dans ces
nasses, une cinquantaine de brochets pesant de 2 à 8 livres, une

douzaine de perches de 2 à 3 livres, quantité de blancs de 250 grammes à 2 livres, des anguilles, etc.

Un jour, ayant amorcé l'une de nos nasses avec du sang, et l'ayant placée dans le bief d'un moulin, nous la retirâmes pleine de chevesnes, dont le plus gros pesait 1 livre; il y avait bien une centaine de poissons, formant un total de 20 kilogrammes.

Une autre fois, la rivière ayant diminué, nous aperçûmes une de nos nasses, placée au bord, presque complètement à sec; nous pensâmes qu'elle avait dû être levée pendant la matinée, et ce qui nous confirma dans cette idée c'est que nous vîmes de dans une masse noire.

Un farceur y aura sans doute introduit une bûche de bois, pensâmes-nous, et nous la retirâmes; elle contenait un brochet de 11 livres, à demi mort, entièrement écaillé, qui était entré là en poursuivant une petite brème, encore dans l'engin.

Le monstre n'avait pu se retourner et du bout de sa queue avait complètement tordu et refermé l'entrée de l'œillet!

A la chute des feuilles, en automne, au moment où les anguilles commencent à émigrer, on place les nasses derrière les roues et les vannes des moulins; les anguilles, qui recherchent pour leurs pérégrinations les cours d'eau attenant à la rivière, se laissent entraîner dans le bief et tombent souvent dans la nasse par boules de cinq à dix individus.

Pour terminer cette dissertation sur la nasse par un motif gai, voici une petite anecdote qui prouve que parfois certains poissons sont pour le moins aussi malins que les pêcheurs et, si nous osons nous exprimer ainsi, se payent agréablement leur tête.

Nous l'appellerons : « le Brochet récalcitrant ».

Il y a quelques années, au début de la pêche, nous avions re marqué au pied d'un nénuphar, que l'on nomme dans le Centre *Batbeurre*, un brochet d'environ 1 kilogramme.

Plusieurs fois nous avions essayé de le coiffer avec notre épervier; mais, plus vif que nous, il s'était enfui pour se réfugier dans d'autres herbes, un peu plus loin.

Ce pied de nénuphar était son domicile, et chaque fois que nous passions par là en bateau, on ne manquait pas de saluer maître Brochet d'un coup d'épervier, toujours, du reste, sans succès.

Nous nous connaissions bien tous les deux, et nos amis de pêche l'avaient baptisé Jeannot.

Décidé à prendre Jeannot, nous plaçâmes quatre nasses dans les environs de *Batbeurre*.

Oh! joie! le lendemain nous l'aperçûmes, il était dans l'engin.

Du bout du croc nous allions soulever la nasse lorsque le malin Jeannot, piquant du nez juste entre les fers de l'œillet, sur le côté, sortit vif comme une flèche; nous n'en revenions pas, c'était la première fois que cela nous arrivait.

Nous replaçâmes la nasse. Six fois de suite, à des intervalles assez courts, Jeannot entra dans l'une des quatre nasses; l'eau étant très claire, nous l'apercevions de 7 ou 8 mètres de distance, mais dès que le croc ou le griffon touchait à la nasse il piquait en avant et filait entre deux eaux.

Il nous fallut renoncer à le prendre et nous fîmes la fermeture de pêche sans avoir dégusté sa chair de gros malin.

Pour nous, il n'est pas douteux qu'il ne se prenait pas par accident, mais que, sachant qu'il saurait sortir de la nasse quand il lui plairait, il attendait tranquillement qu'une proie vînt s'enfermer avec lui pour la cueillir à son aise.

Nous avons laissé échapper ainsi d'autres brochets, mais tout à fait par accident, en relevant mal nos nasses, et cela ne nous est arrivé qu'avec des brochets.

Si vous posez la nasse de fer sur le bateau, que vous y laissiez les poissons pris et que vous la rejetiez à l'eau, il est rare que vous les retrouviez le lendemain, ils parviennent toujours à sortir; ce qui n'arrive jamais si vous laissez pour la contrôler la nasse à l'eau sans la mettre entièrement à l'air.

D'après le Code de pêche:

« Les bires et nasses doivent être établies de telle sorte que l'espacement des verges, ménagé conformément aux prescriptions de l'article 9, laisse passer les poissons qui n'ont pas encore atteint une croissance suffisante.

« Art. 9. — Les mailles des filets mesurés de chaque côté après leur séjour dans l'eau et l'espacement des verges des bires, nasses et autres engins employés à la pêche des poissons, doivent avoir les dimensions suivantes :

« 1° Pour les saumons. . . . . . 40 millimètres au moins ;
« 2° Pour les grandes espèces. 27 millimètres ;
« 3° Pour les petites . . . . 10 millimètres.

« La mesure des mailles est prise avec une tolérance de 1 millimètre. »

POSE DU VERVEUX[1]

Le Verveux

VERVEUX SIMPLE — VERVEUX DOUBLE — VERVEUX A AILES

Nous ne sommes pas pêcheur au *verveux*, nous lui préférons la nasse, mais le peu de plaisir que nous avons à nous servir de ce filet n'est pas une raison suffisante pour nous le faire oublier dans notre série des grands engins, et méconnaître cette pêche très en honneur dans certaines contrées.

Désireux d'être encore mieux renseigné que par nos souvenirs, nous avons voulu tout dernièrement assister à une véritable grande partie de pêche au verveux, pratiquée par un professionnel qui depuis cinquante ans lui donne la préférence sur toutes les autres.

Nous devons dire avant toute chose que les pêcheurs aux verveux ont le plus profond mépris de la nasse, qu'ils considèrent comme un engin ridicule, encombrant et peu pratique.

C'est dans l'idée d'être rigoureusement renseigné nous-même et de donner quelques conseils à nos confrères en saint Pierre

1. Cliché Desvignes.

qui pourraient ignorer cette façon de capturer le poisson, que nous écrivîmes à ce très vieil ami, impénitent du verveux.

Quoique âgé de quatre-vingt-cinq ans, il pratique toujours sa pêche favorite, et s'il ne prend plus autant de barbillons qu'à l'époque de ses débuts, c'est qu'il y en a beaucoup moins dans sa rivière.

Nous lui demandions de nous faire assister à l'une de ces remarquables parties qu'il organise de temps à autre, et qui lui ont valu la réputation d'être le plus adroit pêcheur au verveux de tout le département de l'Yonne.

La réponse ne se fit pas attendre, et deux jours après nous reçûmes ce télégramme : *Venez, on place les engins demain.*

Nous fûmes rapidement dans un wagon, et sur les quatre heures du soir, à peine descendu du train, au débotté, M. X..., un de ses vieux compagnons de pêche, son batelier et nous, nous dirigions vers les bords de la rivière située à une demi-lieue d'une petite ville bourguignonne, dont le nom importe peu ici.

Quelque vingt minutes après, par un charmant sentier, mi-caché sous des frondaisons déjà rouillées, car c'était en octobre, nous débouchions sur les bords de l'Yonne, à quelques pas de la cabane de pêche où les deux associés déposaient leurs engins.

Elle est modeste cette cabane, nécessaire à tout vrai pêcheur au filet, car elle lui est un abri en cas de pluie et lui permet d'éviter le transport ennuyeux de filets souvent lourds ; elle lui sert aussi à les faire sécher lentement pendant les temps pluvieux.

Quatre murs de pierre, un toit de tuiles, quelques tabourets, une vieille table, une large cheminée, et c'est tout ; c'est suffisant pour casser une croûte, changer de vêtements et prendre un *air de feu* lorsqu'on a l'onglée par les fraîches matinées d'automne.

Partout pendent aux solives et sont accrochés aux murs araignées, tramails, éperviers, gilles, carrelets, etc. Dans un coin, sur des chevalets afin qu'ils ne puissent pas pourrir à terre, voilà une grosse pile de verveux pliés, il y en a bien cinquante, et ils tiennent fort peu de place ; notre hôte nous le fait bien vite remarquer en nous disant : « Si j'avais dix nasses ici on ne pourrait plus se retourner, j'ai cinq ou six douzaines de verveux — il prononce varvaux — et l'on ne s'en aperçoit même pas. »

En disant cela, il les palpe, il les regarde amoureusement, il en choisit une douzaine, dont trois à ailes, et les fait porter au bateau amarré au pied de la cabane, située à deux pas de la rive.

« Maintenant, ajoute-t-il, en bourrant une vaste pipe, ce n'est pas le tout de savoir pêcher. Quand vous avez une amie, il ne vous suffit pas de savoir qu'elle est jolie et douce, vous voulez aussi connaître son nom et son origine. Donc, un peu de technique trouvera ici sa place, et le verveux en fera les frais, puisque le verveux et sa façon de pêcher sont la raison de votre voyage.

« Le verveux, comme vous pouvez le constater, est un engin de pêche composé d'un long sac en filet. Il a la forme d'un pain de sucre ou d'un bonnet de coton destiné à une tête gargantuesque.

« La gueule en est très large et le fond se termine à rien.

« Il se rétrécit à distances égales, et est tenu ouvert par plusieurs cercles de bois ou d'osier de plus en plus petits, comme le filet lui-même.

« On emploie rarement des cercles en fer, car ils rouillent facilement et font pourrir la ficelle des mailles.

« Les mailles de mesure réglementaire sont toutes de même largeur de la tête à la queue ; elles ne vont pas en diminuant pour devenir très petites à l'extrémité de l'engin, car c'est une précaution bien inutile, le verveux n'étant destiné qu'à la capture de grosses pièces ; il importe peu que les goujons, les ablettes et autres menues espèces puissent le traverser de part en part.

« L'entrée, la *gueule*, comme il faut la nommer, est tenue ouverte par un grand demi-cercle de chêne ou de châtaignier, ni plus ni moins qu'un cercle de fût coupé en deux. Parfois, dans les campagnes, on se contente même d'une branche d'arbre bien équarrie.

« Les extrémités de ce demi-cercle dépassent légèrement; on les enfonce dans la vase, ou bien, suivant la circonstance, on les pose sur les graviers. Elles empêchent la corde de base de s'user trop rapidement en reposant sur le sol.

« On pourrait très bien fabriquer des verveux avec un cercle entier, mais, outre que les poissons passeraient plus facilement sur les côtés en délaissant l'entrée, les engins rouleraient de droite et de gauche sous la pression du courant. En demi-cercle, ils tiennent mieux sur le fond.

« A l'intérieur de la gueule, la nappe de mailles se trouve double, c'est le *goulet* ou *garde* que tendent des ficelles attachées à la *pointe*. Souvent il y a deux goulets à la suite l'un de l'autre. C'est ce qu'on appelle le verveux à double chambre.

« Le poisson, étant entré par l'un des goulets, passe immédiatement dans l'autre et ne peut plus ressortir, car, ainsi que dans la nasse, il délaisse l'ouverture trop étroite au retour et va buter dans les mailles presque invisibles sous l'eau.

« Viendrait-il par grand hasard à traverser le premier goulet en se débattant à l'intérieur de l'engin qu'il lui faudrait cette même chance pour rencontrer justement le second, fait des plus rares ! Mais deux précautions valent mieux qu'une : de là les verveux doubles.

« Contrairement à la nasse qui comporte souvent deux entrées opposées, le verveux n'en a jamais qu'une seule.

« On fabrique plusieurs sortes de verveux, mais il n'y en a que trois espèces principalement connues : le verveux simple, le verveux à double chambre et le verveux à ailes.

« Suivant les régions où il sert, il porte des noms différents, comme la plupart des engins de pêche, quoique sa forme ne varie jamais.

« C'est ainsi qu'on le désigne par les appellations de *foudret*, *guillot, râfle, tonneau, varvillon* ; en Bourgogne il se nomme *varvau*.

« Le verveux pêche surtout les jours d'éclusées, lorsque pour faire descendre les trains de bois vers les villes, ou même pour toute autre cause, on établit un courant et l'on fait monter les biefs d'aval en ouvrant les vannes, les écluses ou les pertuis. Ces jours-là, on place les verveux auprès des berges, entre les roseaux.

« En temps ordinaire, ou lorsqu'une légère crue est signalée, on les pose au milieu de la rivière, au pied des joncières, sous les chevrins.

« Il faut les tendre le plus tard possible dans la soirée, mais,
cependant avant la nuit, car il est nécessaire de bien distinguer
à travers l'eau si le fond est plat et propre, afin que l'engin soit
d'aplomb. Pour ne pas occasionner une inondation et établir
petit à petit un courant régulier, les éclusiers lâchent l'eau peu
à peu, sur les onze heures du soir, bien avant l'instant d'ou

UN COUP DE PERCHE

vrir en grand les pertuis, pour que le flot entraîne les trains,
vers cinq ou six heures du matin.

« Le pêcheur pourra donc retirer ses engins au lever du soleil
avant qu'ils ne soient dérangés par une cause fortuite.

« Le poisson, excité par le premier flux de l'éclusée, quitte ses
cachettes souterraines, ses *caves*, et se lance en pleine eau à la
recherche d'une nourriture qui lui semble devoir être plus abon,
dante que de coutume ; accidentellement il rencontre le verveux
dans les passages, se frotte agréablement aux nœuds des
mailles qui, molles, ne l'effarouchent pas, et parvient ainsi
jusqu'à l'entrée du goulet qu'il dépasse.

« Alors il est pris et ne sortira pas une fois sur cent. Quant à
l'origine du verveux, on ne la connaît pas. On peut dire que cet

engin fut de tous les temps ! Son nom vient de l'ancien français, *verveu*.

« Il dérive du mot *nasse*, traduit de l'italien, car nasse en italien se dit *vertovello* ou *bertovello* et provient du latin *vertebolum* ou plutôt *vertebellum* qui est le type du français *vervelle*, l'un des noms nombreux par lesquels on désigne le verveux dans le Midi.

« On n'appâte jamais le verveux, alors qu'au contraire il faut souvent amorcer les nasses ; c'est, à mon avis, une supériorité sur ces dernières. Maintenant que je vous ai dit à peu près tout ce que je connaissais sur le verveux, passons au côté pratique ; là, vous n'avez plus qu'à regarder. »

Pendant cette petite conférence, le batelier avait entassé sous les levées du bateau de grosses pierres de plusieurs kilogrammes sans angles coupants, de toutes formes, mais faciles à attacher.

Les deux tiers pesaient de 2 à 3 livres et l'autre tiers de 4 à 5 livres. Le batelier les ramassait à un gros tas auprès du mur de la cabane où d'avance elles avaient été mises en réserve afin d'éviter la perte de temps d'une recherche en rivière après la pose de chaque filet.

Les verveux étaient placés en quatre tas le long des bords de la barque pour ménager l'espace. Une faux emmanchée d'une longue perche et un râteau étaient posés le long du bordage.

Nous embarquâmes.

Le vieux pêcheur, déjà à l'ouvrage, aidé de son camarade, attachait les pierres au cercle des engins.

Le batelier prit le large.

« Voyez-vous, me dit le vieillard, le principal dans la pêche au verveux est de bien préparer les places et d'équilibrer convenablement les pierres ; tout est là, vous allez en comprendre la raison. Ainsi voici une grosse pierre longue et ronde, elle pèse de 4 à 5 kilogrammes, je vais l'attacher solidement à la queue du *varvau*, en laissant environ 1 mètre de ficelle entre elle et le groupement des dernières mailles.

« C'est le poids qui tendra l'engin et l'empêchera d'être entraîné par le courant.

« Ces deux autres-là, plus petites, pèsent 1 kilogramme chacune ; je les ai choisies à peu près égales et je vais les placer de chaque côté de la gueule, mais il ne faut pas qu'elles touchent à terre.

« Je vais les attacher à droite et à gauche en haut du cercle, de façon qu'elles soient suspendues par une ficelle à 2 ou 3 centimètres du fond de la rivière et à 10 centimètres des deux extrémités basses du bois de l'engin, en avant, formant avec

LA CABANE DE PÊCHE

lui un angle aigu dont un côté serait légèrement arqué, celui du cerceau.

« Quand le verveux sera placé, le cercle de la gueule, tiré en avant par les deux pierres et retenu en arrière par le poids de la plus grosse, formera sous l'eau comme la capote d'une voiture.

« Il ne risquera plus de se renverser et de se boucher, ce qui arrive parfois lorsqu'un remous se produit. Pour maintenir le verveux dans la position voulue, certains pêcheurs le traversent avec des piquets, auxquels ils l'attachent.

« Ils en placent un en queue, deux en tête ; ce n'est pas pratique, car il arrive que le filet glisse, s'aplatit et se referme

15

lorsque passent, entraînés par le courant, des paquets d'herbes, qui souvent aussi arrachent les piquets.

« C'est pourquoi les véritables pêcheurs aux verveux préfèrent presque toujours les pierres pour maintenir leurs engins.

« Nous voici arrivés dans un grand coude presque en angle droit ; vous le voyez, l'eau y est un peu profonde et elle y dort comme dans un petit lac. C'est l'endroit tout désigné pour placer l'un de nos verveux à ailes.

« Cet engin diffère peu de l'autre, mais il ne peut être utile que pour pêcher en étang, en eau très calme, ou pour barrer les ruisseaux entièrement.

« Les braconniers s'en servent pour leurs exploits, ils battent l'eau et rabattent le poisson dans sa gueule à l'aide d'un tramail traîné sur le fond.

« La cage du verveux à ailes est fabriquée comme celle du verveux ordinaire, elle est un peu plus longue.

« Remarquez cependant qu'il n'a pas de capote ; il n'en a pas besoin, car de chaque côté sont attachées deux nappes de filet, les ailes, hautes de 70 à 80 centimètres et longues souvent de 5 à 6 mètres chacune. Lorsque cela est nécessaire, dans les lacs, par exemple, on ajoute des ailes plus grandes encore. Le verveux à ailes se place comme je placerai tout à l'heure un verveux ordinaire, mais en plus j'écarte les ailes à droite et à gauche, en angle plus ou moins aigu, suivant l'endroit à barrer ; je les fais tenir aux extrémités par un piquet, car ici il n'y a aucune crainte que mon engin soit dérangé, l'eau étant des plus calmes et un remous ne pouvant se produire.

« J'ai ainsi un chenal, une gueule de verveux, si vous préférez, ouverte de 10 mètres environ et allant en se rétrécissant. Le poisson s'engageant dans cette ouverture, ce chemin de ronde non couvert suivra le mur du filet tendu, et, dirigé inconsciemment par lui, arrivera, de rétréci en rétréci, jusqu'au goulet qu'il traversera sans aucune méfiance. C'est ainsi que nous prendrons les poissons de fond aimant l'eau calme, les grosses anguilles, les tanches, les carpes, etc. »

Tout en parlant, mon hôte avait terminé de placer son verveux qui formait sous l'eau un piège bizarre, comme la vaste gueule d'un monstre inconnu. Le bateau fut alors dirigé vers le milieu de la rivière. De grands joncs croissaient sur les bords, s'avançant vers le centre et empiétant fortement sur la largeur du cours d'eau.

Ils formaient ainsi une goulette de peu de profondeur où l'onde passait en chantant sur les cailloux unis comme du marbre.

« Ici, me dit le vieux pêcheur, nous allons placer trois verveux

VERVEUX POSÉ

de front les uns à côté des autres pour bien barrer cette goulette, et le poisson chasseur qui remontera pendant la nuit, en passant par le défilé, ne pourra nous échapper.

« Je poserais bien un verveux à ailes, mais il formerait un véritable barrage dans cette eau relativement rapide et serait vite entraîné ou couché à terre. Le chenal étant trop large pour être obstrué par un seul engin, trois verveux ordinaires feront le même office tout en se prêtant cependant aux ressauts de l'eau, leur coiffe pouvant s'abaisser et se relever suivant les circonstances, puisqu'elle n'est aucunement fixe.

« Il faut toujours avoir soin de placer nasses et verveux parallèlement aux berges et non perpendiculairement ; de même la
gueule de ces engins doit toujours être en aval, le fond du côté
de la source, car le poisson ne se prend qu'en remontant le
courant. »

Le bateau étant arrêté et maintenu, le pêcheur prit le verveux plié, posa la pierre de queue en amont au fond de l'eau et
cria : « Marche » au batelier, et tandis que le bateau redescendait
lentement le courant il ouvrit l'engin comme on le ferait pour
un accordéon. Quand il fut bien tendu il plaça doucement la
gueule à l'eau, les deux pierres suspendues tirant le cercle en
avant de 7 ou 8 centimètres sur la base, l'eau écarta les
mailles et les ficelles des gardes. C'était fait, on plaça les deux
derniers engins de la même façon, toutes les gueules se touchant,
côte à côte.

Il n'y avait plus qu'à choisir les endroits pour les autres verveux ; le travail de pose étant toujours le même, nous ne le
décrirons pas de nouveau.

C'est ainsi qu'ayant rencontré des massifs de joncs, à l'aide
de la faux le batelier fit une goulette factice qui, sur 12 ou
15 mètres de long, coupait de part en part ce petit cap de
verdure, afin d'attirer le poisson à travers les herbes.

Une autre fois, ayant rencontré un endroit propice, mais
encombré d'épines pourries, on le nettoya à l'aide du râteau
et on y plaça l'engin.

En redescendant le cours d'eau, lorsque toute la pose fut
achevée, notre professeur en l'art de tendre les verveux nous
dit :

« Maintenant que vous avez vu mettre les engins à l'eau,
quelques mots encore pour compléter votre éducation :

« Je pose ordinairement vingt-quatre verveux dans un lot de
rivière d'une moyenne de 3 kilomètres. C'est assez.

« Cette pêche se pratique de l'ouverture à la fin d'octobre.
Après ce mois, c'est inutile, on ne prend plus rien.

« Il faut environ deux heures à un pêcheur habile pour poser
deux douzaines de verveux.

« En général on place les verveux à deux pêcheurs, l'un conduisant le bateau, l'autre s'occupant du filet ; mais on peut très

bien les tendre seul : il n'y a qu'à ancrer la barque à l'aide d'une grosse pierre là où l'on veut placer l'engin.

« Il faut toujours poser le verveux dans le jour, pendant l'eau claire et jamais à plus de 1 m. 50 de fond, car la moindre brindille de fagot épineux peut se prendre aux mailles, emmêler le fil et fermer le goulet. Il est donc nécessaire de pouvoir bien voir son travail lorsqu'il est achevé.

« Si la joncière forme un coude, faire une saignée dans les joncs : on prendra du brochet ; il en sera de même le long des herbes, quand elles sont abondantes.

« Il est peu commun de capturer des carpes au verveux, et l'anguille y reste rarement, à moins d'être fort grosse.

« Les veilles d'éclusées ou de crues, on peut placer les verveux presque à sec sur les sables, auprès des prés ; l'eau en augmentant les recouvre et le chevesne y entre facilement en venant explorer ce nouveau domaine hier encore trop peu profond pour lui.

« C'est surtout pendant les grandes chaleurs que cette pêche presque à sec se pratique, lorsqu'une raison quelconque doit faire augmenter l'eau et qu'on s'y attend.

« En septembre le brochet voyage, c'est le vrai moment de lui tendre les verveux, on en capturera beaucoup.

« La relève du verveux se fait toujours de bon matin, pour éviter les accidents occasionnés par la batellerie et aussi parce que, au grand soleil, le poisson se débat et parvient parfois à retrouver le goulet. Il faut ajouter à tout cela l'impatience bien naturelle du pêcheur, désireux de savoir s'il a ou non réussi.

« On sort le poisson du verveux par le goulet en fermant les cerceaux et en le prenant à la main, mais certains verveux ont une coulisse en queue, et il n'y a qu'à la dénouer pour faire tomber les captures au panier.

« Je préfère avoir plus de peine et ne pas risquer d'employer accidentellement une corde de mauvaise qualité qui peut casser au moment où je m'en douterais le moins et rendre à la rivière le poisson sur lequel je comptais pour une matelote. En terme de pêche, le verveux est un filet fixe ; sa longueur est variable, mais la moyenne est de 1 m. 10 à 1 m. 50. On se sert aussi parfois du verveux comme d'un panier en le plaçant au-dessus des goulettes très rapides, la gueule dans le courant, tournée vers la source ; le poisson n'y entre pas de bonne volonté, il y est entraîné par la force de l'eau, mais le cas est spécial à certains ruisseaux rapides, bondes d'étangs, gaves ou torrents. »

Nous arrivions, la soirée promettait d'être belle, et la nuit, sans lune, très bonne pour la pêche. En effet, le lendemain dès cinq heures nous partions en pleine obscurité, et à la pointe du jour nous commencions la relève de nos engins.

Pour cela il faut les accrocher par le cercle de gueule et non par le filet en queue ou au milieu, car, ainsi retourné, le poisson pourrait s'échapper ou les mailles se déchirer.

Il faut aussi bien connaître la rivière et les endroits où sont posés les verveux, une bonne mémoire des lieux est nécessaire, car le matin, l'eau fût-elle claire comme le cristal de roche, on ne peut apercevoir les engins sur les fonds, et les *remarques* ne sont pas continuellement visibles sur l'eau ou sur les berges.

Il faut relever les verveux tous les jours, les laver très proprement et les suspendre la tête en bas pour bien les faire sécher.

Il faut aussi avoir soin de retirer les pierres qui feraient pourrir les ficelles.

Que dirions-nous de plus ? Notre pêche fut fructueuse, une douzaine de belles pièces de 3 à 8 livres avaient été la récompense de nos travaux de la veille. Nous avions brochets, chevesnes, par accident une carpe moyenne, sans doute une désabusée de la vie de rivière ayant voulu mourir dans la fleur de l'âge, quelques perches, un gros gardon, en somme la matelote bourguignonne comme elle doit se composer dans toutes les règles de l'art.

Telle fut par le menu cette mémorable pêche au verveux.

LA TRUBLE DITE CHEMIEAU

La Truble

Truble ou *trouble*?

Les deux se disent, mais si trouble est plus employé, truble est plus français; quant au sexe de l'objet, personne n'est très fixé : la *Grande Encyclopédie* le fait masculin, alors que le Larousse le donne au féminin. Littré tranche la question et incline pour le féminin.

Nous croyons avec lui que le féminin est le plus courant, et pourvu que l'engin prenne le poisson les vrais pêcheurs ne se préoccupent guère du sexe !

Le mot, d'après Littré, viendrait du wallon *troul* et serait d'origine inconnue; P. Larousse dit qu'il est sorti de troubler l'eau, et cela nous paraît parfaitement naturel.

A part ces deux dictionnaires, tout le reste, encyclopédies, lexiques, etc., sont muets à son sujet, le *Dictionnaire de la conversation* l'oublie et l'*Encyclopédie des gens du monde* le dédaigne.

Cependant nous avons rencontré des traces de l'engin dans les manuscrits du dix-huitième siècle, dans le *Livre des Métiers*, par exemple, où nous relevons la phrase qui suit :

Les sainnes et les trubles à bois l'eaue le roi doivent est re aus molles (moules) le roi...

Au quatorzième siècle aussi, nouvelle trace de la trouble dans l'*Ordonnance des rois*, t. VII : *Truble de fil autre que celle de bois de quoi en tout temps l'en pourra peschier.*

La truble n'est pas toujours un filet à poissons, elle sert à désigner souvent, dans certains pays, la pêchette ou balance avec laquelle on capture les écrevisses, lorsqu'elle est plus grande que l'ordinaire de ces engins.

En Chine, on se sert d'une truble pour chasser la caille et, dit-on, c'est un des meilleurs moyens connus.

Les entomologistes appellent trouble le filet en gaze légère avec lequel ils prennent au vol les papillons et autres insectes ailés.

C'est le plus simple de tous les filets ; il consiste en une poche à large ouverture maintenue par un cercle de bois ou de fer, souvent emmanché d'un long bâton assez gros pour ne pas plier. C'est aussi l'engin universellement connu ; il a en France au moins autant de noms que de départements, les citer tous serait inutile dans cette étude.

Voici les principaux :

On le nomme *bâche* en Bretagne et en Normandie, *bouloir* dans la Charente, *capuchon* ou *chaperon* dans le Midi, *haveneau* en Bretagne ; c'est de lui dont on se sert pour prendre les crevettes pendant la saison des bains de mer lorsque l'on ne les pêche qu'en amateur. On l'appelle *truble*, *troublon*, *troubleau* en Bourgogne et dans le Centre.

En somme, comme pour le verveux, il n'existe en réalité que trois sortes de trubles : celles à un manche, à deux manches et celles à main.

En général, l'instrument a 1 mètre de haut sur un peu plus à la corde de base et environ 1 m. 50 de profondeur. Mais la grandeur est tellement variable, suivant les besoins, qu'on ne saurait lui assigner une dimension. Il en est de même pour le manche, qui est court ou long, suivant les pays et les dispositions des cours d'eau.

Parfois le pêcheur plonge la truble dans le courant et la ramène à lui vers la berge pour la relever brusquement lorsqu'il l'a atteinte ; c'est alors qu'on donne à l'engin le nom pittoresque de *tire-à-soi*.

La truble sert beaucoup à la pêche de l'alose, et voici un récit fort exact de cette pêche d'après Curnier, grand pêcheur d'aloses dans le Rhône à l'aide de la truble.

Voici ce qu'il dit :

« C'est avec le carrelet que les Nantais pêchent les aloses et les caranx ; c'est avec une sorte de trouble qu'on pêche les aloses dans le Rhône ; seulement de ce côté l'engin se modifie un peu et change de nom, on l'appelle *araignée*.

« Le pêcheur se met à l'ouvrage. Armé d'une poche en filet à grandes mailles et peu profonde, montée sur un cercle en lattes de saule, emmanchée d'une perche de 2 à 3 mètres, il la plonge à l'avant de son bateau, du côté du large ; il la descend en pesant sur le bout du manche, perpendiculairement à la surface de l'eau, et une fois que tout est noyé il laisse le courant entraîner le filet, en ayant soin de le maintenir toujours dans sa position, en l'accompagnant ou en l'aidant d'une main attentive et intelligente.

« L'alose est un poisson très vif, doué d'une grande puissance natatoire ; il importe donc que la poche se fasse lestement, sans quoi, comme ce filet n'offre aucune espèce de goulot de nasse, qu'il est à fond, très rapproché et très plat, le poisson a le temps de s'échapper ; un bon courant est nécessaire, puisque c'est lui qui doit imprimer sa vitesse au filet. On comprend que l'araignée intercepte le passage dans la tranche d'eau correspondant à sa circonférence, le poisson allant dans un sens, celui opposé au courant, tandis que le filet le suit ; le moment important est celui où cette rencontre a lieu.

« Le poisson est touché, mais bien s'en faut qu'il soit pris, il faut l'amener à la surface, et notez qu'il n'y a pour le retenir ni engin, ni traquenard d'aucune sorte.

« Aussitôt que le filet noyé en tête du bateau en a suivi la longueur, une corde qui s'y fixe porte et se raidit. On cesse de peser sur le filet qui tend alors avec impétuosité à quitter la position forcée où il est maintenu, pour reprendre sa position naturelle, c'est-à-dire flotter horizontalement. C'est à ce moment que le pêcheur a à donner tous ses soins pour faire émerger le filet simultanément sur tous les points de sa circonférence ; de là dépend la bonté du coup, car si votre filet émerge droit au lieu de venir à plat, adieu le succès ! Fût-il plein d'aloses, il versera tout dans le fleuve. Le poisson, lorsque le coup est bien donné, est prisonnier alors, dans la partie lâche du filet qui flotte au delà du bord extérieur du cercle.

« Cette pêche est très fatigante.

« On comprend, en effet, que le maniement d'une espèce de *poêle* de 20 à 25 pieds de tour, fichée au bout d'un long bâton, et cela au milieu d'un courant rapide, ne soit pas précisément un amusement de femmelette. Les hommes qui s'y livrent donnent environ quarante à cinquante coups par heure et se relèvent toutes les deux heures. »

La truble est un engin qui complète le matériel d'un pêcheur acharné, mais elle sert rarement, car c'est plutôt un instrument de braconnage.

Nous nous sommes nous-même souvent servi de la truble lors des crues pour capturer les poissons qui, profitant des eaux troubles et de l'inondation, s'étaient égarés dans les terres des prés et dans les fossés. Lorsque l'eau se retire, de fort belles pièces, cherchant les profondeurs, se réfugient dans les mares, où elles restent captives. Les feuilles amassées en lit, les herbes et les débris de paille les cachent à tous les yeux, et elles ont, du reste, la bonne habitude de se tenir bien tranquilles pendant le jour, comme si elles se doutaient que leur prison est très étroite et que tout passant peut les apercevoir. C'est là où la truble fait merveille ! Dans l'eau jusqu'aux genoux, ou simplement du bord, on la plonge vers le milieu de la mare et on tire à soi. A la berge, on relève brusquement le filet plein de feuilles mortes et d'autres détritus, on le vide sur le pré et souvent, roulé dans la boue, à demi engourdi, on a le plaisir de retirer quelque joli brochet ou toute une friture de superbes gardons.

Tout le monde sait comment on pêche la crevette en poussant devant soi le haveneau ; cette même pêche s'exécute aussi en eau douce pour capturer les goujons ou la blanchaille, toujours en eau trouble, naturellement, et à l'aide de la truble proprement dite. Mais cette pêche n'est qu'un amusement d'enfant, bon tout au plus à récolter quelques amorces pour les lignes de fond.

Si le fermier de pêche ne se sert que peu de la truble, et si le pêcheur amateur ne s'en sert jamais, il n'en est pas de même du braconnier, pour lequel cet engin est le gagne-pain préféré.

En effet, l'instrument est peu coûteux et facile à cacher. Il l'emporte démonté sous sa blouse et se sert du bâton de cercle comme d'une canne ou d'une perche de ligne. Arrivé sur le théâtre de ses exploits, après avoir bien exploré les alentours, il monte l'engin en enfilant l'une après l'autre les mailles de gueule dans son bâton de noisetier très pliant et l'arrête aux extrémités par un nœud. Au besoin, il ne se donne même pas la peine de prendre de bâton avec lui : sur place il coupe une solide branche de saule qui fait parfaitement l'affaire pour quelques heures.

Il descend alors à l'eau, jette des pierres, fait cacher le poisson dans les trous des berges, puis, prenant sa truble, il va devant chaque cachette, en ferme l'entrée avec l'engin, comme on le ferait avec une bourse à lapin devant un terrier, et, à l'aide d'une perche quelconque, fouille et remue à l'intérieur du resset, faisant ainsi de l'eau sale sur les mailles.

Effrayé, le poisson se précipite et est pris.

Le malin pêcheur passe à une autre cachette, et ainsi de suite, jusqu'à ce que sa provision soit complète.

Alors il jette son cercle et sa perche à fouiller, met le filet dans sa blouse et s'en va en sifflant un air de chasse... nous voulons dire de pêche !

Le tour est joué.

Naturellement, cette pêche ne saurait se pratiquer dans les eaux profondes, elle ne se fait qu'en eau basse ou dans des rivières n'ayant pas plus de 1 mètre de fond.

Il n'y a même pas besoin de se presser pour relever l'engin, car, abruti par les coups de piquet, le malheureux poisson vient au fond du filet, où il reste sans essayer de se défendre ; il se croit, du reste, dans un autre trou, bien à l'abri du braconnier.

Il va sans dire que pour cette pêche la truble ne doit pas avoir de manche.

Une autre époque, pendant laquelle le braconnier révère la truble à l'égal d'un porte-monnaie bien garni, c'est pendant le frai.

Le poisson malade cherche alors des eaux courantes et fraîches, les chutes, les déversoirs, etc.; il se tient très serré, surtout le petit, à tel point que le peu d'eau qui glisse sur les
dalles ou les pavés semble ne plus être là que pour mouiller
légèrement gardons, brèmes et chevesnes.

Vivement le braconnier passe avec sa truble de la largeur
exactement du sol pavé, qui n'est, en général, qu'un étroit cou-
loir, et ramasse tout. Nous en avons vu prendre ainsi des 20 et
30 livres d'un coup!

La truble est un laid instrument de pêche qui ne procure
aucune joie. Un pêcheur sérieux ne saurait s'en servir, sauf,
comme nous le disions plus haut, en cas d'inondation, pour
pêcher dans les mares, et il faut laisser la truble aux pêcheurs
en eau trouble, elle fera bien leur affaire.

RÉSULTAT D'UN COUP DE TRUBLE CHEMIEAU

LE FILET REMPLI DE POISSONS

La Pêche en étang

On rencontre dans la Nièvre un grand nombre d'étangs ayant une étendue totale de 3 000 hectares.

Les petits étangs particuliers ne se comptent pas, autant dire que chaque propriétaire de pré en possède un; l'eau en est claire et limpide, car ils sont alimentés par des sources, mais chacun d'eux n'est guère plus grand qu'une mare et cependant il suffit à approvisionner de poisson son possesseur.

Certains étangs nivernais sont presque des lacs. Voici, à titre de documents, les plus importants :

L'étang de Vaux, commune de La Colancelle et de Vitry-Larché, d'une superficie de 198 héct. 58 et contenant 4 millions 501 972 mètres cubes d'eau ;

L'étang de Baye, commune de Bazolles, d'une superficie de 75 hectares et d'une contenance de 2 147 530 mètres cubes ;

L'étang Neuf, commune de La Colancelle, d'une superficie de 38 hectares et d'une contenance de 462 892 mètres cubes ;

L'étang Gouffier, commune de La Colancelle, d'une superficie de 19 hect. 74 et d'une contenance de 153 577 mètres cubes.

Tous ces étangs alimentent le canal du Nivernais.

Nous citerons encore les étangs d'Aron et du Merle, commune de Crux-la-Ville ; l'étang de Champallement, l'étang Doujon ou de Briffault, commune de Fours ; l'étang Neuf et celui du Péray, commune de Toury-sur-Jour ; les étangs de Neuilly et de Pinet, commune d'Azy-le-Vif ; l'étang du Sauzay, commune de Corvol-l'Orgueilleux.

Le plus important de tous est le lac des Settons, commune de Montsauge, dont nous reparlerons de façon spéciale tout à l'heure.

Ainsi qu'on peut le voir, le Morvan est une contrée des plus favorisées pour la pêche en étang, car à ce nombre déjà respectable de réservoirs il faut ajouter un millier, peut-être deux, de petits étangs particuliers, tous répartis dans un espace relativement restreint qui ne forme pas la moitié du département de la Nièvre.

Très peu de ces étangs sont naturels ; ils ont été creusés au seizième siècle en vue de réserver l'eau des sources, pour, étant lâchée à une époque convenue, contribuer au transport des bois, en augmentant brusquement le débit de la rivière, et former un courant factice nécessaire à cette grande industrie qui fit la fortune de la Nièvre : le flottage à bûches perdues.

Possédant déjà les étangs, de là à les empoissonner il n'y avait qu'un pas, et il fut vite franchi.

Les propriétaires tirèrent de leur blé deux moutures et firent ainsi double bénéfice : le transport de leurs bois d'abord, la vente de leur poisson ensuite.

Le principal empoissonnement des étangs fut fait en carpes, en tanches et, à cette époque, en anguilles. La carpe du Morvan est délicieuse : elle a la chair rosée et ne sent jamais la vase ; elle se plaît beaucoup dans ces réservoirs toujours alimentés par des sources vives, car, dans la Haute-Yonne et même sur les montagnes, il suffit de faire un trou peu profond dans le sol pour voir jaillir une source.

Les Settons, le plus grand de tous les étangs nivernais, est un véritable lac ; pour l'édifier, les ingénieurs se sont contentés de barrer entièrement une vallée, formant ainsi un réservoir immense dont les eaux sont retenues par une digue de granit.

Ce lac, dans la partie qu'il occupe, a complètement changé l'aspect du pays. Il est ignoré ou à peu près de la majorité des Français, et le voyageur qui se réveillerait un matin sur ses bords, après avoir fait en diligence le voyage pendant la nuit, se croirait transporté dans la plus belle partie de la Suisse des lacs.

Il a une superficie de 400 hectares et contient 23 millions de mètres cubes d'eau. Commencé en 1855, il fut terminé en 1858 et a coûté 1 389 072 francs.

Le barrage de retenue a 19 mètres de hauteur, 14 m. 50 d'épaisseur à la base et 4 m. 40 au sommet. Sa longueur totale est de 267 m. 15. Son altitude est à 580 mètres.

Cette puissante réserve, capable de fournir plus de 2 mètres cubes et demi d'eau par seconde pendant les cent jours les plus chauds de l'été, ne sert pas seulement à alimenter la Cure et l'Yonne, elle contribue aussi à l'alimentation des canaux du Nivernais et de Bourgogne.

Cet étang était très poissonneux ; il y avait dans ses eaux toutes les variétés de poisson et on y rencontrait même, comme dans les lacs de la Suisse, la féra, appelée aussi truite blanche, et pourtant ce délicieux poisson ne se trouve dans aucun lac de France.

Nous disons : était très poissonneux, et, en effet, il ne l'est plus, ne contenant, à l'heure actuelle (1904), qu'un mince filet d'eau.

A la suite de la terrible catastrophe de Bouzey, qui détruisit plusieurs villages et fit de nombreuses victimes, on daigna s'intéresser aux Settons, quelque peu délaissés depuis longtemps.

Ceux qui se souviennent de cette catastrophe se feront une idée de l'épouvantable désastre qu'occasionnerait l'éventrement de la digue qui retient les eaux de ce lac, bien plus grand que celui de Bouzey.

Toute la vallée de la Cure y passerait et Paris même pourrait bien rencontrer là le vent de malheur qui a balayé à jamais les villes immenses de l'antiquité, Babylone, Carthage, Ninive, etc.

Les ingénieurs, se souvenant de cette épée de Damoclès suspendue sur leur tête et surtout sur celles d'une dizaine de millions d'êtres humains, se décidèrent à songer aux Settons.

En nombre ils vinrent visiter la digue. Nous l'avions échappé belle ! Car, si l'on en croit les faits, il était temps, puisque sans perdre une journée ils ouvrirent les vannes en grand et asséchèrent l'immense réservoir.

Pendant des mois, il se vida, c'était la première fois qu'on le mettait à sec depuis sa formation. Vous dire ce qu'on y trouva de poissons, c'est inouï ! Les brochets de 20 livres s'y comptèrent, comme goujons sur sable pendant l'été.

Les amodiateurs s'en débarrassèrent comme ils purent en vendant ce poisson un prix dérisoire ; on en expédia aux quatre coins de la France, où certainement il arriva dans un état de fraîcheur relative, car, à cette époque, il fallait faire une dizaine d'heures de voiture pour trouver une gare, ou, du reste, le principal employé, et peut-être aussi l'unique, n'avait à surveiller qu'un ou deux *rapides* de 20 kilomètres à l'heure par jour.

Il y a de cela huit ou dix ans, et depuis cette époque un chemin de fer d'intérêt local dessert Montsauge, le village le plus proche, ce qui n'empêche pas le lac d'être toujours à sec, car on y construit une digue en double de celle existant déjà.

Aux Settons, les amodiateurs pêchaient au grand filet, à la ligne, au trimmer, etc. Nous ne le donnerons donc pas comme exemple de la pêche en étang, ce lac était l'exception et confirmait la règle.

Vous comprenez qu'il n'était pas facile de le mettre à sec tous les ans pour le pêcher et de le remplir ensuite.

Malgré toute la complaisance d'un Dieu clément et distributeur d'abondantes pluies, 23 millions de mètres cubes d'eau ne se trouvant pas comme cela dans le pas d'un bœuf, on serait embarrassé à moins[1].

Tel n'est pas le cas pour les autres étangs, on les vide pour les pêcher et voici comment :

Ces étangs, ayant été construits pour la plupart de main d'homme, on a eu soin d'en diriger le fond en pente douce jusqu'à un certain point, le plus profond où la digue a été élevée.

Dans la maçonnerie se trouvent deux ouvertures en forme de tunnel qui la traversent entièrement. Ce sont les *bondes* de l'étang.

Elles sont toutes les deux bouchées par une *pelle*, que l'on remonte à volonté, comme pour les écluses des canaux.

L'une des pelles est à peu près à 1 mètre au-dessus du fond de l'étang, elle sert à alimenter d'eau le ruisseau qui fait suite, et parer au trop-plein lorsque les déversoirs deviennent insuffisants en cas de crue.

L'autre pelle, appelée *pelle de fond*, ou *pelle de pêche*, ne sert, comme son nom l'indique, qu'à la pêche ; on ne la lève qu'une fois par an ou tous les deux ans et, par elle, l'étang se vide jusqu'à la dernière goutte.

Comme nous le disions plus haut, il y a deux mille étangs dans la Nièvre, mais ces étangs-là ne sont que des mares un peu grandes et nous avons cité ceux que l'on peut logiquement dénommer étangs. Dans ceux-là existent les plus grandes variétés de poissons ; ils sont un véritable paradis pour les canards sauvages, les sarcelles et, en un mot, toute la race des sauvagines, qu'on chasse beaucoup dans le Morvan.

---

1. Le *Journal du Morvan* donne les détails suivants sur l'état des travaux du lac des Settons : « Les travaux de maçonnerie avancent rapidement, le mur de garde adossé en amont de l'ancienne digue est entièrement terminé. Il ne reste plus qu'à installer dans la chambre de manœuvre la pression hydraulique qui doit remplacer les manivelles pour le fonctionnement des vannes. Il y aura également quelques réparations à effectuer au barrage, qui ne peuvent se faire qu'à la bonne saison. En ce moment, le lac se remplit lentement. On a fermé les vannes il y a une quinzaine de jours pour emmagasiner les 4 millions de mètres cubes d'eau nécessaires au flottage sur la rivière de Cure. Le flot passé, le lac sera de nouveau mis à sec jusqu'à ce qu'il plaise à Messieurs de l'administration de rétablir la belle nappe d'eau morvandelle. On se plaint amèrement de la lenteur des travaux qui durent depuis six ans !... Souhaitons les beaux jours et de l'eau dans notre lac. C'est aussi le vœu des touristes de notre région. »

On y trouve aussi de la truite, qui a remonté des ruisseaux voisins, et de la tanche, en général noire et maigre.

A Baye, on pêche continuellement aux divers engins, mais la pêche de fond, la grande pêche, n'a lieu que tous les six ou huit ans. Ce jour-là on récolte facilement 10 000 livres de poisson, les plus petits et quelques gros étant rejetés à l'eau pour le repeuplement.

La pêche a lieu ordinairement au mois d'octobre ou quelques jours avant le carême, pour une vente plus facile et plus productive.

En général, la pêche des petits étangs particuliers a lieu tous les deux ans, aussi les propriétaires en font-ils une fête de famille. Ils invitent les amis, les voisins, les parents, et souvent les pêcheurs et les assistants se retrouvent cinquante ou soixante à table, un véritable repas de noce ; la partie se termine par un bal champêtre avec cornemuseux et vielleux, sur les bords tristes et gluants de l'étang vidé.

Le procédé de pêche de ces petits étangs est des plus simples et des plus rapides.

En avant de la digue et des trous de bonde formant une pièce d'eau de quelques mètres carrés en forme de D, la barre du D étant le mur de retenue, se trouve debout une grille de bois construite comme un râteau à fenaison. Cette grille est destinée à arrêter le poisson qui fuirait par les trous de bonde lors de la *lâchée*.

Dès le matin, quelquefois même la veille, cela dépend de la contenance, on remonte la première pelle, celle du haut ; l'étang se vide aux trois quarts.

Le poisson suit le mouvement de l'eau et se rassemble dans l'espace encore inondé devant la grille qui l'empêche d'aller plus loin.

Pendant une heure ou deux, on pêche à l'épervier, avant qu'il n'ait eu le temps de se vaser, et on le place dans des tonneaux remplis d'eau, posés sur le bord, en ayant soin de trier ; les gros, à partir de 1 livre, sont mis de côté ; les petits sont réservés pour le nouvel ensemencement.

La principale partie du poisson étant ainsi prise au filet, on lâche la pelle du bas ; en peu de temps, l'étang achève de se vider entièrement, et le poisson réfugié près de la grille est ramassé au panier et à la main jusque dans la vase où, sans espoir, il cherche malgré tout à se cacher.

Après quoi, les pelles redescendues et l'étang bien clos pour un an ou deux, l'eau se forme peu à peu, le poisson destiné à la reproduction est rejeté, tandis que l'autre est vendu sur place à des marchands venus exprès avec des voitures chargées de tonneaux défoncés par un côté, le ballottement permettant au poisson de vivre longtemps et le bois lui évitant des blessures mortelles, produites par des secousses répétées sur les parois d'un récipient de fer ou de zinc.

Il est rare que les étangs soient empoissonnés artificiellement avec des alevins ou des œufs ; de même, les poissons qu'ils contiennent sont rarement nourris par leurs propriétaires.

Pour les différentes manières d'empoissonner et de nourrir les poissons d'un étang, nous ne saurions mieux faire que de reproduire un article signé H. M., dont nous regrettons de ne pas connaître le trop modeste auteur [1]. Le voici :

« 1° *Alevinage*. — A la suite de mon petit étang de G.., établi à eau courante, j'ai creusé un bassin de quelques mètres carrés. Là seront placés vers le 1er avril, en observation, un certain nombre d'adultes.

« L'aide que j'ai chargé de ce soin s'en servira au moment psychologique de la maturité, qui se reconnaît à la rougeur de l'orifice anal.

« Au moyen d'une torsion en S, il exprimera alors dans des assiettes remplies d'eau les œufs qui s'élèvent, pour certaines espèces, à plus de deux cent mille. La même opération répétée immédiatement sur les mâles donnera la laitance ; en agitant légèrement le mélange avec les barbes d'une plume, la tota-

1. *Le Chasseur français* (Saint-Etienne).

lité de ces œufs seront fécondés presque instantanément.

« Au bout de quelques heures, ces œufs seront déposés sur le fond sablé d'un incubateur Coste, en plein courant du ruisseau de la Scyotte. Ces incubateurs se composent de caisses allongées, que traverse sous un grillage une eau tamisée finement. Au fur et à mesure de l'éclosion, les alevins sont déposés dans le bassin d'observation, maintenant indemne de toute cause de destruction ; protégés par des grillages, ils seront nourris avec de la rate hachée très menue ; le lâcher aura lieu lorsqu'ils seront assez forts pour trouver eux-mêmes leur subsistance et échapper à leurs ennemis si nombreux.

« 2° *Encressonnement.* — Il m'a suffi de 30 grammes de semence de cresson pour garnir de touffes abondantes 500 mètres de rives. Il faut, par exemple, fixer au niveau même de l'eau, vers le 15 mai, ces graines si menues, en les appuyant suffisamment sur la terre humide. Je compte sur leurs racines pour obtenir des myriades d'insectes (daphnies, crevettes d'eau douce, etc.).

« Au printemps prochain, je ferai répéter cet ensemencement sur une certaine longueur de ruisseau. Les débris arrachés par les grandes eaux en propageront l'influence bienfaisante. Chacun sait que l'insecte aquatique est la nourriture favorite de toutes les espèces de poissons et que les jeunes alevins trouvent à travers les herbes un refuge indispensable.

« 3° *Enrochements.* — Pour les petits cours d'eau artificiels qui traversent mon pré, j'ai fait pratiquer, dans l'épaisseur de la berge, des excavations de 50 centimètres de longueur et de profondeur. Je les ai comblées avec de grosses pierres, replaçant au-dessus du niveau la terre et les gazons enlevés. Voici des cavernes, asiles inviolables pour les quelques centaines d'écrevisses que j'y ai jetées.

« Dans le même but, j'ai multiplié les arbres et les saules.

« 4° *Frayères artificielles.* — La Saône, cela est aujourd'hui pleinement vérifié, se trouve dépeuplée par le chômage et la navigation ; en effet, la ponte a lieu en avril, mais sur les herbes supérieures ; l'instinct des espèces les conduisant à rechercher les conditions de chaleur et de lumière les plus favorables à l'éclosion. Donc, en une nuit, les écluses étant ouvertes en entier, le niveau s'abaisse de 50 centimètres à 1 mètre pendant le mois de juin, des milliards d'œufs se dessèchent lamentablement au soleil.

« Pour y remédier, je fais construire en ce moment des fagots de genévriers, liés par des fils de fer galvanisés. Ils flotteront constamment, attachés cependant au fond par de grosses pierres. Ce que je tente sur 1 kilomètre du territoire de Vauchoux, peut être utilement imité dans bien d'autres régions.

« J'ai choisi le genévrier en raison de ses rameaux piquants qui, chatouillant le ventre des femelles, leur facilite l'expulsion. Je compte rassembler sur des points précis les deux sexes nécessaires à la fécondation.

« 5° *Introduction d'espèces exotiques*. — Parmi les espèces étrangères, on me recommande de tous côtés la truite arc-en-ciel. Voulant l'étudier, en premier lieu, j'ai fait venir de l'établissement de Bessemont (Aisne), en plein mois d'août, une centaine d'alevins ; malgré la température de ce mois ils ont tous vaillamment supporté ce long voyage. C'est qu'en effet l'arc-en-ciel peut traverser jusqu'à 26 degrés (8 de plus que la truite indigène). Cette variété américaine a sur la nôtre tous les avantages. D'abord deux fois plus prolifique, ensuite son coefficient d'accroissement est triple, car, à deux ans, elle pèse 300 à 400 grammes. Ses mœurs et son alimentation omnivore la rapprochent du chevesne ; on la trouvera aux mêmes habitats et on la prendra aux mêmes amorces. La valeur culinaire est la même (4 francs la livre aux Halles).

« Dans vingt-huit ou trente ans, elle sera partout connue et appréciée des fervents de la gaule. »

Telle est la façon de procéder de M. H. M., nous la croyons très bonne.

On cite quelquefois d'énormes poissons pris en étang ; qu'il nous soit permis ici de noter pour mémoire que dans un petit étang, près de Lormes (Nièvre), le 15 octobre 1901, il a été pris dix à quinze brochets pesant plus de 20 livres chacun et un doyen de 43 livres, 21 kilogrammes et demi !

En général, les carpes pêchées dans les étangs du Morvan sont grasses et dorées ; elles se vendent sur place un prix extraordinaire de bon marché, six, huit et dix sous le kilo-

gramme, au plus. Il n'en est pas de même des truites. Lorsqu'il
y en a, leur prix varie de 2 francs à 2 fr. 50 la livre, et cependant elles sont fort petites.

C'est ici, et à propos de la truite, que vient se placer tout
naturellement un petit acte de braconnage peu ordinaire.

Dans le Morvan, tous les champs et prés, presque toujours
en pente, sont sillonnés de minuscules ruisseaux où coule une
eau limpide.

Chaque propriétaire de pré possède, quelque part dans sa
propriété, un étang.

Ces ruisselets forment presque tous de petites cascades du
plus pittoresque effet et la moindre *saignée* sur leurs bords les
fait dévier de leur cours.

Or, à l'époque du frai des truites, ces poissons en grand
nombre remontent les petits ruisseaux et vont se jouer dans les
vasques naturelles que forment les roches granitiques qui en
constituent ordinairement le fond.

Ces ruisseaux portent un nom particulier, on les appelle
des *rigoles*.

Lorsque les truites ont remonté en quantité dans une de
ces rigoles, le braconnier, nous ne pouvons lui donner un autre
nom, quoique quelquefois ce soit un gros propriétaire, bien vu
et bien pensant, le braconnier, disons-nous, armé d'une pioche
ou d'une pelle, se rend dans un endroit choisi d'avance sur les
bords du ruisselet, le barre entièrement avec un ou deux fagots
et des pierres, puis, remontant à son cours à 100 ou 200 mètres,
ouvre brusquement la berge avec son outil.

C'est ce que l'on appelle faire une *tournée* ou *saignée*.

L'eau suit son nouveau cours et se répand dans les prés, les
siens ou ceux du voisin : personne ne se plaindra, chacun en
faisant autant.

La partie du ruisseau située entre la *tournée* et le barrage
improvisé qui arrête le poisson tout en laissant passer l'eau, est
en quelques minutes à sec ; les truites sautillent sur le sol ou
dans le creux des roches, il n'y a plus qu'à se baisser pour les
prendre et les porter à l'étang où, l'année suivante, grosses et
grasses, elles feront des rentes *bien gagnées* à leur propriétaire.

Nous en avons vu capturer ainsi deux ou trois cents dans

une seule *tournée* et la tournée dure tout au plus une demi-heure. Naturellement, elle peut se renouveler tous les jours pendant l'époque du frai des truites.

L'opération terminée, le braconnier enlève son barrage du bas, remet les fagots sur la haie, bouche son ouverture du haut et, ni vu ni connu, rentre chez lui à la barbe du garde, qui souvent, considérant la chose comme un droit acquis par l'ancienneté de l'usage, ferme bénévolement les yeux.

Pendant ce temps, la rigole reprend son cours et rigole gentiment sur les cailloux de granit pailletés d'argent, à moins que son glou glou monotone ne soit des pleurs qu'elle verse sur les pauvres truites emprisonnées dans l'étang productif.

Telle est la pêche en étang, du moins comme elle se pratique dans la Nièvre.

A propos de la féra, dont nous parlions page 239, voici ce que dit M. Henri de Parville :

La féra est un poisson de lac assez répandu en Suisse, que l'on sert sur toutes les tables d'hôte.

La féra est très menacée, et l'on craint déjà de voir disparaître l'espèce. M. Forel, dans une communication à la Société Vaudoise, a annoncé qu'un pêcheur de la Grande-Rive, près Thonon, avait introduit un nouveau procédé de pêche qui pourrait bien avoir des conséquences pour l'avenir de la féra dans le lac Léman. Et ce serait dommage. On pose de grands filets quadrangulaires verticalement au-dessous de bouées flottant à la surface du lac, et l'on capture, pendant la nuit, des féras dont les troupes se promènent dans les eaux de surface.

Ces filets, appelés pics, ont jusqu'à 160 mètres de longueur et 25 mètres de haut. Les pêches sont devenues si fructueuses que le prix de la féra a baissé de moitié.

Jusqu'ici, il ne paraît pas qu'on dépeuple le lac. Et la quantité de féras apportée sur le marché ne diminue pas. Cependant le nombre des engins de pêche augmente sans cesse et la pêche à la féra devient chaque jour plus ardente et plus active. Il est à redouter qu'à la longue cette réserve de poissons, dont l'importance économique est considérable, ne finisse par être entamée sérieusement. La féra est un excellent poisson et sa pêche a été de tout temps une des bonnes industries pour les riverains du lac.

Voici quelques chiffres approximatifs que MM. Lugrin, marchands de poissons à Genève, ont bien voulu nous communiquer :

Féras	115 000 kilogr.,	à 1 fr. 10	=	126 000 fr.
Truites	3 950	— à 4 fr.	=	15 000 fr.
Ombres-chevaliers	12 000	— à 2 fr. 50	=	30 000 fr.
Perches, lottes, brochets . . .	22 000	— à 1 fr. 20	=	26 400 fr.

La pêche n'est pas à dédaigner autour du lac.

Ces chiffres, bien qu'isolés, montrent qu'il y a une véritable industrie d'une certaine importance économique.

A LA BONDE DE L'ÉTANG

TRAÎNAGE DU GRAND FILET

Pêche pendant le chômage

Tous les ans, et habituellement pendant le mois de juillet, la rivière d'Yonne près de Clamecy est mise complètement à sec par parties et ne conserve plus dans son lit que la mince couche d'eau qu'elle aurait toujours eue si, pour les besoins du commerce, on n'avait établi des barrages, les pertuis, qui, en arrêtant son cours, augmentent son volume. Cela s'appelle le *chômage*.

Nous disons par parties, car le chômage ne se fait que dans un seul bief à la fois, entre deux pertuis. On laisse l'un fermé pendant qu'on ouvre en grand celui d'aval, l'eau s'écoule dans le bief inférieur et, ne recevant que peu du trop-plein du bief supérieur, la rivière petit à petit s'assèche.

Cependant, comme de tout temps on a tiré beaucoup de sable dans la haute Yonne, il reste au-dessous du lit naturel des trous larges et profonds en temps ordinaire qui conservent à

l'époque du chômage encore plus de 1 mètre d'eau ; c'est là
que se réfugie le poisson.

S'il en était autrement, depuis fort longtemps il n'y aurait
plus une ablette dans l'Yonne.

Le chômage est l'époque où la rivière d'Yonne est en repos
et n'est plus susceptible d'aucun commerce, et le jour où l'on
ouvre les pertuis pour la mettre à sec et en retirer les bûches
de bois tombées à fond pendant le flot, les *canards* se nomment
le *régal*.

Nous ignorons l'étymologie de ce mot *régal* et nous ne
sommes certainement pas le seul dans la contrée, mais nous
pourrions dire qu'il a été fort bien trouvé, car c'est le jour
où, sans compter les amodiateurs, les habitants du pays se
donnent de la pêche, en dehors des lois, à satiété, et peuvent
sans bourse délier se *régaler* de poisson.

Nous appellerons cela le pillage de la rivière.

Il est interdit de pêcher en eau basse, mais depuis l'invention du flottage des bois, aux alentours de l'an 1500, cela se fait
dans la haute Yonne, et est par conséquent tout ce qu'il y a de
plus autorisé, personne n'ayant pensé à l'interdire.

L'ordre arrivé des Ponts et Chaussées d'ouvrir les pertuis,
les *flotteurs* ouvriers d'eau qui y ont intérêt préviennent les
amodiateurs qui placent leurs engins de façon à empêcher
autant que possible les poissons de rentrer pour se cacher dans
les trous ou les ressets, comme piles de ponts, roches et autres
cachettes connues d'eux.

On mobilise tous les filets, nasses, verveux, etc., et sur les
cinq heures du soir, pour ne pas inonder d'un seul coup le bief
inférieur, les *flotteurs* préposés à cet ouvrage commencent à
enlever quelques palettes d'heure en heure ; toute la nuit, ils
continuent. Le matin, le pertuis est ouvert en grand et la
rivière est à demi à sec.

Les araignées, les tramails, les nasses, les verveux ont servi
de refuge au poisson qui, sentant l'eau diminuer, cherche à
rejoindre les fonds et se prend en voulant forcer les barrages.

D'un œil paterne, l'amodiateur regarde l'eau diminuer ; il
ne retirera ses filets que lorsqu'ils seront couchés sur le sable,
ayant pêché tout ce qui était capturable.

Le reste s'est échappé à travers les mailles et s'est réfugié aux trous. C'est seulement alors que la véritable pêche commence. En défaut lui-même, il ferme les yeux pour peu que l'on n'exagère pas.

Tout ce qui ne travaille pas ce jour-là va à la rivière, patauge dans les flaques, fouille dans les herbes, et, avec des casseroles, des paniers, des mouchoirs ou simplement ses mains, récolte ablettes, vérons, gardons, goujons, brèmes et enfin tout ce qui peut en lui tombant sous la patte constituer friture à l'amateur d'un jour.

Huit ou dix hommes, traînant après eux de longs bateaux goudronnés, marchent dans l'eau, retirant les bûches envasées qu'ils portent à la berge ou placent dans leur barque aux endroits où l'eau est un peu plus profonde ; en même temps ils guettent le long des pierres la perche endormie ou le barbillon rêveur, et prestement les prennent et les cachent sous leur blouse.

Le soir venu, la journée finie, ils auront gagné leurs cent sous pour le travail et un superbe plat de poisson.

L'amodiateur, lui, attend ses amis et associés ; il ne commencera à pêcher qu'à dix heures du matin ; en attendant, il relève ses engins et récolte en moyenne une quantité de poissons magnifiques qu'il place dans sa boutique.

Ses invités arrivés, il cerne les trous avec les tramails, traîne l'épervier, le jette, force le poisson à entrer dans les nasses et rafle tout ce qui peut lui tomber sous la main. Nous avons vu sortir ainsi 200 et 300 livres de poisson le même jour et prendre de pleins éperviers de pièces pesant 1 et 2 livres.

A midi la fête commence, on fait la matelote ou la friture sur le pré, on boit ferme, on chante, on s'amuse à l'ombre d'un saule.

Puis, pour terminer dignement, on traîne le grand filet qui tient toute la largeur de la rivière sur une araignée placée en travers un peu plus bas et on fait place nette.

Malgré ce pillage, il échappe encore quelques poissons, et une semaine après on en prend encore ! Dites donc après cela que l'Yonne n'est pas poissonneuse !

Ce chiffre de 300 livres prises le même jour peut paraître extraordinaire, il est facile de s'assurer de sa véracité.

Les releveurs de *canards*, qui sont avec leurs chefs huit ou dix, emportent bien 10 livres chacun, cela fait 100, l'amodiateur chef et les sous-amodiateurs, toujours avec les amis, une douzaine, en emportent le soir de 8 à 10 livres. Il y a bien cinquante à soixante personnes qui pêchent de la friture, de toutes les façons, qui en prennent au moins 2 livres, et voilà les 150 kilogrammes trouvés, tout cela dans à peine 2 kilomètres de rivière, qui est la moyenne des lots de pêche.

Et le garde, qui n'a pas reçu d'ordre, se promène mélancoliquement sur les berges, en se demandant pourquoi on lui fait garder toute l'année du poisson que l'on détruit en une seule journée ; de-ci de-là, il dresse bien une contravention à un pêcheur à la main, il ne la maintient pas, ce jour-là est jour de fête, et il n'a pas le dos tourné que dix autres amateurs sont à l'eau et fouillent sous les pierres ; ils sont trop, pense-t-il, et il s'en va.

Nous voyons une objection que l'on va immédiatement nous faire.

« Mais quel est l'amodiateur assez fou pour tolérer un état de choses semblable ? Il a la rivière pour neuf ans, cela serait encore admissible la dernière année, car il ne sait pas si à l'adjudication il ne sera pas distancé par un autre, mais les années précédentes, il n'a aucun intérêt à cela. »

Il y a une réponse bien logique à faire.

L'amodiateur n'est jamais unique, il a avec lui, afin de ne pas payer trop cher, des actionnaires ; et s'il est seul responsable, il n'en a pas moins donné autant de droits aux autres qu'il en a lui-même, puisque les autres payent la même somme que lui.

N'ayant pas toujours le temps ils ne pêchent pas tous ensemble et si l'un prend aujourd'hui une belle pièce, l'autre peut très bien ne rien prendre demain.

Il y a autant de jalousie sous roche chez les pêcheurs que chez les chasseurs. « Ce que tu prends, je ne l'ai pas, pense à part chaque actionnaire, je vais donc ramasser tout ce que je pourrai. »

Le *régal* est bien le jour voulu ; ce jour-là, amodiateurs et actionnaires pêchent généralement ensemble, on prend tout ce qu'on peut, on partage et on fait des cadeaux à ses amis, tant pis s'il ne reste plus rien.

Ce n'est pas un mauvais raisonnement, c'est une mauvaise organisation, amodiateurs et actionnaires devaient pêcher le même jour, une fois par semaine, par exemple, ou, ce qui existe parfois, l'amodiateur devait être seul, ce serait la conservation

LES RAMASSEURS DE « CANARDS »

du poisson, surtout si le fermier de pêche n'était jamais marchand.

La rivière d'Yonne, ainsi mise à sec, bief par bief, en cette saison de sécheresse, ne retrouve plus l'état normal de ses eaux avant l'hiver ; elle reste basse, n'augmentant que peu à peu, et cette augmentation, usée presque au fur et à mesure qu'elle se produit par les usines et les moulins, fait qu'elle offre bien plus de facilités pour le braconnage, et cela sur un énorme parcours.

A partir de Chevroches, quelques kilomètres en amont de Clamecy, l'Yonne n'est plus louée, elle appartient aux riverains qui se soucient peu de la pêche, ayant d'autres travaux à faire, presque tous étant cultivateurs ou bûcherons.

Les amodiateurs font eux-mêmes la surveillance de leur
portion de rivière ; ils encouragent quelquefois les gardes qui,
n'ayant pas la même raison de surveiller la partie propre aux
riverains, la délaissent.

Dans la partie haute, l'Yonne mise ainsi à sec offre donc à
messieurs les braconniers professionnels bon rapport et complète sécurité, aussi en usent-ils largement, et la pêche à la
main à partir du gué de Chevroches est-elle en honneur pendant toute la belle saison.

Ce qui se pratique dans la haute Yonne se pratique aussi, à
peu de chose près, sur pas mal de nos cours d'eau français, de là
la disette de plus en plus grande de poisson d'eau douce.

Le chômage en est la cause principale.

43.

44.

45.

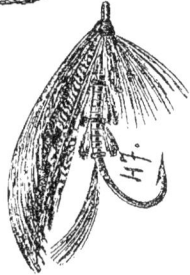

47.

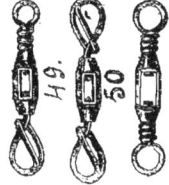

48.

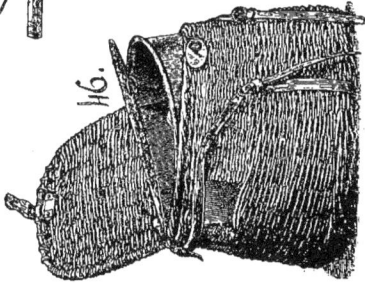

46.

49. **50** **51.**

52.

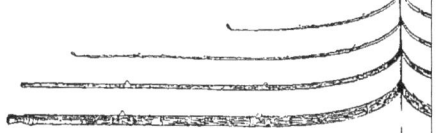

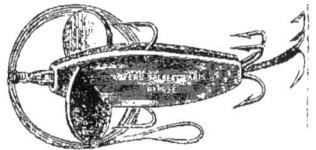

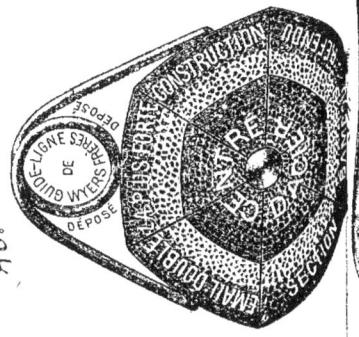

EMAIL DOUBLE LA PLUS FORTE CONSTRUCTION DÉPOSÉ
GUIDE-LIGNE DE WYERS FRÈRES
DÉPOSÉ
ENTRÉ
TIRAGE
SECTION

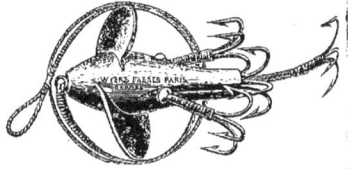

WYERS FRÈRES PARIS

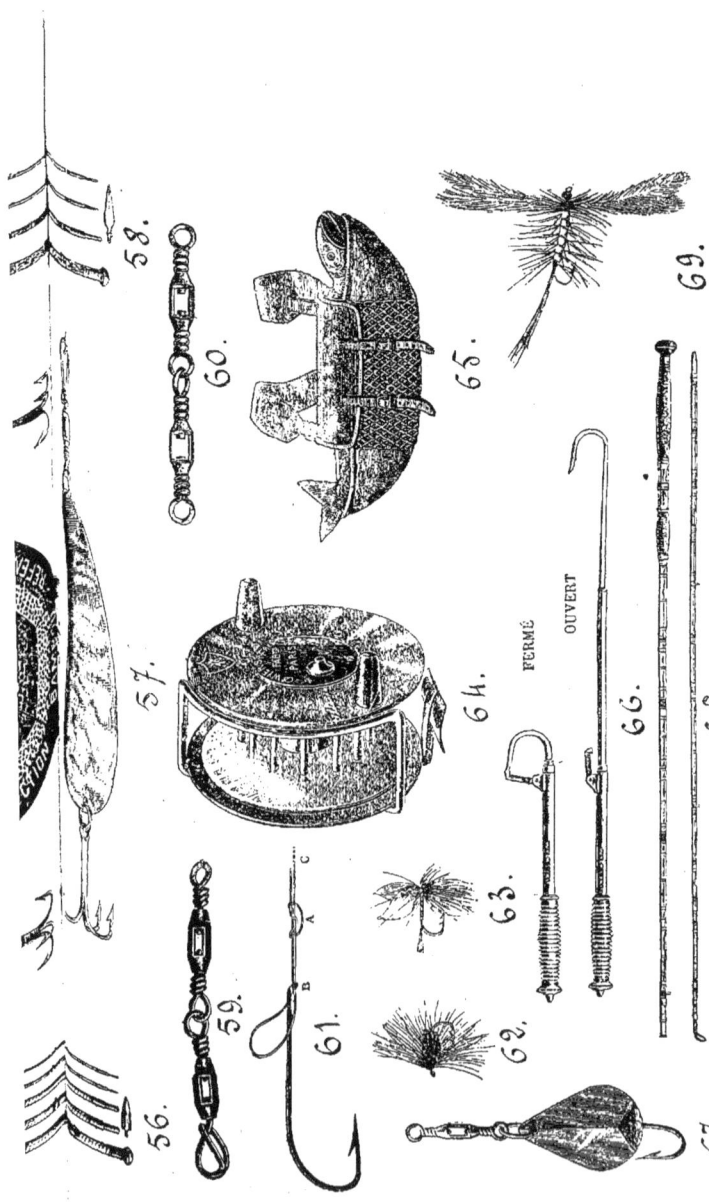

43. Canne « Kelson » pour le saumon. — 44. Épuisette forme V, avec manche télescopique. — 45. Mouche de lac. — 46. Panier « Le Moderne ». — 47. Mouche à saumon. — 48. Émerillon à spirale. — 49. Émerillon à boucle. — 50. Émerillon à double boucle. — 51. Émerillon à anneaux. — 52. Attache en cuivre. — 53. Plongeur « Capitaine Villevert ». — 54. Section de construction double émail des cannes à saumon « Wyers » avec guide-ligne. — 55. Poisson Reflet « Francia ». — 56. Canne rubannée. — 57. Cuiller longue en nacre. — 58. Canne en bambou d'Inde. — 59. Double émerillon à boucle. — 60. Double émerillon à anneaux. — 61. Double nœud coulant sur un hameçon à œillet. — 62. Mouche « Alerte » araignée. — 63. Mouche « Alerte » à ailes. — 64. Moulinet « L'Idéal ». — 65. Sac anglais « Le Pratique ». — 66. Gaffe télescopique. — 67. Cuiller-mouche. — 68. Canne à lancer. — 69. Mouche de mai.

(Clichés de la *Pêche moderne*, Wyers frères, directeurs, quai du Louvre, 30, Paris.)

Engins peu connus

et Pêches bizarres

LA PINCE

Engins peu connus

La Pince

Avec le souffle puissant et glacé de novembre, les feuilles se sont rouillées aux branches des peupliers et des saules; toutes recroquevillées, elles sont tombées sur la rivière et, comme de minuscules gondoles, voguent sous la bise, pour aller, épaves d'hiver, s'échouer et sombrer près des rives.

Pêcheur, le moment est venu de remiser la ligne en attendant les beaux jours. Il fait trop froid maintenant pour rester des heures entières à suivre sur le miroir de l'eau le flotteur peinturluré, qui sautille ainsi qu'un insecte.

Le poisson lui-même s'est endormi comme les marmottes; il se cache sous les racines, les herbes, le long des pierres, il hiverne, et c'est à peine si, de temps à autre, il ose secouer, pendant quelques heures, sa torpeur journalière, pour se promener dolentement parmi les graviers, en quête d'une proie souvent aussi engourdie que lui.

17

En Bourgogne, les professionnels de la pêche, les amodiateurs et les braconniers, voient arriver avec plaisir cette saison
qui leur permettra de faciles captures.

Le froid a rendu l'eau calme, pure, transparente.

C'est l'heure où le fermier de pêche et l'écumeur de rivière
vont retirer, du hangar où elle dormait depuis le dernier printemps, la *pince*, ce monstre tout en gueule, qui ressemble plus
à un instrument sorti du laboratoire d'un Torquemada qu'à un
engin destiné à procurer quelques minutes d'inoffensif plaisir
au pêcheur débonnaire.

La pince se compose de deux bâtons, appelés manches,
longs de 2 mètres et gros comme le poignet ; ils se terminent par
deux rectangles de fil de fer de la grosseur du petit doigt et
forment un espace carré d'environ un demi-mètre.

Vers un tiers de leur hauteur, les manches sont croisés
en X et traversés par une clavette de fer qui les retient ; l'ensemble de l'instrument est en somme un gigantesque moule à
gaufres.

Le fer est entièrement couvert d'un filet à larges mailles qui
vient en pointe s'attacher à la jointure des deux manches.

Après avoir vérifié la solidité de son instrument, qu'auraient
pu détériorer les rats et la rouille, le pêcheur n'a qu'à attendre
un temps propice, et les temps favorables pour cette sorte de
pêche ne sont pas rares en novembre, décembre et janvier. Il
faut un jour froid, calme, sans le moindre souffle de vent ;
une petite gelée pendant la nuit, et au besoin même une forte,
ne gêne en rien ; cependant il ne faut pas que la rivière soit
prise, c'est-à-dire couverte de glace.

Armé de la pince, le pêcheur se rend à son bateau. Il est
suivi d'un compagnon de rivière portant une longue perche non
ferrée à l'extrémité, afin d'éviter le bruit du fer qui grincerait
sur les sables et effaroucherait le poisson.

Doucement, lentement, l'homme pousse le bateau, ayant toujours soin de remonter le fil de l'eau.

A l'avant de la barque, debout, appuyé sur sa pince fermée,
le pêcheur jette sur les fonds des regards inquisiteurs.

Il est habitué à toutes les ruses du poisson, et connaît particulièrement sa rivière ; louvoyant de droite et de gauche en

traçant des M majuscules, le bateau avance d'une berge à l'autre, contre le courant toujours très faible dans les cours d'eau de cette partie de la France.

Tout à coup l'homme à la pince fait un geste ; le batelier ralentit légèrement ; l'instrument passe de la levée sur le nez de la barque, et reste la gueule ouverte au-dessus de la surface, bien perpendiculairement.

Le pêcheur s'agenouille, il descend lentement son filet dans l'eau, tenant un manche à chaque main, et brusquement, brutalement, il resserre les deux bras de la pince.

En bas, vers les fonds, la gueule s'est refermée.

Elle a saisi dans les herbes où ils dormaient, se croyant bien à l'abri, la perche, le barbeau, la carpe, le brochet ou toutes autres espèces, et maintenant, réveillés brusquement, ils se débattent comme des diables dans un bénitier entre les mailles du filet que remonte rapidement le pêcheur enchanté.

Sur le bateau, la pince s'ouvre, et, pêle-mêle avec des débris d'herbes de toutes sortes, elle vide dans la boutique ou dans le panier, tanches, gardons ou brèmes.

Le monstre dégorge !

Pour pêcher à la pince, il faut une habileté qui ne s'acquiert que par la pratique, car il est nécessaire de bien connaître les mœurs du poisson et surtout de posséder des yeux de Peau-Rouge.

Au mois de novembre, les herbes aquatiques, en toute autre saison solides et élastiques, ne tiennent plus au sol que par une racine presque morte ; leurs longues chevelées qui flottaient sur les eaux sont réduites des trois quarts.

C'est sous ce mince abri que se cachent la carpe et le barbeau. Ils y forment sur le fond des taches noires que distingue très bien l'œil exercé du pêcheur professionnel, et c'est sur ces herbes qu'il referme sa pince.

Ne pas effaroucher le poisson est une question de doigté, il faut aller lentement au début, mais régulièrement, sans à-coups, et connaître à l'œil la profondeur où il se trouve pour refermer l'engin en temps voulu.

Il faut tenir compte aussi de la réverbération de l'eau et porter la pince en avant de l'endroit où l'on suppose que se trouve la tête, car on risquerait fort de ne pincer que la queue du poisson qui, désagréablement surpris, aurait bientôt fait de se dégager et fuirait sans retour.

La pince a l'avantage sur la fouane de ne pas détériorer le poisson et de permettre de le conserver vivant.

Assez fréquemment le pêcheur, n'ayant aperçu, mi-cachée dans des herbes, qu'une seule pièce, est tout étonné en retirant son instrument d'en trouver cinq ou six dans le filet ; c'est que souvent les mêmes espèces se réunissent côte à côte comme pour se réchauffer ; on peut être poisson et avoir des illusions !

Cette pêche, peu connue, est des plus fructueuses ; braconniers et amodiateurs la pratiquent en grand, c'est un plaisir d'hiver qui a le mérite d'être en même temps d'un bon rapport.

Naturellement, le pêcheur à la pince se garde bien de s'attaquer aux petites espèces, il ne met son engin à l'eau qu'à bon escient et ne le referme jamais que sur des poissons pesant au bas mot leur demi-kilogramme.

Les espèces les plus faciles à capturer ainsi sont : la perche, le barbeau, la tanche et surtout la carpe qui ne s'enfuit que lorsque le pêcheur, maladroitement, la touche à l'extrémité de la pince, avant d'avoir eu le temps de la refermer.

C'est seulement de dix heures du matin à trois ou quatre heures de l'après-midi que cette pêche se pratique ; étant sans fatigue, c'est une véritable promenade en bateau.

Elle est pleine de charme, car elle a lieu par un beau soleil d'hiver, alors que le givre, se fixant aux fils de la Vierge qui forment des câbles entre les arbres, décore d'une étrange et mystique ramure blanche les saules, les peupliers et les aulnes.

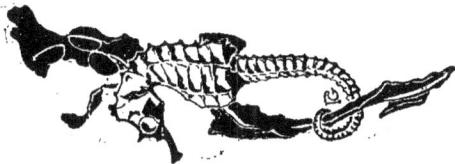

LE GARNI

Le Garni et le Garni goujonnier

Le *garni* est une sorte de trouble, il lui ressemble par beaucoup de côtés, et le procédé de pêche reste à peu de chose près
le même qu'avec l'engin cher aux braconniers.

Il change de forme suivant les différentes contrées où on l'emploie, mais le principe est toujours semblable. Il peut être indifféremment une corbeille en osier ou en filet, une trouble à deux bâtons, ou même parfois, comme dans certaines régions du Nord, une véritable senne.

Dans le département de la Loire-Inférieure, aux environs de Saint-Nazaire, et surtout à Châteaubriant, on fait usage de garnis qui ont la forme de grandes corbeilles. La senne est appelée garni lorsqu'elle prend la configuration d'un demi-cercle et la pêche est alors nommée pêche à la *foulée*.

Le mot *garni* vient vraisemblablement du verbe *garnir*, c'est-à-dire remplir, occuper complètement un espace, et le mot pêche à la *foulée* de ce que l'on refoule et l'on accule le poisson de manière à le forcer à entrer dans l'engin.

Pour fabriquer un garni véritable, il faut choisir deux lattes en bois très léger, mais solide, ayant environ 3 à 5 mètres de long. On y place un filet qui donne alors, étant ouvert et lorsque les lattes sont parallèles, une largeur de 50 à 60 centimètres sur une profondeur variable

Le filet recouvre en soufflet les deux extrémités, de façon à empêcher le poisson de s'échapper.

L'engin ressemble à un filet à bagages pour wagon dont les côtés seraient mobiles et pourraient se rejoindre. Afin de pouvoir manœuvrer le garni, on adapte aux deux extrémités deux manches de 1 mètre au moins et on le manœuvre en chassant le poisson devant soi sur le sable jusqu'à la berge, où, ne pouvant plus s'échapper, il vient de lui-même se mailler dans le filet.

Pour cette pêche, il faut deux hommes tenant chacun l'un des manches et relevant l'engin avec ensemble, comme on le fait pour une épuisette ordinaire.

Si le poisson se cache sous la berge creuse, on le déloge avec un bâton.

C'est donc bien, en effet, la même que pour la trouble, mais alors que cet engin ne peut masquer qu'une seule cachette, qui souvent a deux issues, le garni couvre 5 à 6 mètres de berge et offre plus de chance pour la capture du poisson qui ne saurait s'échapper ainsi par l'autre ouverture de la caverne.

On place aussi le garni en travers des cours d'eau, de manière à les barrer complètement. Au besoin, si la rivière est large, la pêche se fait à quatre hommes, avec deux garnis, mais jamais en eau profonde : on place alors l'engin en aval, tandis que des rabatteurs à 50 mètres en amont battent l'eau en descendant. Ils fouillent aussi les berges, les racines, les herbes et les nénuphars, en délogent le poisson qui vient se coller contre l'obstacle que lui offre le filet tendu. Lorsque les batteurs ne sont plus qu'à quelques mètres, avec ensemble les pêcheurs relèvent l'engin et son contenu. Il n'y a plus qu'à recommencer un peu plus loin, et, employé ainsi, le garni est des plus meurtriers.

Le *garni goujonnier* diffère peu du garni ordinaire, mais, dans certains départements, c'est l'instrument le plus employé pour la capture du goujon.

En Saône-et-Loire on en fait un grand usage.

Il est construit de la même façon que celui que nous venons de décrire, les mailles en sont plus étroites, naturellement, et sa longueur n'excède jamais 2 m. 50.

On lui donne alors 75 à 80 centimètres de hauteur sur une largeur de 40 centimètres seulement, le goujon tendant peu à quitter le fond pour s'échapper par la surface.

On pêche au garni goujonnier soit en bateau, soit en entrant dans l'eau.

En bateau, il est descendu à l'eau perpendiculairement et maintenu à bras ou à l'aide de cordes, tandis qu'un ou deux hommes poussent la barque par le travers, et, du milieu de la rivière, vont rejoindre les berges sablées en raclant le fond.

A pied, l'instrument se manœuvre de la même façon à deux hommes.

On se sert surtout du garni goujonnier à l'époque des grandes chaleurs, alors qu'assoupis des bandes de goujons dorment en eau peu profonde sur les sables chauds.

A cette époque, malades et peu farouches, c'est à peine s'ils fuient devant cette gueule ouverte qui les conduit comme un troupeau vers la berge en pente douce et les cueille bénévolement.

On en capture ainsi des bandes entières, laissant fuir les

plus petits à travers les mailles et ne prenant que ceux de belle
taille, gras et dodus.

Le garni est un filet traînant; s'il ne servait qu'à la capture
du goujon adulte, il n'y aurait que demi-mal; l'espèce est
féconde et se reproduit facilement, mais à son passage sur les
graviers il détruit des quantités d'alevins et d'œufs, lorsque
l'on s'en sert à d'autres époques que pendant les grandes chaleurs d'août et de septembre.

En Saône-et-Loire on donne encore le nom de garni à une
poche en fil montée sur un arceau de fer dont la corde mesure
1 mètre et la flèche 1 m. 50; à cette armature sont fixées deux
perches. La manœuvre est la même que pour la trouble ordinaire.

Le garni, le bien nommé qui garnit plats et assiettes, est un
engin de braconnier que l'on ferait bien d'interdire de la façon
la plus sérieuse. Il n'est peut-être pas bien autorisé, mais il
est toléré provisoirement, et chacun sait que rien ne dure
longtemps comme le provisoire!

La Perchère

Il en est des engins de pêche comme de tous les objets destinés à procurer à l'homme sa subsistance, ils sont légion, et suivant les pays où on les emploie, quoique basés sur les mêmes données ou à peu près, ils prennent parfois les formes les plus inusitées.

Telle est la *perchère* dont on se sert dans le sud de la France, principalement dans les gaves des Pyrénées, pour capturer la truite.

Elle procède de la ligne et du tramail, mais la façon dont s'en servent les basques est assez originale.

Quoique tramail, ce n'est pas un engin de repos, car il faut la manœuvrer continuellement. Les paysans habitant les villages situés sur les gaves d'Aspe, de Pau et d'Oloron s'en servent presque exclusivement et en disent le plus grand bien.

La perchère se compose d'une nappe de tramail ordinaire plombée par en bas, mais dont le haut, au lieu d'être soutenu par des lièges espacés de 10 en 10 centimètres, n'a que de larges boucles en forte corde et quelques mauvais bouchons presque toujours inutiles.

Sa longueur varie de 4 à 6 mètres; plus longue on ne saurait la manœuvrer assez vite et elle serait inefficace pour la pêche.

Sa hauteur est des plus variables suivant les endroits où on l'emploie, car pour être utile elle doit toujours, touchant le fond, émerger d'au moins 10 centimètres, cependant elle dépasse rarement 1 m. 50.

Le calibre des mailles est de 10 à 15 centimètres pour les aumées et de 10 à 20 millimètres pour la flue.

Les aumées sont les deux nappes à grandes mailles destinées à maintenir les poches de la flue; la flue est la nappe du milieu dans laquelle le poisson se prendra par la tête.

Le pêcheur qui veut se servir de la perchère (qu'on appelle aussi pergère dans le pays) se munit d'une solide gaule bien unie et bien en main sans être trop grosse. Il faut qu'elle plie, mais peu.

C'est cette gaule, cette perche, qui a donné son nom à l'engin.

Arrivé sur les bords du gave, à l'endroit où il sait que se réunissent les truites et même les autres espèces que parfois il a amorcées en plusieurs places, il enfile sa perche dans les anneaux de la corde et étend le filet sur toute sa longueur. Il entre alors dans l'eau, le tramail maintenu au-dessus de la surface, le gros bout de la perche en mains prêt à être placé sous le genou au moment de l'action, afin d'acquérir plus de force.

Il traverse le ruisseau et pose l'extrémité de sa perche presque à la rive, perpendiculairement, le plus vivement qu'il lui est possible; il décrit alors un demi-cercle en traînant l'engin et le soulevant un peu, de façon à le ramener en marchant et tournant autour de la pointe parallèlement au bord.

D'abord chassé par l'engin, le poisson effarouché s'est réfugié près de la rive, mais en se voyant de plus en plus serré par cette muraille en mouvement il cherche à s'échapper, trouve la berge, se retourne et se précipite contre les mailles où il se prend comme il le ferait dans un tramail ordinaire.

En se débattant il parviendrait vite à se dégager, car il n'a pas eu le temps de se mailler comme il le ferait dans une araignée ou un tramail à poste fixe, mais le pêcheur veille!... A peine a-t-il atteint la rive, que, tirant à lui la première boucle, il rattrape la seconde, et ainsi de suite, réunissant en un seul tas tout le filet près de sa main, en couvrant le poisson de mailles serrées qui lui font une solide prison.

D'autres pêcheurs à la perchère ont poussé plus loin leur malice ; ils ont joint le filet entièrement par une corde qui manœuvre comme la coulisse d'un rideau. Ils n'ont donc plus qu'à tirer à eux la boucle du gros bout pour que le filet vienne d'un seul coup. Sur la rive, il étend l'engin de toute sa longueur et n'a plus qu'à cueillir les truites dorées à cet espalier d'un nouveau genre.

L'avantage de la perchère sur le tramail ordinaire avec lequel on cernerait un coin de rivière, est que le travail se fait beaucoup plus vite et à un seul homme. En effet, avec le tramail, pour cerner et décrire un demi-cercle, il faudrait que le pêcheur dérangeât le poisson ; avec la perchère, il n'en est rien, il la pose brusquement à l'eau comme on jette une ligne et tourne de suite ; les malheureuses truites ont à peine le temps de se reconnaître. Ce qui nous étonne, c'est que cet engin ne soit pas d'un usage plus commun dans le Nord ; par sa commodité il rendrait de grands services aux pêcheurs de truite.

La perchère est un engin pratique, peu embarrassant, bien en main, se pliant à toutes les pêches ; il n'offre que l'inconvénient d'obliger le pêcheur à se mettre à l'eau, mais comme cette pêche se fait pendant la saison estivale, c'est encore un agrément de plus.

LE BARO

Le Baro

Nous ne vous présentons pas sous ce nom un filet, mais un véritable moulin à poisson ; pêcher au *baro* ne constitue pas une partie amusante ou un petit commerce lucratif, mais bien une vaste industrie.

Le baro manœuvre à eau comme une locomobile manœuvre à vapeur ; il tourne sans savoir, il pêche sans raison, jamais rassasié. Point n'est besoin qu'on le surveille, il empile lui-même ses captures dans une caisse ; pour un peu, il les expédierait !

Ne croyez pas que nous plaisantons ; le génie des hommes l'inventa, il n'a pas d'auteur connu, il est de tout le monde, et, tantôt simple, tantôt perfectionné, quoique toujours le même en principe, il tourne du matin au soir, légalement autorisé, sur à peu près tous les gaves poissonneux des Pyrénées où remonte le saumon.

Allez simplement à Peyrehorade, dans les Landes, et vous

le verrez fonctionner, doucement, lentement, mais poursuivant à coup sûr son œuvre de destruction.

Le baro, un nom bien midi, presque espagnol, est une pêcherie fixe en usage sur la Nive, les gaves de Pau et d'Oloron.

Il sert à capturer exclusivement les seuls gros poissons qui fréquentent, à certaines époques, ces eaux rapides et glacées; nous avons nommé le saumon, la lamproie et l'alose.

Comme nous le disions plus haut, le baro est un véritable moulin, moitié palettes, moitié filets; il tourne sans cesse sous la pression de l'eau, une nappe de maille poursuivant l'autre, récoltant, dans les eaux du gave, le poisson qui passe, pour le remonter à la surface, malgré ses sauts et ses cabrioles, puis le vider dans le chenal d'où il tombe lui-même en la caisse destinée à le recevoir. Le récipient rempli, et il est grand, il n'y a qu'à en glisser un autre à la place et ainsi de suite pendant toute la durée de la pêche!

Notre gravure donne une idée assez explicative de cet instrument meurtrier et nos lecteurs se rendront facilement compte, en la contemplant, des effets que peut produire un semblable engin.

Ne soyez pas surpris cependant qu'il soit autorisé, il ne pêche que des espèces voyageuses venues de la mer et qui y retournent; il n'a qu'un tort, c'est qu'il les capture à la montée, alors qu'elles ont encore dans le ventre les millions d'œufs destinés à perpétuer leur race.

Le baro, ce monstre dévorant, ne pêche que le jour, donc, légalement. Le soir, dès que commence à disparaître le soleil, on le lie pour qu'il se repose. On rive son arbre mobile à l'aide d'une chaîne et d'un cadenas, on décroche les filets si l'on est soigneux, et l'eau qui chante passe en courbant ses perches flexibles. Ne tournant plus il ne prend plus rien.

Le matin, dès l'aube, un tour de clef, quelques nœuds à des ficelles et le voilà reparti pour son œuvre destructive et lucrative.

Il faut une autorisation particulière pour faire fonctionner ce moulin à poissons, mais on l'obtient facilement moyennant finance, et il est rare que le rendement ne soit pas largement à hauteur de la somme mise dans l'entreprise.

Le fermier de Peyrehorade, qui est le propriétaire de sept de ces pêcheries, a capturé, en 1899, *mille trois cent deux* saumons pesant ensemble 7 269 kilogrammes. Il les a vendus 31 698 francs, soit par engin un rapport de cent quatre-vingt-six poissons, pesant 1 038 kilogrammes et valant 4 528 francs !

L'installation d'une pêcherie au baro est assez compliquée et pas toujours à la portée de tous, mais comme on peut le voir, elle donne un résultat très appréciable.

Nous avons nous-même visité certaines de ces pêcheries, mais nous ne saurions mieux faire que d'en donner ici la description extraite du savant ouvrage de MM. L. Daubrée et de Bouville, œuvre remarquable, éditée par l'Imprimerie nationale. Voici ce qu'ils en disent :

« La pêcherie se compose d'un plancher sur pilotis, dit « chantier », élevé d'environ 4 mètres au-dessus du fond de la rivière et relié à la berge. Sur ce plancher sont fixés, à 4 mètres l'un de l'autre, deux coussinets en bois sur lesquels peut tourner un arbre horizontal long de 8 mètres, dépassant par conséquent la plate-forme de 4 mètres du côté de la rivière. Les baros de la Nive n'ont qu'un arbre de 4 mètres, les coussinets sont alors disposés autrement : l'un est placé au bord du plancher, l'autre supporté par une rangée de pieux enfoncés dans la rivière parallèlement à ceux du plancher et réunis par des écharpes.

« L'axe du baro porte, en dehors de l'échafaudage, un bâti ou cadre rectangulaire en bois, large de 3 mètres à peu près. La longueur est variable ; les grands côtés sont en effet composés chacun de deux tiges de 5 mètres qui traversent l'axe et peuvent y glisser. Chacune porte à son extrémité un collier de fer où passe l'autre. On peut donc rallonger ou raccourcir le cadre selon les besoins et on le maintient à la dimension voulue en introduisant des coins en bois dans les colliers, jusqu'à forcement.

« A chaque extrémité du bâti et suivant son contour est fixé le bord d'un filet en forme de poche, ayant 1 m. 50 à 1 m. 75 de largeur et 4 mètres de profondeur, les mailles, de 40 à 60 millimètres sur les pêcheries des gaves, atteignent 70 millimètres sur ceux de la Nive.

« Ces filets sont maintenus tendus par une traversière qui passe au milieu de l'axe en faisant avec le plan du cadre un angle de 45 degrés.

« La traversière, comme les longs côtés du cadre, est formée de deux tiges glissant à volonté l'une sur l'autre. A chaque bout est fixé le fond d'une des poches.

« Deux pièces en bois sont fixées à la traversière et, au montant du bâti regardant le chantier, elles relient des points situés à environ 2 mètres de l'arbre. Chacune sert de support à une sorte de panier de forme tronconique, dont la grande base communique avec le fond du filet, et qui s'appuie d'autre part sur le cadre du côté du plancher. Ce panier a 2 mètres à 2 m. 50 de longueur, 80 centimètres à 1 mètre de diamètre à l'ouverture, 35 à 50 centimètres de diamètre à l'autre extrémité. Il est composé de liteaux de 2 à 4 centimètres de largeur, espacés d'autant et reliés par cinq cerceaux. L'ensemble du système est complété par deux tiges traversant l'axe, leur longueur est variable et peut se régler comme celles des traversières. Elles portent à chaque bout une palette de 30 centimètres de hauteur et 60 à 80 centimètres de largeur. Le plan du cadre et ceux passant par l'axe et chacune de ces tiges à palettes font entre eux des angles de 60 degrés.

« Les extrémités de toutes les pièces du système sont réunies par des câbles qui les rendent toutes solidaires.

« Les bois entrant dans la composition du baro sont : le chêne, pour l'arbre et les coussinets ; l'acacia, pour le cadre, les traversières et les tiges des palettes ; le pin maritime, pour le chantier, les pieux et les palettes ; le châtaignier et l'osier, pour les paniers. »

Après cette description on comprend facilement le fonctionnement de l'instrument. Alternativement, ni plus ni moins que les godets d'une chaîne sans fin, les deux filets pénètrent dans l'eau ; au hasard, alors que la gueule se trouve horizontale, le saumon entre au fond du filet qui continue sa course, remonte de nouveau, le poisson, ballotté, arrive à l'ouverture, et tout naturellement se trouve déversé, entraîné par son propre poids, à l'entrée de la glissière ; il vient tomber dans le récipient quelconque qui l'attend.

Lorsqu'il fonctionne bien le baro fait trois tours au moins à la minute et huit au plus ; s'il survient une crue on hausse l'arbre au moyen d'un levier, d'un cric ou d'un treuil, qui la monte en entier au-dessus du gave.

Le baro ne pêche que dans une partie de la rivière, mais comme les saumons suivent généralement la rive pour éviter le trop grand courant et que l'un des filets est presque toujours à l'eau, il est rare qu'ils en réchappent.

Il ne manque au baro qu'un léger complément mécanique pour. que le saumon pris à la course ressorte à l'autre bout agrémenté d'une sauce hollandaise ou crevette. Cela viendra sans doute quelque jour, mais, en attendant, il est à souhaite, que l'usage de ce moulin à poissons ne se répande pas trop vite car la race succulente des salmonides serait vite éteinte.

Aletis Merodack-Jeaneau.

18

LE BORGNON SÉCHANT

Le Borgnon

Le département de la Somme est l'un des plus poissonneux de France ; la raison en est aux nombreux cours d'eau, marais et étangs qui en occupent une grande partie et à la conformation de son sol plat, car sa plus haute colline ne s'élève qu'à 210 mètres au-dessus du niveau de la mer.

Le poisson est donc devenu pour les Picards de ce département une source de revenus, et la pêche s'y pratique sur une grande échelle.

Mais, pour faire un véritable commerce, les engins du pêcheur amateur ne suffisent plus, et les éperviers, araignées, carrés de l'adjudicataire ordinaire de nos rivières centrales sembleraient, dans ces grandes étendues d'eau où le poisson abonde, de véritables joujoux d'enfant. Ils pourraient peut-être suffire à procurer du poisson à une partie des villes voisines, mais ne sauraient être utiles pour approvisionner sérieusement un exportateur en gros et lui permettre d'expédier en quantité sur différents marchés lointains les produits de la pêche.

Il a fallu inventer de grands, très grands engins, capables de barrer tout un passage et de récolter dans une nuit des centaines de livres d'anguilles, de carpes ou de brochets. Le *borgnon* est l'un de ces engins on peut dire spécial au département de la Somme.

Le borgnon est un immense verveux mêlé de dideau ; comme ce dernier, il est destiné à présenter son entrée à un courant qui le traverse, contrairement au verveux dont la gueule doit toujours s'ouvrir en aval, le poisson s'y prenant en remontant le courant.

On place le borgnon en l'adaptant aux barrages à clayettes qui clôturent les étangs des environs de Péronne, où il reste à l'état fixe et n'est relevé que pour des réparations nécessaires toutes les semaines.

Le borgnon a une longueur totale de 4 mètres, mais la coiffe, qui est toujours très développée et ne comporte pas d'arceau, compte pour la moitié dans la totalité de l'engin.

Il n'est pas nécessaire, en effet, qu'il ait une vaste profondeur : la largeur de la gueule seule est obligatoire, car elle doit tenir toute l'entrée d'une large ouverture pour faciliter la capture du poisson. Cette ouverture a en général un pourtour de 7 m. 20 ; elle est fixe au montant des portes de la pêcherie.

Comme dans le verveux, le corps qui vient en arrière est soutenu par deux cercles en bois de 60 à 75 centimètres de diamètre : le premier sert de base à un entonnoir formant la chambre principale de l'engin.

Au milieu de celle-ci, et communiquant avec elle, s'en trouve une seconde dite *borgnette* ou *pochette*, dont l'axe est perpendiculaire à celui de la précédente. Elle est analogue, mais plus petite, étant longue de 1 m. 50 au plus. Deux cerceaux de 40 centimètres de diamètre en forment l'armature. Les mailles ont 20 millimètres à l'entrée et diminuent jusqu'à n'en avoir plus que 10 au fond du filet.

C'est surtout pendant les nuits d'orage que le borgnon pêche le mieux, et lorsqu'on ne veut pas le laisser fixe ou qu'il n'a pas été tendu, c'est lorsqu'on les prévoit sombres et pleines d'électricité qu'on le tend.

Personne n'ignore l'influence du fluide électrique sur les anguilles; dès le premier éclair, elles se laissent dériver au fil de l'eau, le courant les roule sur les sables et la gueule de l'engin est là tout ouverte pour les recevoir.

Ce n'est plus une pêche, c'est une cueillette! Se sentant arrêtées par les mailles, elles se réveillent, cherchent une issue, trouvent l'ouverture de la borgnette ou pochette et s'y précipitent; elles grouillent bientôt au fond, ne pouvant plus sortir et se mêlent les unes aux autres en véritables nœuds.

Dès le matin, à l'aide de barques, on les recueille en tirant simplement de l'eau la pochette sans pour cela toucher au borgnon. Il suffit, en effet, de délier la ficelle qui en forme le fond et de laisser tomber les anguilles dans des paniers préparés exprès.

On capture aussi, à l'aide du borgnon, les autres espèces de poissons, surtout le brochet, mais en réalité le borgnon est un engin spécialement destiné à la prise de l'anguille, qui, venant de la mer, où elle se reproduit, ne saurait être entièrement détruite même par ces grands engins, véritables monstres affamés.

Il existe d'autres types différents de ceux qu'on accole aux barrages des étangs par la présence de deux chambres latérales se faisant vis-à-vis.

Un engin de ce dernier modèle est usité à la célèbre anguillerie de la retenue de Cléry. On le place au bout du chenal par où s'écoulent les eaux du bief supérieur. C'est une installation unique. Le filet porte des plombs très lourds; on le nomme filet à bourses.

Dans les départements de l'Ouest, pour désigner le bourgnon, qui est bien différent, on emploie improprement le mot borgnon.

La *bourgne* est en effet une simple nasse à anguilles employée dans les Charentes et principalement du côté de Bordeaux. Le *bourgnon* est une bourgne plus petite que l'on rentre sous les berges après l'avoir appâté avec des gros vers, du chènevis ou de l'avoine.

On donne comme origine au nom de borgnon, le mot borgne ; en effet, c'est au fond de l'eau un véritable monstre marin ouvrant sur les environs un œil unique, semblant fasciner les anguilles et les attirer fatalement à lui.

On emploie beaucoup le borgnon dans les vastes marais très poissonneux formés par le confluent de la Somme et de la Cologne, sous les murs mêmes de Péronne, la ville picarde qui joua un si grand rôle dans notre histoire. On se sert aussi de cet engin dans tous les étangs et trous à tourbe de ce département. Parmi ces étangs, il faut citer les plus grands : ceux de Saint-Christ, Pagny, Frise, Bray et Cléry.

Le borgnon peut rendre de grands services au commerce partout où il y a des anguilles et des étangs où l'on peut établir un courant rapide, principalement au bord de la mer. Ce n'est pas un engin d'amateur, mais de professionnel, et nous ne l'avons signalé qu'à ce titre pour les propriétaires d'étangs côtiers du sud de la France.

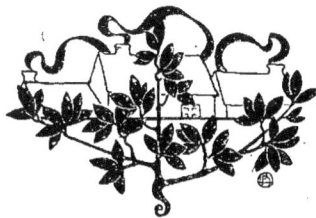

La Mue

La *mue* est un grand filet assez curieux, mais d'une pratique locale ; il ne sert qu'à la capture de la lamproie et de la plie dans les eaux de la Loire. Il est en usage dans les départements de Loir-et-Cher et du Loiret, où il rend de grands services aux pêcheurs.

Nous avons ici même conté la pêche à la pince, spéciale à la Bourgogne ; la mue rendrait les mêmes services quoique disposée d'une tout autre façon. Avec cet engin, le pêcheur pourrait capturer n'importe quel gros poisson endormi sur les sables ou auprès des pierres, et l'usage de la mue pendant les grands froids de l'hiver permettrait dans toutes les rivières de belles pêches de carpes et de barbillons.

Suivant que la mue sert à capturer la lamproie ou la plie, ses dimensions sont plus ou moins grandes, mais la forme générale du filet ne varie pas.

Pour la pêche à la grande lamproie, l'instrument est formé par une poche profonde, bâtie en forme de pain de sucre

ou de bonnet de coton. Cette poche a, suivant la profondeur
de l'eau, de 2 à 3 mètres de hauteur, extrême limite à laquelle
on puisse apercevoir un poisson sur les fonds, même par les
eaux les plus claires.

Les mailles formant l'ouverture sont assujetties à un cercle
de fer de 60 à 70 centimètres de diamètre et leur calibre est
ordinairement du sommet à la base de 27 millimètres, cet
engin ne servant qu'à la prise de grosses espèces.

Deux ou trois branches de bois ou de fer partent du cercle
qu'elles soutiennent et vont rejoindre un manche long de 1 m. 60
à 2 mètres au plus. Une poignée bien en main, placée perpendiculairement au plan du cadre d'ouverture, termine le tout.

Pour bien expliquer la façon dont on manœuvre cet engin
il nous faut ici dire quelques mots de la lamproie et de ses
habitudes.

Il y a trois sortes de lamproies, la petite et la grande, la
lamproie d'eau douce et la lamproie de mer.

La petite lamproie d'eau douce a à peine quelques centimètres de longueur, on la trouve sous les pierres et personne
ne s'y intéresse ; la lamproie de mer, dont la chair est parfaite,
atteint souvent 1 mètre et 1 m. 25 et pèse plusieurs kilogrammes.
Sa tête est brune, sa bouche celle d'une sangsue et autour
sont disposées une vingtaine de petites dents jaunes disposées
en cercle. Autour des yeux, gros et ronds, sont des trous qui
laissent suinter une humeur visqueuse sur la peau de l'animal.
Le dos et les flancs sont d'un vert jaunâtre marbré de bleu ou
de noir, le ventre est presque blanc.

La lamproie, comme forme générale, ressemble plutôt à une
anguille qu'à un poisson ordinaire.

C'est au moment de la reproduction, après six mois de
villégiature dans l'Océan ou la Méditerranée, que les lamproies
vers le mois de mai remontent nos fleuves et nos rivières.
Pour se reposer, la gueule collée à une pierre, elles se laissent
balancer mollement par le courant, presque endormies, en tout
cas peu farouches. C'est alors qu'on les capture à l'aide de la
mue que l'on nomme aussi *haveneau*.

Voici la façon de procéder :

Le pêcheur, toujours en bateau, s'il est seul, se laisse descendre au fil de l'eau ; s'il a un compagnon de pêche, il se tient à l'avant et, dans ce cas, remonte au contraire lentement le fleuve. Il guette le fond de l'eau, tenant en main son instrument, la mue, dont la partie haute du filet est serrée entre ses doigts le long du manche et retombe en sac un peu sur le côté, étant plus longue. La gueule de l'engin est en bas, sur la levée du bateau, le cercle à plat, les mailles un peu raides.

Aperçoit-il une lamproie, il descend lentement son filet à l'eau en ligne droite, coiffe pierre et poisson et pousse le cercle de fer vivement sur le sol en laissant tomber la nappe entière de filet à l'eau.

Au bruit, le poisson se décolle de sa pierre, cherche à échapper en remontant et s'enfuit jusqu'à l'extrémité du filet, maintenant complètement immergé. Le pêcheur passe alors son cercle par-dessus la pierre, force le filet à en boucher l'ouverture en se repliant et n'a plus qu'à relever l'engin un peu sur le côté, afin d'en tenir la gueule fermée par les mailles.

Ce qui se pratique pour la lamproie pourrait se faire aussi bien pour n'importe quelle sorte de poisson au repos, car on sait que tout poisson qui dort sur les fonds ne s'effarouche qu'à un mouvement brusque ou à un attouchement violent. Les pêcheurs à la main connaissent bien cela et ne se gênent pas pour caresser le poisson et le saisir aux ouïes.

Il est encore bien plus facile de le capturer avec ce large cercle qui, descendu prudemment, ne saurait l'effaroucher.

Ce qui nous étonne, c'est que la mue soit aussi peu connue.

Nous avons dit plus haut que la mue servait aussi à s'emparer des plies.

La plie est un poisson plat, très commun sur les côtes de Normandie et de l'Océan, ressemblant beaucoup à la sole et à la limande. En été, elle remonte les grands fleuves sableux assez loin dans les terres et se tient sur les sables fins qui la recouvrent presque entièrement, ne laissant sortir que l'extrémité de sa tête à hauteur de ses yeux. Il faut être très habile pour le distinguer, et là la pêche devient un sport.

Avec l'habitude, le pêcheur distingue très bien les deux gros yeux et surtout le petit évent qu'elle fait en respirant, envoyant

à 1 ou |2 centimètres le sable comme une fine poussière au-
dessus de sa tête où il retombe continuellement. On la coiffe
alors comme on le fait pour la lamproie.

La mue, dans ce cas, est toujours de dimensions moindres.
Elle a la forme d'un cône tronqué à mailles de 27 à 30 millimètres et mesure de 40 à 60 centimètres de diamètre à l'entrée,
sur 70 centimètres à 1 mètre de hauteur de filet. Le manche en
bois a une longueur de 1 m. 50, il est perpendiculaire au plan
du cercle sur lequel est montée la perche et s'y raccorde par
trois ou quatre branches.

La mue a beaucoup de ressemblance avec d'autres engins de
même forme ou à peu près dont on se sert dans certaines
contrées de France, et qu'on appelle, suivant les localités :
l'*aragnol*, le *cercle à vue* et le *foule-pied*, qui est le plus
commun.

La mue rendrait de grands services pour pêcher à la mauvaise saison dans les fonds d'eau entourés d'herbes où se réfugient les carpes et les barbillons difficiles à capturer en hiver à
la ligne ou aux autres grands engins.

PÊCHEUSE A LA CUILLÈRE

Les Pêches bizarres

Les pêcheurs sont aussi superstitieux que les joueurs, mais la pêche n'est-elle pas un véritable jeu avec tous ses atours et tous ses aléas.

Il y faut de l'adresse, mais il faut aussi, ni plus ni moins qu'aux courses, de la chance.

Si l'adresse s'acquiert par une longue pratique et beaucoup d'observation, la chance, elle, ne s'acquiert pas ; on peut être adroit et n'être pas veinard, c'est pourquoi les pêcheurs malins qui n'ont pas la veine ont-ils cherché à s'attirer ses bienveillances en employant les appâts les plus bizarres et les plus variés et y ont-ils joint les pièges et les engins les plus nouveaux, fruit de leur imagination vagabonde.

Nous ne parlerons pas ici des pâtes plus ou moins complexes, véritables travaux d'alchimistes ou de sorciers, pas plus que des inventions hétéroclites susceptibles d'attirer les moqueries des vrais chevaliers de la gaule, beaucoup plus que le poisson, appâts étranges à base de graisse de hérons mort-nés ou autres fumisteries ; mais parmi le nombre considérable d'inventions nous citerons celles qui ont parfaitement réussi et sont devenues pour quelques-uns du moins des moyens de fructueuses pêches. Ceux-là, ceux qui réussissent, ce sont en général des braconniers qui les ont découvertes, et ils s'en servent avantageusement, comme des finauds qu'ils sont, sans les dévoiler.

Dans un prochain volume actuellement en préparation : *les Maîtres de l'Onde,* qui sera le complément naturel de *Pêches, Pêcheurs, Pêchés !* nous traitons exclusivement de la grave question du braconnage de pêche.

LA PÊCHE AUX QUEUES

Le chabot, chabout, cabot ou têtard, suivant les contrées, est un petit poisson à grosse tête rugueuse et plate qui loge sous les pierres et est très commun dans les eaux un peu vives et peu profondes. Les pêcheurs à la queue de chabot le prennent à la main, puis le jettent dans un boîte à vif où ils ont soin de le garder vivant. Lorsqu'ils en ont une douzaine, ce qui est plus que suffisant, armés d'une solide gaule à brochet, ils partent pour leurs endroits favoris en amont et en aval de la rivière. Pour amorce, ils prennent le chabot, lui coupent la tête sous les ouïes, comme font les marchands des halles pour les rougets, et ils passent l'hameçon au travers des épaules de ce décapité, de fait ce n'est plus qu'une queue. Avec cet appât, ils prennent ainsi toutes les espèces qui mordent au vif, non pas en pêchant

au lancer, ou comme au poisson d'étain, mais en pêchant au
repos, à fond, exactement comme on le ferait avec un véron ou
un goujon vivant.

Autant que possible il faut bien choisir l'endroit, l'embouchure des ruisseaux par exemple, les tournants ou remous qui
forment la terminaison des grands courants, etc., etc.

Le poisson mort ou la queue de telle ou telle autre espèce
n'obtient aucun succès auprès du brochet, des perches et des
blancs, en pêchant au repos ; ce qu'il faut à leur gourmandise,
c'est du chabot ! Pourquoi ? Il y a là évidemment un mystère ;
quant à employer la queue seulement au lieu de lui laisser sa
tête cela s'explique facilement.

Pour se défendre le chabot gonfle son énorme tête, hérisse
les épines de ses ouïes ; déjà laid au naturel il se rend horrible
et roule des yeux extravagants.

Aucun poisson n'oserait aborder un pareil hérisson, si ce
n'est le brochet affamé qui n'y regarde pas de si près.

C'est comme si on vous offrait de boire à la régalade une
grappe de châtaignes encore dans leur première écorce. Peut-
être est-ce là la raison du goût prononcé qu'ont certaines
espèces, les chevesnes par exemple, pour la queue du chabot ;
nous vous donnons l'explication pour ce qu'elle vaut, c'est-à-
dire pas grand'chose. A chaque instant, la perche vagabonde
et le chevesne gourmand rencontrent sur leur chemin un
chabot indigeste qui les regarde de travers et semble leur
japper aux grègues. Ils le sentent appétissant, gras et dodu,
fort en chair et sans arêtes, mais ne peuvent y toucher à cause
de la tête ; c'est le fruit défendu, ce qui donne à cette capture,
chez les poissons comme chez les hommes, un attrait de plus,
et ils s'en vont désolés.

Voilà qu'en route ils rencontrent, pendu au-dessus de leur
nez, ce même chabot, mais cette fois sans tête, l'offre est tentante
et le repas friand, la queue est toute fraîche, ils se précipitent
dessus et la dévorent d'un seul coup. Hélas ! le traître hameçon
a remplacé la tête et le chabot, même mort, a joué un vilain
tour à ses ennemis.

La queue d'écrevisse, la carapace enlevée, bien entendu,
boitent le même succès, surtout sur le brochet ; il sait parfaite-

ment que c'est une queue d'écrevisse, car si vous fabriquez un appât à peu près semblable avec une chair quelconque, il se gardera bien d'y toucher. Cela vient de ce que les brochets sont très friands d'écrevisses, qu'ils croquent à l'époque où, changeant de peau, elles sont molles comme des limaces.

Mais voici une autre pêche bien plus extraordinaire.

LE DRAP NOIR

Si vous avez un pantalon de drap noir qu'un usage régulier et de vieille date ne vous permet plus de conserver à ses attributions naturelles, vous pouvez très bien vous en servir comme amorce et pêcher avec succès le chevesne ou poisson blanc.

Cette pêche se fait au grand soleil, de juin à septembre, à la volée, ou, si vous le préférez, au lancer, nous en avons traité spécialement au début de cet ouvrage.

En guise d'amorce vous passez l'hameçon dans un morceau de 1 centimètre carré de drap noir et vous pêchez comme avec une mouche, en lançant le plus loin possible — en coup de fouet — votre bannière de 10 à 15 mètres plus longue que la fine gaule de noisetier. Vous prenez ainsi les plus gros blancs qui dorment au soleil vers le milieu de la rivière et, chose curieuse, très rarement des petits.

N'allez pas croire que le drap remplace ici une mouche artificielle, pas le moins du monde, car si vous remplacez le drap noir par du gris, du rouge, ou toute autre étoffe de couleur quelconque, vous ne prendrez absolument rien, nous en avons maintes fois fait l'expérience ; ce qu'il faut c'est du drap noir et rien que du drap noir.

Nous proposerons donc ce problème à l'*Intermédiaire des chercheurs et curieux* : pourquoi le chevesne, et le chevesne seul, a-t-il une prédilection marquée pour les fonds de culotte, à la condition qu'ils soient couleur de deuil profond ?

Ne croyez pas à une boutade de notre part, tous les mariniers de la Nièvre, et ils sont nombreux, pêchent ainsi et prennent de fort beaux chevesnes en jetant leur ligne amorcée de drap noir ou de feutre noir et en la retirant immédiatement.

Cette pêche se fait en marchant assez vite sur les berges

dans les endroits où aucun arbre n'est susceptible d'accrocher
la bannière. Nous ferons remarquer que pour lancer aussi loin
une si longue ficelle avec une aussi courte perche il faut énormément d'habitude. Les marchands de paniers, braconniers en
temps ordinaire, pêchent de la même façon avec une sorte de

LOUTRE PÊCHANT DES ÉCREVISSES A L'AIDE DE SA QUEUE

carabe noir que l'on trouve sous les bûches et sous les pierres;
ils prennent ainsi beaucoup de petits blancs et peu de gros, ce
serait donc la couleur noire que le chevesne affectionnerait.

LA PÊCHE AU SAC

Voici une autre pêche bizarre très fructueuse qu'aucun de nos
lecteurs, nous en sommes convaincu, ne voudra pratiquer : il
s'agit de la pêche au sac et au boyau de poulet, car l'un ne
va pas sans l'autre.

Il faut être un bien malpropre personnage pour pratiquer ce genre de pêche ou avoir bien besoin de gagner quelques sous; aussi ce ne sont guère que de très pauvres bougres qui s'exercent à ce sport mal odorant.

Nous sommes donc fort embarrassé pour décemment en faire le récit; néanmoins, essayons. Le pêcheur au sac commence par se procurer des boyaux de poulet qu'il coupe, naturellement sans les nettoyer, par morceaux de 2 ou 3 centimètres, afin de les avoir tout préparés sous la main en temps voulu et de ne pas perdre de temps si la pêche a l'air de vouloir donner.

Notez qu'il faut des boyaux de poulet, de canard, ou tout quelconque volatile, et non d'autre animal; pêchez avec ceux d'un porc, d'un veau ou d'un mouton, vous ne prendrez rien. Ayant placé dans une boîte son peu ragoûtant appât, le pêcheur se procure un sac hors d'usage, car il le jettera lorsqu'il aura terminé sa pêche.

Grossièrement il en bouche les trous, s'il est déchiré, et le remplit — voilez-vous la face ! — d'excréments humains autant que possible secs, vous en comprenez la raison.

Il en emporte ainsi une vingtaine de kilogrammes sur son épaule, comme un autre porterait du blé ou des pommes de terre, sans se soucier le moins du monde de l'odeur.

Ayant au bord bien choisi son endroit, un léger courant formant un remous sur le côté, il coupe une perche de saule de 3 à 4 mètres de longueur, y attache le sac, le plonge dans l'eau où il détrempe, et de temps en temps l'agite.

Une dizaine de minutes s'écoulent, les excréments délayés laissent aller au courant leur infect purin. De tous les coins et recoins des berges en aval de la rivière, les blancs flairent, c'est le cas de le dire, la bonne aubaine, ils remontent et se placent à portée du sac, dans le remous, la gueule ouverte, guettant la provende.

C'est là que le pêcheur jette sa ligne amorcée de boyau, et, à tout coup, il retire un chevesne, une vandoise ou un gardon, rarement d'autres espèces.

Sa pêche terminée, il abandonne sac et perche sur place, puis va vendre son poisson, en se gardant bien de conter la façon malpropre dont il a été capturé.

LA PÊCHE AU GRELOT

La pêche au grelot est des plus amusantes.

Cette pêche se pratique à l'entrée de l'hiver par une eau un peu trouble et légèrement en crue, après les pluies d'automne. Elle permet à l'enragé pêcheur de braconner modestement et de continuer sa pêche après le coucher du soleil ; elle se pratique à n'importe quelle amorce, mais le vif est préférable, les touches étant plus franches, plus rapides et plus fortes.

Après avoir passé une bonne partie de la journée au bord de l'eau sans rien prendre, le pêcheur acharné va se retirer. Le soir tombe rapidement et c'est à peine si sur la surface de la rivière il peut encore distinguer le flotteur.

Mais voilà une touche, il tire, c'est une perche d'assez belle taille et la voici dans la filoche. Il repose la ligne, nouvelle touche, nouvelle prise. Décidément ça mord, c'est merveille ! quel dommage de quitter un si bon endroit ! Il le faut cependant : le liège est devenu invisible, impossible de distinguer les touches. Pourtant il n'y a rien à craindre, cette partie de la rivière est mal gardée, et le garde, du reste, est un bon garçon qui préfère la gaieté de l'auberge à la poésie des bords de l'eau.

Navré, le pêcheur va se retirer, lorsqu'il se souvient qu'il a un grelot.

Maintenant, devenu tout joyeux par ce bon souvenir, il coupe une branche bien flexible, attache à l'extrémité fine le grelot, la pique à terre, vérifie l'amorce de sa ligne, place l'appât à l'eau et la gaule sur le bord. Il prend alors le haut de la bannière, fait une encoche légère au-dessus du grelot, à l'extrémité de la baguette, y pince la soie et se couche dans l'herbe parfumée à deux pas de la gaule.

Tout à coup, agité par le fil que tire un poisson entraînant l'amorce, tin, tin, fait le grelot avertisseur, ce n'est pas long, une fois ou deux, mais le pêcheur a l'oreille fine, il saute sur la gaule et ferre ; la soie quitte l'encoche où elle était fort peu retenue et voici encore une perche ou un brochet dans le sac. Il n'y a plus qu'à continuer, et il continue. On pêche ainsi à la carpe et à la tanche, au ver, ou au barbeau avec du fromage.

Lorsque c'est un véritable braconnier, il place trois ou quatre lignes à 5 ou 6 mètres de distance et les surveille debout, l'oreille au guet, mais pour que la baguette soit plus sensible il la remplace par un piquet ferré terminé par une baleine au bout de laquelle, comme une fleur en clochette, pend le grelot révélateur [1].

Sa pêche faite, il replie ses lignes, met les grelots tout montés d'avance dans sa carnassière et laisse les gaules sur la rive, car à l'ordinaire elles ne lui ont coûté que la peine de les couper sur le saule le plus voisin.

LE BROCHET AU NŒUD COULANT

Voici encore une pêche bizarre des plus amusantes, car prendre le brochet au collet, comme un simple lapin de garenne, n'est certainement pas banal, et si les poissons devaient échapper à quelque chose, ce devrait être à coup sûr à la pendaison.

Cette pêche ne se pratique principalement que sur le brochet, la disposition de son corps s'y prêtant à merveille, et ses nageoires de côté se repliant difficilement en avant font un solide point d'appui pour le collet.

La pêche au nœud coulant fut certainement inventée par des observateurs et par conséquent par des braconniers. Il faut pour cela bien connaître les mœurs du brochet et avoir une rivière ou des étangs dans lesquels croissent des iris d'eau.

A la saison chaude, ni plus ni moins qu'un Parisien, le brochet va en villégiature, il recherche son bien-être ; comme dans le vers de Victor Hugo,

> Dormir la tête à l'ombre et les pieds au soleil

est pour lui un véritable bonheur, mais n'ayant pas de pieds c'est sa queue qu'il met au soleil.

Donc il se promène sur les bords, trouve des oasis d'iris dont gracieusement les feuilles retombent sur l'eau sous des fleurs embaumées de la plus jolie couleur jaune qui soit.

Dans ce minuscule bois fleuri il choisit une clairière et, pour digérer en véritable dilettante, il met sa tête à l'endroit de l'ombre portée, il tient 10 ou 15 centimètres au plus de surface

---

1. On vend ces grelots tout montés.

et s'endort du sommeil du juste, à moins que ce ne soit de la lourdeur des digestions difficiles. Le bon, le brave soleil lui chauffe les reins, paresseusement il reste là des heures, des journées entières, ne changeant de place que pour suivre l'ombre, indifférent à tout le reste.

C'est alors qu'on voit dormir quantités de brochets et de brochetons pendant les mois de juin, juillet et août. Quand il est ainsi ce poisson ne veut plus mordre à aucun appât, et si vous passez porteur d'une ligne à vif, vous pouvez lui gratter le dos

PAS FRAIS! — RATS D'EAU

avec votre véron, il ne bougera pas, mettez-le lui devant le bec il restera indifférent, et, si vous l'agacez trop, d'un seul coup de queue il se lancera rapide comme la flèche dans les profondeurs sombres où poussent les racines d'iris.

C'est le moment pour le pêcheur au nœud coulant de préparer sa ligne.

Il prend une gaule de 3 à 5 mètres, bien raide, en coupe l'extrémité trop flexible, y attache de la ficelle câblée ou de la très grosse soie, environ 2 mètres, et à l'extrémité noue un fil de laiton très fin, au bout duquel il a fait un nœud coulant qu'il peut agrandir à volonté suivant la grosseur du poisson à pêcher.

Voit-il un brochet qui dort ou même fait simplement semblant ; sans se cacher, mais aussi sans à-coups et sans gestes, il
s'approche le plus possible, descend à l'eau le nœud coulant
qui pend comme la corde d'un gibet, arrive à le placer devant
le museau ou devant la queue du brochet, et, allant suivant l'horizontale, lui passe, comme on fait d'une bague dans un doigt,
le fil de laiton autour du corps.

Peu importe qu'il touche le dormeur, celui-ci, charmé de
l'intention probablement, agréablement flatté aussi par le frôle-
ment du laiton, laisse faire sans protester, parfois il remue les nageoires, comme très satisfait, et fait des yeux de carpe frite.

Rien n'est drôle comme cela !

Sous la main qui le guide, le fil de laiton avance toujours
lentement en frôlant les écailles, il passe près des nageoires de
côté, c'est le moment ; une brusque secousse en hauteur, la ligne
rejetée vigoureusement en arrière en tirant de la queue à la
gueule, et le brochet, tenu par le laiton sous les nageoires maintenues horizontales, monte en l'air et va retomber sur le gazon
où il frétille d'étonnement, car il ne s'attendait guère à faire
ainsi une excursion à l'air libre.

Empressons-nous de dire que c'est moins commode à faire
qu'à écrire, encore une pêche où il faut un apprentissage, et il
y a un petit inconvénient, c'est qu'on ne prend guère ainsi que
des brochetons de 1 livre au plus, ce qui entre nous est déjà
bien joli.

Nous connaissons des braconniers qui, pêchant ainsi, prennent
vingt à trente brochetons dans leur journée sur les bords de la
rivière et surtout dans les trous ou fossés pleins d'eau qui y ont
accès, c'est là que vient dormir de préférence le brochet pendant la chaude saison.

La pêche au nœud coulant est un jeu d'adresse, elle rappelle
l'amusement qui consiste à enfiler des anneaux dans des petits
piquets de fer après lesquels sont accrochés comme enjeu des
couteaux, mais là l'enjeu est plus intéressant, il vit, vous regarde
et peut fuir. Devrait-on rater neuf brochets sur dix, le plaisir
serait encore grand, car dans une rivière où il y a du brochet, et il
y en a dans presque toutes les rivières, il est bien rare, avec un
peu d'habitude, de n'en pas voir dormir sur les bords une ou deux

douzaines sur 1 kilomètre de long pendant la belle saison d'été. C'est sous les iris d'eau que messieurs brochetons viennent faire la promenade, comme les gracieuses demi-mondaines vont le faire dans l'allée des Acacias au bois de Boulogne.

LA PÊCHE A LA CUILLÈRE

La pêche à la cuillère est bien connue ; ordinairement elle se pratique au moyen d'un engin ayant absolument la forme du récipient d'une cuillère, le manche enlevé naturellement. Cette partie de cuillère est dorée à sa partie convexe et argentée à sa partie concave. Elle est armée à son extrémité par un hameçon à trois branches attaché à un émerillon. L'autre extrémité de la cuillère est attachée à une soie d'une cinquantaine de mètres.

On pêche à la cuillère en bateau, en laissant traîner l'engin derrière soi et en donnant un mouvement de va-et-vient avec le bras ; le bateau doit aller doucement et sans bruit. Cette pêche ne peut se pratiquer qu'en eau profonde et dans les rivières où il n'y a pas d'herbes. Il faut aussi de l'eau très claire. La pêche à la cuillère est-elle ou non autorisée? On n'est pas très fixé à cet égard. Des tribunaux condamnent, d'autres absolvent. M. M.-C. Cellier a très bien traité la question dans une brochure : *la Pêche à la Cuillère*, parue à Meaux en 1889.

A son avis cette pêche est utile, car on y détruit le brochet et on ne prend que du gros.

On ne capture du reste à la cuillère que des brochets et de la grosse perche. Cependant les fermiers de pêche prétendent qu'elle est très nuisible à la bonne jouissance de leur contrat, elle raccroche les nasses, les verveux et les lignes de fond.

Sur quatre cours d'appel appelées à statuer sur la pêche à la cuillère, trois l'ont considérée comme ligne flottante autorisée par la loi et ont acquitté les inculpés.

Dans beaucoup de départements elle est interdite par les préfets.

La pêche au poisson d'étain se pratique de la même façon, mais du bord c'est le même principe, on prend surtout de la petite perche si l'eau est un peu trouble. Comme pour la pêche à la cuillère, interdiction mitigée.

LA PÊCHE AU FUSIL

La pêche au fusil se fait comme la chasse. Elle est interdite. Voici ce qu'en dit M. R. C., dans *le Messager du Poitou*, juin 1902 :

PÊCHE A AUTORISER — LA PÊCHE AU FUSIL

« Malgré les modifications qui lui ont été apportées par des lois ou décrets nombreux, dont les principaux sont ceux d'octobre 1840, mai 1865, août 1875, mai 1878, décembre 1889, août 1892, et enfin le règlement du 5 septembre 1897, la loi du 15 avril 1829, dite *Code de la pêche fluviale*, n'en est pas moins surannée, elle devrait non pas être revue et corrigée, mais totalement refondue.

« D'un côté, en effet, l'acclimatation dans les eaux françaises de poissons étrangers, tels que le calicotbas, dont nous parlions récemment, nécessiterait un nouveau classement des poissons quant aux dimensions qu'ils doivent acquérir pour être pris sans crainte de procès-verbal, et une nouvelle réglementation du maillage des filets destinés à leur capture ; d'autre côté, il conviendrait de prohiber certaines pêches permises, mais reconnues trop destructives, et d'en autoriser d'autres défendues aujourd'hui : de ces dernières est la pêche au fusil ou à la flèche telle qu'elle est pratiquée, malgré son interdiction, dans notre région.

« Mais demander à nos honorables la refonte urgente d'une loi est peut-être outrecuidant, bon nombre d'entre eux ayant la mauvaise habitude de se préoccuper plus de politique pure que de lois intéressant une forte majorité de citoyens et aussi la fortune nationale, comme celle de la pêche.

« C'est pourquoi, au lieu de nous adresser au Palais-Bourbon, irons-nous plus près et attirerons-nous, sur le genre de pêche dont nous verrions avec plaisir l'autorisation, l'attention du représentant du gouvernement dans le département et des élus de l'assemblée départementale : M. le préfet et MM. les conseillers généraux.

« L'article 2 du décret du 5 septembre 1897 dit en effet : « Les « préfets peuvent, par des arrêtés rendus après avoir pris l'avis « des conseils généraux », etc.

« C'est donc à ces deux pouvoirs que nous transmettons les doléances des pêcheurs au fusil.

« Cette pêche, qu'elle soit faite avec des balles coupées ou avec une flèche, n'a aucun caractère dévastateur.

« Deux seuls poissons en sont, dans la région, les victimes : les brochets et les carpes, et les spécimens de ces deux espèces ont tous atteint l'âge adulte lorsqu'ils sont ainsi tués ou cap-

EN BATEAU

turés. Nous ajouterons même qu'en temps permis, avec engins autorisés, il est fort rare que l'on parvienne à capturer des carpes aussi belles que celles tuées ou pêchées au fusil.

« En outre, les animaux pris ont tous, vu la saison où s'en fait la capture, satisfait aux lois naturelles de la reproduction, et assuré pour les années suivantes la conservation de leur espèce.

« Nous conclurons donc que la pêche au fusil n'est nullement dévastatrice et qu'elle ne livre au commerce que des poissons adultes, ceux qui doivent entrer normalement dans la consommation.

« Certains chasseurs vont, en lisant ces lignes, pousser les hauts cris et déclarer que l'autorisation sollicitée sera une porte ouverte au braconnage.

« Plus chasseurs que pêcheurs, ceux de mes amis qui me prient de mener campagne en faveur de la pêche au fusil, et moi-même, ne partageons pas cette façon de voir.

« C'est difficilement en effet que nous nous imaginons un pseudo-pêcheur à la flèche, tirant, avec cet appareil renouvelé des anciens, un lièvre déboulant d'un buisson bordant la rive, pas plus du reste que nous voyons une caille pelotée proprement par la balle coupée en quatre dont se servent certains pêcheurs.

« Il est un fait du reste que l'on ne saurait nier, c'est que la surveillance de cette sorte de pêche serait des plus faciles ; elle se fait en plein jour, dans les après-midi les plus chauds, les plus ensoleillés ; les prairies bordant les rivières sont dépourvues de leur récolte ; de loin les fraudeurs seraient visibles et facilement de bonne prise.

« Nos amis en Nemrod auraient tort de se plaindre, les pêcheurs au fusil pêcheront et ne chasseront point ; gardes, gendarmes, du reste, sont là pour réprimer les tendances fâcheuses de ceux que ne gênent ni les lois ni les scrupules. C'est pourquoi nous demandons avec insistance que soit autorisée la pêche au fusil, trop heureux si le modeste grelot que nous venons d'attacher a son retentissement au sein du conseil général et si, sans distinction d'opinion, de personne, de parti, les élus de l'assemblée départementale prennent en considération les réclamations fort justifiées de nos amis pêcheurs.

« R. C. »

. . . .

Parmi les pêches bizarres, il y a aussi les pêches fumistes, sur lesquelles nous déclinons toute responsabilité, mais rien n'est parfois plus vrai que l'invraisemblable. Voici par exemple ce que nous conte un journal anglais :

« Un pêcheur endurci, M. William R. Lamb, a imaginé, paraît-il, un nouveau genre de pêche dans lequel un miroir est suspendu à l'extrémité de la ligne, devant l'hameçon. Le poisson, en approchant du miroir, y voit son image et se figure

qu'un autre poisson va saisir l'amorce ; de sorte qu'il se précipite lui-même pour l'avoir le premier : c'est du moins ce que
prétend l'inventeur. Le miroir peut être construit simple ou à
double face, il peut avoir la forme d'un miroir multiple donnant
ainsi plusieurs images du poisson et, par suite, produisant l'illu-
sion d'une bande de poissons arrivant de tous côtés sur l'amorce.

UN ADROIT PÊCHEUR

La pêche au miroir rappelle, par son procédé, la traditionnelle
chasse aux alouettes, cela n'est point banal. »

En voici une autre que nous avons vu faire avec assez de
réussite, ma foi !

LA PÊCHE AU VER LUISANT

Sur votre flotteur, coupé horizontalement afin de le rendre
plat, placer un ver luisant qui, pendant la nuit, vous indiquera
sa position sur l'eau.

Le liège tiré par un poisson sombre-t-il, le ver luisant, la
luciole si vous préférez, est laissé sur l'eau ; au contact du froid

liquide il éteint sa lanterne, et, comme vous ne le voyez plus,
vous ferrez, le poisson pris, vous replacez un autre ver luisant
sur le liège et vous recommencez...

Faites attention, c'est une pêche de braconnier gascon, donc
interdite.

Nous ne pouvons résister au plaisir de vous conter, pour terminer les pêches bizarres, deux anecdotes dont nous fûmes le
héros de la première et dont Armand Silvestre fut l'écrivain
de la seconde, quoiqu'il n'en fût pas l'inventeur, car nous l'avions
entendu narrer bien avant qu'il ne l'écrivît.

LA PÊCHE A L'OISEAU DE PROIE

Nous chassions un jour sur les bords du Beuvron, un ruisseau qui traverse une partie de la Nièvre pour se jeter dans
l'Yonne. La poule d'eau n'était pas abondante et le râle faisait
défaut ; aussi, pour tirer quelque chose en même temps que le
temps, tirions-nous sur les saules, pics, geais, tourterelles, etc.

En guettant ainsi, nous aperçûmes de loin une énorme buse
qui semblait, au faîte d'un peuplier, nous narguer en dévorant
quelque chose qu'elle tenait entre ses pattes. Une poule, pensâmes-nous. De tronc en tronc nous pûmes nous approcher
assez près pour la tirer et pour l'abattre ; elle tomba de branche
en branche précédée par l'objet qu'elle avait lâché et qu'elle
rejoignit sur le sol.

Quelle fut notre stupéfaction en arrivant près d'elle de voir
à ses côtés une superbe carpe de 3 livres environ ; la tête seule
était un peu abîmée et ce poisson vivait encore. Si le rôti fut
mangé, ce fut certainement par le naturaliste-empailleur, mais
notre carpe pêchée sur un arbre avec un fusil comme ligne
fit une délicieuse matelote.

MATELOTE ET CIVET

Armand Silvestre, l'humoristique écrivain, conte quelque
part qu'un chasseur, ayant mangé du cassoulet, fut pris d'un
besoin pressant sur lequel nous ne nous étendrons pas et pour
cause !

Il chassait près d'un ruisseau sur le bord duquel, ayant
défait ses bretelles, il... s'accroupit. Son fusil était à terre, à

côté de lui, tout chargé, prêt à partir. Au bruit insolite du cassoulet reprenant sa liberté, un lièvre tapi à quelques pas s'enfuit; notre chasseur, poussant l'amour de la chasse aux dernières
limites, ramassa son fusil et, sans se déranger de sa position,
épaula, fit feu et eut le loisir de voir bouler le lièvre en même
temps que, perdant son équilibre peu stable sous le repousse-
ment du fusil, il boulait lui-même dans le ruisseau.

Tout penaud, trempé, empêtré dans sa culotte qui lui tombait sur les talons, notre homme se releva, il ramassa ses
chausses, boucla le premier bouton et remonta sur la berge.

Mais quelque chose gigotait dans sa culotte; pris de peur,
vite il la défit et en retira une superbe tanche bien dorée et
bien grasse qui, passant par là, effrayée par la chute dans l'eau
et le coup de fusil, s'était réfugiée où elle avait pu et s'était
trouvée boutonnée dans la culotte du mangeur de cassoulet.

Tanche et lièvre furent mis dans la gibecière. Après cette
pêche bizarre, extraordinairement bizarre, tirons l'échelle! il ne
faut pas abuser de bonnes choses!

ARRESTATION DE BRACONNIER
Tout est bien qui finit bien!

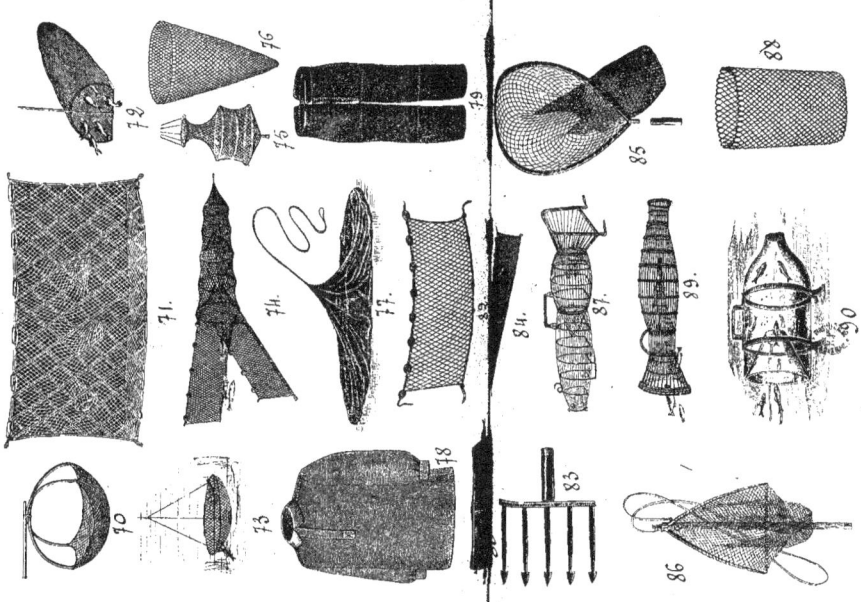

70. Carrelet. — 71. Tramail. — 72. Truable. — 73. Ruban à écrevisses. — 74. Verveux, à ailes. — 75. Bouteriche. — 76. Filet d'épuisette en corde. — 77. Épervier. — 78. Bâtons pour la pêche à l'épervier. — 79. Vernon double. — 81. Verveux à estomac. — 83. Fouine. — 84. Équasette pour train. — 86. Équasette à sésamot. — 86. Équasette modèle Wyers. — [87. Nasse en fil de fer galvanisé. — 88. Filet d'épuisette en toile préparée. — 89. Nasse en osier. — 90. Carafe à goujons modèle Wyers.

(Clichés de la *Pêche moderne*, Wyers frères, directeurs, quai du Louvre, 30, Paris.)

— 300-301 —

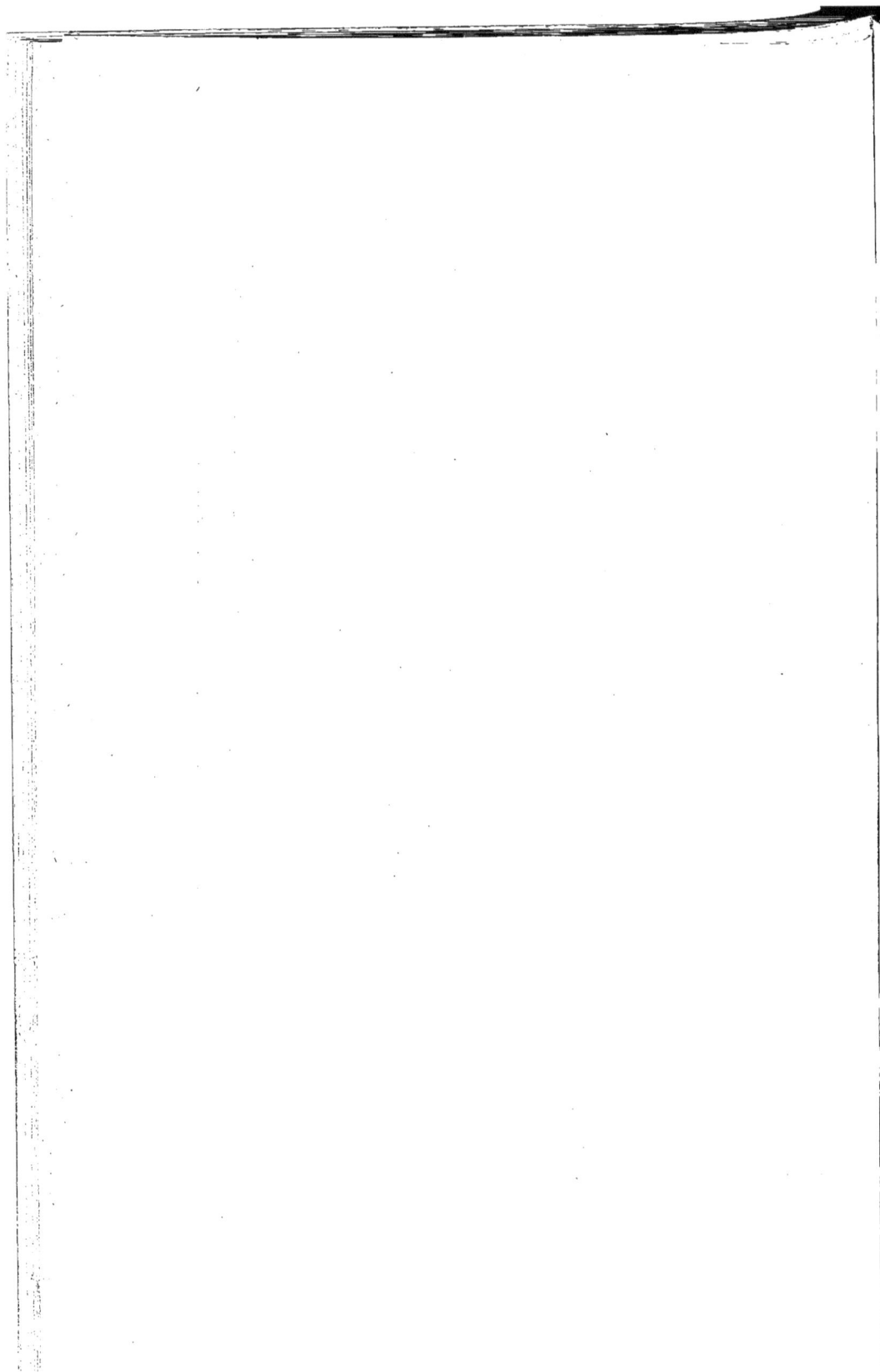

La Cuisine de la Pêche

CRUELLE ÉNIGME ! COMMENT LE MANGER ?

La Cuisine de la Pêche

Parler du poisson comme nous venons de le faire dans les chapitres précédents, et ne pas parler des nombreuses façons dont il doit être préparé à la cuisine afin de le servir bien paré dans des sauces variées qui sont pour lui des habits de gala, sur les tables fleuries autour desquelles attendent, la luette titillante, gourmands et gourmets, serait être dénué de tout sens moral.

Aussi nous garderons-nous bien d'oublier ces pages nécessaires et nous allons vous entretenir des procédés les plus usités et des plus récentes découvertes pour présenter, dans les salles à manger luxueuses et même dans les habitations des modestes pêcheurs bourgeois, le succulent poisson d'eau douce.

A cet effet, nous avons pioché dans des montagnes de livres de cuisine, nous avons interviewé nombre de cuisiniers renommés et nous n'avons pas délaissé le brave cordon bleu de famille avec ses petites recettes particulières dont le papa et les mioches se pourlèchent les doigts le dimanche.

Le lecteur trouvera quelquefois, croira-t-il, la même recette sous un titre un peu dissemblable ; qu'il lise attentivement et il remarquera que cette recette, qui paraît une répétition, provient de deux auteurs différents et justement diffère par quelque point essentiel qui en change absolument le goût.

Les femelles de certains poissons d'eau douce possèdent des œufs relativement malsains ; ils purgent impitoyablement qui les mange, par conséquent il faut avoir soin de les jeter en même temps que les intestins.

Voici le moyen infaillible de connaître quels sont les poissons dont les œufs sont nuisibles. Il est simple et à la portée de toutes les intelligences :

Tous les œufs des poissons dont le nom se termine par un e muet sont comestibles : carpe, tanche, perche, brème, etc.

Par contre, tous les œufs des poissons dont le nom se termine par une autre lettre qu'un e muet sont indigestes et incommodent d'une façon ou d'une autre celui qui les mange. Nous parlons, bien entendu, des poissons d'eau douce : brochet, barbeau ou barbillon, hotu, gardon, etc.

Le sang d'anguille est un poison s'il entre dans la circulation, absolument comme le venin de la vipère qu'on peut impunément avaler et qui tue par blessure.

La piqûre des arêtes et des pointes du couvre-ouïe des perches fait venir des maux blancs et des panaris.

L'anguille se prépare d'un grand nombre de manières, c'est donc par elle que nous commencerons, en ne donnant que les principales et celles que nous avons cru les plus intéressantes et les plus pratiques.

Souvent les livres de cuisine fournissent des recettes peu claires, très compliquées et sont une réclame pour telle ou telle sorte de produits dont il faut presque toujours mettre une ou deux cuillerées dans chaque plat.

Sans commentaires, nous vous donnons ici une grande variété de façons de préparer le poisson d'eau douce, mais après cette première partie, puisée dans des livres de cuisine pour la plupart anonymes, nous joignons la leçon de l'expérience et nous citons des auteurs existant de nos jours, cuisiniers de profession ou amateurs, dont la cuisine simple est à la portée de tous, et puis, et puis... faut-il l'avouer? nous finissons par nous citer nous-même... Qu'on nous pardonne!...

Nous commencerons donc par l'anguille, puisqu'elle est la plus longue en cuisine comme en réalité, et que l'A est l'initiale de son nom. Comme elle est lourde, pour la faire digérer par avance voici une anecdote contée par Brillat-Savarin, dans laquelle le plat d'anguille servi à des prélats tend à prouver que cet aliment jouit, à tort ou à raison, de propriétés géné siques marquées :

« Le plat d'anguilles fut confectionné avec soin et servi avec distinction. Il avait non seulement une tournure élégante, mais encore un fumet enchanteur, et quand on l'eut goûté les expressions manquèrent pour en faire l'éloge, aussi disparut-il, corps et sauce, jusqu'à la dernière particule.

« Mais il arriva qu'au dessert les vénérables se sentirent émus d'une manière inaccoutumée, et que par suite de l'influence nécessaire du physique sur le moral les propos tournèrent à la gaillardise.

« Les uns faisaient des récits piquants sur leurs aventures de séminaire ; les autres raillaient leurs voisins sur quelques on dit de la chronique scandaleuse ; bref la conversation s'établit et se maintint sur le plus mignon des péchés capitaux, et ce qu'il y eut de très remarquable, c'est que les convives ne se doutèrent même pas du scandale, tant le diable était malin.

« Ils se séparèrent fort tard, et mes mémoires secrets ne vont pas plus loin pour ce jour-là. Mais à la conférence suivante, quand les convives se revirent ils étaient honteux de ce qu'ils avaient dit et se demandaient réciproquement ce qu'ils s'étaient reproché et finirent par attribuer le tort à l'influence du plat d'anguille.s »

RECETTE GÉNÉRALE POUR APPRÊTER LE POISSON D'EAU DOUCE

Mettez le poisson dans du beurre bien chaud, non roussi ; lorsqu'il est cuit à point, doré et croustillant, le retirer sur un plat avec sel et poivre, persil haché très fin ; dans le beurre de la cuisson que l'on fera chauffer très fort ajouter deux cuillerées de vinaigre, deux cuillerées de cognac, une de kirsch et une et demie de rhum ; mettez le feu, laisser brûler, verser sur le poisson, servir de suite.

Cette recette convient à toutes les espèces de poisson d'eau douce, brème, gardon, perche, brochet, tanche, lotte, etc. ; l'anguille surtout accommodée ainsi est exquise.

Les quantités désignées ci-dessus de vinaigre, cognac, kirsch, rhum, sont calculées pour 2 kilogrammes de poisson environ.

Le cognac suffit pour les personnes qui n'aimeraient pas le goût des autres alcools.

CUISINE DE L'ANGUILLE

ANGUILLE SALÉE ET FUMÉE

Après l'avoir vidée, nettoyée, on conserve l'anguille pendant huit jours dans le sel bien condimenté. On la fume ensuite dans une cheminée jusqu'à parfaite dessiccation.

ANGUILLE EN MARINADE

· Plongez les morceaux d'anguille, préalablement dépouillés de leur peau, dans une marinade cuite fortement épicée et acidulée. Laisser cinq minutes en ébullition et rehausser enfin la marinade d'assaisonnement pour les conserver dans un pot ou un baril.

ANGUILLE EN BOÎTE

Dépouiller l'anguille en pratiquant autour du cou une incision pour permettre de saisir la peau et de la retourner en arrière afin d'éviter de crever la vessie qui contient le fiel. Couper l'anguille par morceaux d'égale longueur et les faire cuire pendant cinq minutes, les égoutter et les mettre debout dans une boîte en fer-blanc, les submerger de leur cuisson. Souder la boîte et la soumettre pendant un quart d'heure à l'ébullition au bain-marie.

On peut aussi la rouler en spirale, et lorsqu'on désire la servir entière on n'a qu'à la décorer de gelée, de beurre, sur un fond de plat au pain vert, s'il s'agit de mets froids. La paner après l'avoir essuyée et la mettre au four, si on désire la servir chaude.

ANGUILLE FRITE

Dépouillée et coupée par tronçons, l'anguille est passée dans un appareil anglais, puis à la chapelure. On la plonge dans une friture pas trop chaude en raison de la longueur du temps de la cuisson. Saler et saupoudrer de poivre. Dresser sur une serviette entourée de persil frit. Servir séparément une sauce rémoulade.

ANGUILLE A LA MARINADE

Lorsque l'anguille est frite, on verse dessus la marinade suivante : pour trois personnes émincer dix gousses d'ail, les faire blondir dans une poêle avec de l'huile, ajouter deux feuilles de laurier, sel, poivre et six tranches de citron, ajouter un filet de vinaigre et servir.

ANGUILLE A LA POÊLE

L'anguille cuite par tronçons dans le court-bouillon, on la passe dans du lait et ensuite dans de la farine, la mettre avec un bon morceau de beurre frais dans la poêle sur un feu vif, de façon à faire prendre couleur sans la laisser tomber en marmelade. La dresser sur un plat, ajouter dans la poêle un second morceau de beurre frais, faire couler sur l'anguille un jus de citron et saupoudrer de persil, verser dessus le beurre chaud de la poêle, servir.

ANGUILLE A LA ROMAINE

Dépouiller l'anguille, la couper par tronçons, beurrer un sautoir, le larder de tranches de lard maigre, ranger sur ce lard les morceaux d'anguille et de jeunes laitues, mouiller de bouillon, assaisonner. Couvrir d'un papier beurré et braiser au four pendant une demi-heure. Dresser les tronçons d'anguille en pyramide, servir l'anguille et couvrir de laitues pilées.

ANGUILLE A LA TARTARE

L'anguille coupée par tronçons, cuite suivant la règle dans un bon court-bouillon, on l'égoutte, on la passe dans un œuf battu et assaisonné et ensuite à la chapelure. On la met sur un

plat au four très chaud. Lorsque l'anguille est d'une belle
couleur dorée, on la sert dans les restaurants de premier ordre
sur une sauce tartare.

ANGUILLE A LA MINUTE

Dépouiller et couper l'anguille par tronçons de 5 centimètres de longueur, l'assaisonner, la plonger dans une friture
chaude. Lorsqu'elle est cuite, l'égoutter et mettre les morceaux
dans une casserole avec une sauce à la maître d'hôtel et un peu
de glace de viande.

ANGUILLE A LA POULETTE

Dépouiller l'anguille, la couper par morceaux de 5 centimètres, mettre les morceaux dans une petite casserole avec
un oignon clouté, poivre en grains, une branche de thym, une
demi-feuille de laurier ou une demi-gousse d'ail, le tout
mouillé d'un demi-verre de vin blanc et d'un demi-verre d'eau.
Faire cuire l'anguille.

Dans une autre casserole, faire cuire à blanc une cuillerée
de farine dans du beurre frais, confectionner une sauce avec la
cuisson de l'anguille. Cuire des champignons frais au jus de
citron, les ajouter à la poulette avec le jus. Faire pocher des
huîtres ébarbées et des moules dans l'eau salée bouillante et
acidulée, en les plongeant une minute seulement. Les ajouter
dans la sauce maintenue au chaud.

Au moment de servir lier la sauce avec du beurre fin et un
jaune d'œuf, la passer, y ajouter à l'aide de l'écumoire l'anguille, les champignons, les huîtres, les moules maintenues
dans la sauce. Servir dans une timbale ou plat creux. Garnir de
croûtons frits au beurre.

ANGUILLE A LA CHOISY

Vous coupez votre anguille en deux. La grosse arête ôtée,
vous la mettez dans de la crépine, puis vous mettez dedans un
ragoût cuit, où il n'y a plus de sauce, fait de tranches d'oignons,
filets minces de champignons, truffes, foies gras, fines herbes
hachées.

Vous ajoutez lard râpé et jaune d'œuf. L'anguille roulée est
cuite à la broche, vous servez avec une sauce à l'espagnole.

ANGUILLE AU LARD

Vous coupez l'anguille par tronçons, vous la cuisez entre bardes de lard et veau, vin de Champagne, bouquet de toutes sortes de fines herbes.

Le fond de la sauce dans un ragoût de petit lard coupé en tranches minces.

ANGUILLE A LA BROCHE

Vous coupez votre anguille par tronçons, vous la piquez de lard en travers, vous la mettez à la broche et vous la couvrez de filets de jambon et de pain enveloppés de papier.

Quand elle est cuite et dorée, vous la servez avec le pain, le jambon et une sauce, après avoir enlevé le papier.

ANGUILLE A LA BROCHETTE

Couper une grosse anguille par tronçons, la dépouiller de sa peau, en l'exposant sur le gril, faire macérer ces tronçons pendant une demi-heure dans une terrine avec fragments de thym, gousse d'ail, poivre en grains concassés, huile fine, jus de citron, sel. Enfiler transversalement dans des brochettes trois morceaux d'anguille et les alterner de bardes de lard assez grandes pour les recouvrir, les attacher à la broche et les arroser souvent. La cuisson doit durer de vingt à vingt-cinq minutes. Dix minutes avant parfaite cuisson, saupoudrer de chapelure.

De cette façon on peut aussi faire griller sur un brasier doux. On sert l'anguille accompagnée d'une sauce rémoulade, d'une ravigote, ou sur une sauce à la maître d'hôtel ou au beurre d'anchois.

MAYONNAISE D'ANGUILLE

L'anguille, dégagée de son arête principale, est pressée avec de la salade préalablement assaisonnée sur le fond d'un plat rond sur laquelle on met une mayonnaise ferme à couper au couteau. On décore le dessus et le tour avec de la salade, des cornichons, des câpres, des olives, des filets d'anchois et des œufs cuits durs.

BARBEAU

La chair du barbeau est délicate, mais un peu fade ; il est indispensable qu'elle soit relevée.

BARBEAU A L'ÉTUVÉE

Après avoir nettoyé et préparé votre poisson, coupez-le en tronçons. Faites revenir dans le beurre une douzaine de petits oignons, lorsqu'ils ont pris une belle couleur saupoudrez-les d'une pincée de farine, et laissez cuire deux minutes. Mouillez

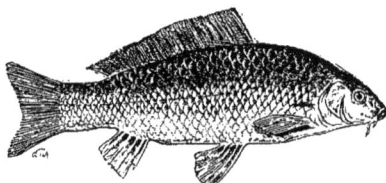

de moitié bouillon, et moitié vin rouge, assaisonnez d'un bouquet garni, d'une pointe d'ail et d'un peu de muscade râpée. Ajoutez les tronçons du barbeau et laissez cuire à petit feu. La cuisson terminée, retirez et dressez votre poisson sur un plat chaud, masquez avec de la sauce que vous avez laissée réduire à point et liez avec un morceau de beurre fin. Servez.

BARBEAU A LA SAUCE BLANCHE AUX CAPRES

Après avoir bien nettoyé son poisson en enlevant soigneusement les œufs, s'il y en a, le faire dégorger dans de l'eau à laquelle vous aurez ajouté quelques cuillerées de vinaigre. Faites-le alors cuire dans un court-bouillon assez fortement assaisonné, et, après l'avoir bien égoutté, servez avec persil en branches autour, et, dans une saucière à part, une sauce blanche, mais à laquelle vous aurez mélangé une cuillerée de câpres.

BARBILLON

Le barbillon, ou petit barbeau, est un excellent poisson d'eau douce facile à digérer et dont la chair est très appréciée. Il se mêle généralement à une matelote d'anguille ou de carpe dont il est pour ainsi dire l'accessoire indispensable. Ce sont généralement ceux d'une bonne grosseur que l'on emploie ainsi. Les plus petits se mangent frits et pour cela on les vide avec soin en enlevant toujours les œufs, s'il y en a; on les farine et on les plonge dans la friture bouillante où ils sont saisis en quelques minutes, leur chair étant très délicate.

BROCHET

BROCHET AU CARAMEL

On ôte la peau d'un côté pour le piquer de menu lard, on le fait cuire dans un court-bouillon gras, on le glace avec le fond de la sauce.

On sert avec une sauce espagnole ainsi composée : Vous faites suer et un peu attacher veau, jambon, tranches d'oignons, zestes de citron, vous mouillez de vin de Champagne sec ; ajoutez trois gousses d'ail, estragon, coriandre, un bouquet ; faites bouillir deux heures, dégraissez, passez.

BROCHET FARCI A LA REINE

Vous piquez votre brochet de menu lard d'un côté rempli d'une farce fine composée de chair de poisson cuite hachée avec du lard blanchi, de mie de pain desséchée avec de la crème, de persil, de ciboule, de champignons hachés, le tout pilé ensemble, assaisonné de sel, peu de poivre, et des jaunes d'œufs. Vous le faites rôtir et vous servez dessus une sauce à la reine ainsi composée : Faire revenir jambon, veau, fines herbes, on mouille moitié bouillon moitié vin blanc, on laisse bouillir une demi-heure, on passe en ajoutant un peu de crème.

Pour servir, on fait chauffer sans bouillir.

BROCHET A LA BROCHE

Vous lardez votre brochet de lard et d'anchois, vous le faites rôtir couvert de bardes de lard, vous l'arrosez de vin et de saindoux. Vous le servez avec une sauce piquante ainsi composée :

On fait revenir avec beurre, zestes de racines, oignons, fines herbes, deux gousses d'ail, estragon, on saupoudre de farine, on mouille avec jus, vin, vinaigre blanc, deux cuillerées d'huile, tranches de citron, coriandre.

Dégraisser et passer.

BROCHET A L'ARLEQUINE

Vous coupez votre brochet par petits morceaux, que vous lardez de cornichons, de lard, de jambon, de truffes, d'anchois.

Vous le faites cuire à grand feu avec vin blanc, un bouquet de toutes sortes de fines herbes; quand il a bu sa sauce vous le servez avec un *salpignon* à l'arlequine ainsi composé :

On coupe en petits morceaux : ris de veau, truffes, foies gras, on les fait revenir avec beurre, un bouquet, on saupoudre de farine, on mouille de jus, coulis et bouillon. Prêt à servir on ajoute : carottes cuites, blanc de volaille cuit à la broche, persil, cornichons blanchis, anchois à moitié dessalés, le tout bien coupé en petits morceaux.

BROCHET AU COURT-BOUILLON

On en retire les ouïes, on l'écaille et on le vide avec précaution, puis on le met à la poissonnière dans un court-bouillon assez relevé.

Quand la cuisson est terminée, on le dresse sur un plat long, on l'entoure de persil en branches et on le sert en accompagnant d'une sauce aux câpres dans une saucière à part, ou une sauce raifort, etc.

BROCHET GRILLÉ

Prenez un brochet de bonne taille, coupez-le en tranches de l'épaisseur du doigt au moins. Assaisonnez-le et mettez les tranches dans un plat avec des oignons coupés, du persil, un peu d'huile, jus de citron et laissez mariner deux heures. Égouttez, trempez chaque tranche dans des œufs battus, panez-les. Arrosez-les alors avec du beurre des deux côtés et faites griller.

On sert sur une sauce tartare.

BROCHET AU BLEU

Se prépare comme le brochet au court-bouillon avec la seule

différence que ce court-bouillon doit être fait avec du vin rouge. On laisse refroidir le poisson dans la cuisson, on l'égoutte et on le sert avec une garniture de persil en accompagnant d'un huilier.

BROCHET ROTI

Il faut pour cela une belle pièce, c'est-à-dire un gros brochet : après l'avoir vidé, enlevez la peau d'un côté et piquez-le avec de fins lardons. Assaisonnez de sel, poivre muscade, fines herbes ; enveloppez de papier huilé, mettez à la broche et laissez cuire en arrosant avec un mélange de vin blanc, de jus de citron et de beurre fondu.

Lorsque le brochet est cuit, débrochez, posez sur un plat long. Écrasez deux ou trois anchois que vous mettez avec le jus de la lèchefrite, assaisonnez de sel et de poivre, passez et servez dans une saucière.

BRÈME

BRÈME AUX ÉCHALOTES

La brème écaillée et vidée avec soin, lavez-la et essuyez-la. Ciselez légèrement de chaque côté et laissez-la mariner environ une heure dans l'huile fine assaisonnée de sel et de poivre.

Retirez, égouttez, mettez sur le gril à feu doux et servez sur une sauce aux échalotes.

BRÈME A LA SAUCE BLANCHE AUX CAPRES

Après l'avoir écaillée, vidée, lavée, ébarbée, mettez la brème dans la poissonnière et faites cuire au court-bouillon ; au premier bouillon, retirez du feu et laissez mijoter sur un coin du fourneau, sans faire bouillir, pendant quelques minutes, et un peu plus si le poisson est gros.

La cuisson terminée, retirez, égouttez, dressez sur le plat et garnissez de persil en branches. Servez avec une sauce blanche et des pommes à l'anglaise.

Il faut que les brèmes soient très grosses : de 2 à 4 livres.

CARPE

CARPE EN RAGOUT

Comme la carpe à la poêle, seulement, quand vous l'avez

dressée sur un plat, vous servez dessus un ragoût de ris de veau blanchis et coupés en quatre, revenus dans du beurre avec des champignons, un bouquet saupoudrés de farine, mouillés de jus de bouillon, de coulis, dégraissés et assaisonnés de jus de citron.

CARPE EN SURPRISE

Vous faites cuire votre carpe dans une marmite, à petit feu, avec un peu de bouillon, racines, oignons, tranche de bœuf, sel, poivre.

Vous la dégraissez, vous la masquez de fricandeau d'an guille et vous servez avec une sauce à la carpe ainsi composée :

On fait suer et un peu attacher des tronçons de carpes, zestes de racines, oignons, veau, jambon ; si c'est en gras, on mouille de vin blanc, coulis, un bouquet, on dégraisse et on passe.

CARPE A LA POÊLE

Vous avez apprêté le fond d'une casserole en y mettant de la graisse de veau, un peu de jambon coupé mince. Vous mettez dans une casserole votre carpe avec lard fondu ou bonne huile, fines herbes et champignons hachés, un peu de sel, puis retourner le tout ensemble sur le feu sans le colorer.

Ensuite vous arrangez tout ce qui est dans cette casserole-ci dans l'autre, que vous couvrez de bardes de lard. La casserole bien couverte, vous faites cuire à petit feu ou sur de la cendre chaude. Quand c'est à moitié cuit vous mettez un demi-verre de vin de Champagne. La cuisson faite, vous dressez sur un plat, avec un peu de bouillon dans la casserole, vous laissez bouillir un moment, passez au tamis et versez sur le poisson.

CARPE FARCIE

Vous écaillez votre carpe, vous levez la peau sans la déchirer. Vous prenez la chair que vous hachez avec du lard blanchi, vous y mêlez de la mie de pain desséchée avec de la crème, persil, ciboule, champignons hachés. Vous avez pilé le tout ensemble avec du sel, du poivre, jaunes d'œufs ; vous remplissez la peau avec cette farce comme si la carpe était entière. Vous la mettez sur des bardes de lard, vous arrosez le dessus de beurre

pour la paner et cuire au four, vous servez sur un ragoût de salpignon ainsi composé :

On coupe champignons, ris de veau truffés, foies gras. On
fait revenir avec beurre, un bouquet, on saupoudre de farine, on
mouille de jus, coulis et bouillon, on dégraisse, on ajoute du
jus de citron.

PATÉS

DE CARPES, BROCHETS, ANGUILLES, PERCHES,

TANCHES, LAMPROIES, ÉCREVISSES

On coupe le poisson par tronçons et on le fait revenir un
instant avec du beurre et toutes sortes de fines herbes.

Quand il est froid on le met dans une pâte à demi-feuille-
tage avec de la farce de poisson dans le fond, on couvre de beurre,
on finit la tourte, on cuit au four.

La perche, après avoir été vidée, écaillée, en prenant soin
d'enlever les ouïes, doit être lavée avec soin.

Une bonne manière de l'accommoder est de la mettre dans un
court-bouillon moitié eau, moitié vin blanc, bien assaisonnée,
et, lorsqu'elle est cuite et égouttée, de la servir avec une sauce,
à l'huile.

PERCHE

PERCHE FRITE

Lorsque les perches sont petites elles sont meilleures frites.
Après les avoir nettoyées, écaillées, vidées, farinez-les et plongez-les dans la friture bouillante. Égouttez, saupoudrez de sel
fin et servez les poissons entourés de persil frit.

PERCHE HOLLANDAISE

Elle se prépare au court-bouillon, comme il a été dit, et se
sert, une fois égouttée, avec une sauce hòllandaise à part.

On peut également l'accompagner d'une sauce blanche aux
câpres.

PERCHES A LA MAITRE D'HOTEL

Après avoir vidé, nettoyé et ébarbé des perches de grosseur
moyenne, faites-les mariner pendant une heure environ avec
de l'huile et du sel, du poivre, bouquet garni, gousses d'ail,

oignons, etc. Au bout de ce temps, retirez, égouttez et mettez sur le gril à feu assez vif, en faisant prendre belle couleur des deux côtés. Lorsqu'elles sont cuites, enlevez la peau et servez sur une sauce maître d'hôtel préparée au font du plat.

TANCHE

TANCHE A LA POULETTE

Prenez deux belles tanches et les nettoyez. Coupez-les par morceaux et mettez-les au feu dans une casserole avec un bon morceau de beurre. Le beurre une fois fondu, remuez avec la cuillère de bois et saupoudrez de farine, mouillez avec moitié eau et moitié vin blanc et remuez jusqu'à ébullition. Celle-ci obtenue, retirez la casserole sur le côté du feu, ajoutez bouquet garni, sel, poivre, oignons, champignons, couvrez la casserole et laissez cuire doucement.

Dressez les tronçons sur un plat, retirez du feu, liez la sauce avec deux jaunes d'œufs, un filet de vinaigre ou un jus de citron, un bon morceau de beurre bien frais. Couvrez le poisson avec la sauce et servez très chaud.

TANCHE GRILLÉE SAUCE TOMATE

Prenez des tanches de moyenne grosseur et nettoyez-les bien ; mettez dans une marinade avec huile, ciboules, échalotes, persil hachés, thym, laurier, sel et poivre. Laissez mariner pendant trois quarts d'heure. Retirez et faites griller. Puis servez sur une sauce tomate.

TANCHE GRILLÉE AUX FINES HERBES

Se prépare absolument de même que pour mettre à la sauce tomate, mais se sert sur une sauce maître d'hôtel.

TANCHE FRITE

Prenez plusieurs petites tanches nettoyées comme nous l'avons indiqué. Ciselez-les et plongez-les deux par deux dans la friture bouillante. Laissez environ dix minutes, enlevez et servez sur un plat chaud, avec persil frit et citron en tranches.

TANCHE A LA DIABLE

Prenez des tanches de moyenne grosseur que vous nettoyez selon qu'il est dit, salez et passez dans de bonne huile. Parez et mettez sur le gril. Une fois cuites, retirez, mettez sur un plat et servez sur une sauce à la diable.

TRUITE

TRUITE A LA CHAMBORD

Écaillez, videz, lavez une forte truite saumonée, coupez les nageoires et le bout de la queue. Enlevez la peau d'un côté. Piquez ce côté avec des truffes taillées en forme de clous. Recouvrez la partie piquée avec une barde de lard et mettez dans la poissonnière avec moitié eau, moitié vin blanc, de façon que le poisson ne soit pas couvert. Couvrez la truite d'un papier beurré et mettez au four pendant une heure en arrosant de temps en temps avec la cuisson. Retirez, égouttez le poisson, enlevez la barde de lard. Mettez sur un plat long. Garnissez de morceaux de ris de veau piqués, cuits au jus et bien glacés, de tronçons d'anguilles cuits au beurre et glacés également, de gros champignons, de quenelles de poisson, de truffes cuites et de belles écrevisses.

Vous arrangez cette garniture avec goût et vous servez en accompagnant d'une sauce financière dans une saucière à part.

Les darnes ou tranches de truites se préparent de la même façon que les truites entières.

TRUITE A LA SAUCE GENEVOISE

Retirez les ouïes, videz par leurs ouvertures ou par une petite incision sous le ventre, ébarbez, passez à l'intérieur un petit goupillon pour nettoyer soigneusement. Lavez à grande eau. Placez la truite sur la grille de la poissonnière et fixez-la en l'attachant avec une ficelle fine, mettez dans la poissonnière avec un court-bouillon moitié eau, moitié vin blanc. Posez sur le feu, laissez venir à ébullition, retirez et laissez frissonner pendant une heure sur le coin du fourneau. Au bout de ce temps, enlevez, égouttez, défaites le poisson et glissez-le sur le plat long garni d'une serviette. Entourez de persil en branches et servez en accompagnant d'une sauce genevoise mise à part dans une saucière.

LES RECETTES DE DESREAUX

Il y a à Clamecy un hôtel renommé depuis de longues années par sa bonne cuisine et les traditions de la faire dans toutes les formes de l'art passé et les habitudes de la contrée, traditions qu'ont tenu à maintenir avec un soin jaloux ses successifs hôteliers.

Cet hôtel se nomme « La Boule d'Or », et son patron, son chef actuel, Desreaux.

L'hôtel occupe l'emplacement d'une vieille et belle église désaffectée où vécurent de nombreux évêques *in partibus*, les évêques de Béthéem.

Son histoire est curieuse ; plusieurs écrivains l'ont contée. Mais sa place n'est pas ici. Nous dirons simplement que la grande salle de l'hôtel, où est la table d'hôte, est le chœur de l'église coupé à mi-hauteur par un plancher et qu'il est des plus curieux d'y déjeuner.

C'est là que des générations entières de voyageurs dégustèrent les divins poissons de l'Yonne et leur non moins divine préparation.

Nous priâmes Desreaux de bien vouloir nous donner ses recettes.

« Diable ! nous dit-il, il m'est plus facile de préparer un brochet à la Jean Rouvet ou une carpe à la batelière que d'en écrire la recette, mais pour vous je veux bien essayer et, quoique j'usai jadis beaucoup plus mes manches sur les tables des cuisines, que mes culottes sur les bancs de l'école, je ferai de mon mieux pour être clair.

« N'oubliez pas cependant qu'il faut naître cuisinier pour bien réussir la cuisine, il y a un petit tour de main particulier qu'on n'attrape pas facilement, et si vos lecteurs essayent d'exécuter et exécutent en réalité à la lettre mes recettes sur la façon de cuire les poissons de l'Yonne, cela ne veut pas dire qu'ils les réussiront au premier coup. »

... Et une huitaine de jours après notre conversation, le

brave Desreaux, tout ému d'avoir écrit autant de copie, nous remit les quelques feuillets suivants.

Si vous avez un bon cordon bleu, faites-lui exécuter ces formules à la lettre, vous vous en lécherez les doigts à vous les user.

Nous ne vous disons que cela !...

BROCHET A LA CLAMECYÇOISE

Lorsque vous voulez faire un brochet à la clamecyçoise ayez soin de vous procurer ce brochet un jour avant l'heure de sa future cuisson ; fendez-lui la tête en longueur, emplissez l'ouverture avec quelques poignées de sel roussi à la poêle. Ce brochet doit être vivant. Vous le placez dans un lieu frais où il séjournera vingt-quatre heures et où il se raffermira. Une heure un quart avant de le servir, habillez-le, videz-le par les ouïes de façon à le laisser en son entier, lavez-le proprement, brisez-en la tête, ciselez-le profondément des deux côtés, passez-le sur la feuille d'une poissonnière, mouillez-le à couvert avec de l'eau froide, ajoutez deux carottes, deux oignons émincés, un fort bouquet de persil, deux poignées de sel, un verre de vinaigre ; faites évaporer le liquide, retirez aussitôt sur l'angle du fourneau, finissez de cuire le brochet sans ébullition.

Au moment de servir, enlevez le poisson avec la grille de la poissonnière, égouttez-le, dressez-le sur une serviette, garnissez les bouts du plat avec du persil frais.

Rangez alors des deux côtés du brochet des coquilles garnies avec de grosses pattes d'écrevisses à la Béchamel, envoyez à part une sauce béchamel au raifort, beurrée au moment, finir avec le jus de deux oranges, envoyez aussi un plat de pommes de terre cuites à l'anglaise et servez.

Il faut, bien entendu, un brochet de convenable grosseur, 2 livres au bas mot.

Ce plat ainsi servi est du plus bel effet, et le brochet, mangé avec des pommes de terre et la sauce béchamel relevée, prend un goût spécial fort apprécié des gourmets.

BROCHET A LA JEAN ROUVET

Prenez un brochet de 4 à 5 livres bien frais ; videz, écaillez et lavez, puis coupez les nageoires et ayez soin de bien l'essuyer avec un linge blanc.

Vous prenez ensuite un couteau tout frais repassé et bien coupant; vous ouvrez votre brochet sur le ventre sans le séparer, vous enlevez entièrement l'arête du milieu, en ayant soin de ne pas détacher la tête ni la queue.

Vous faites tremper 1 livre et demie de pain dans 1 litre et demi de lait environ et cela pendant une heure, puis vous pressez la mie de pain de façon à l'égoutter complètement, vous la hachez avec un peu de persil, d'ail, d'échalote, d'oignon, de cerfeuil, de ciboule et de champignons nouveaux frais, autant que possible des champignons de pays au lieu de champignons de couche. Il faut que cette farce soit très fine et forme une sorte de pâte presque sèche. Alors vous y ajoutez deux œufs durs, hachés également à part et bien mélangés avec sel, poivre, muscade. Vous y mêlez deux œufs frais entiers et un peu de bon et vieux cognac. Vous incorporez le tout dans le ventre du brochet; après quoi, l'ayant refermé, vous le bardez finement et de façon régulière de lard gras. Vous ficelez votre poisson pour que la farce ne s'échappe pas et passez au four doux avec beurre et vin blanc (environ 1 décilitre), plus une cuillère ou deux de ragoût de bouillon. Il faut faire cuire doucement pendant trois quarts d'heure, de manière que le jus soit réduit de moitié; vous servez bien chaud après avoir jeté dans la sauce et autour du brochet des champignons sautés au beurre dans une casserole à part.

PERCHE A LA MORVANDELLE

Vous prenez deux ou trois belles perches d'une demi-livre à trois quarts de livre; vous les écaillez, les videz et les lavez; puis vous les essuyez de façon qu'elles soient bien sèches, ensuite vous les ouvrez sur le dos entièrement de la tête à la queue, d'une seule fente, en ayant soin de ne pas les séparer en deux morceaux.

Vous préparez une friture avec de la graisse de rognon de bœuf mélangée d'huile d'olive bien clarifiée que vous chauffez fortement.

Vous trempez vos perches dans du lait frais une demi-minute et vous les roulez dans la farine, puis les mettez à frire.

Lorsqu'elles sont bien frites vous les retirez et les tenez au chaud à l'étuvée.

Vous faites alors un beurre manié avec du jus de citron, du persil frais, du cerfeuil, de l'estragon, du ciboulet (civette), une truffe, hachés très fin, vous mettez le beurre à fondre cinq minutes et vous servez sur un plat bien chaud la sauce et le poisson.

PERCHE A LA MARINIÈRE

Vous prenez deux ou trois grosses perches, c'est-à-dire de 1 à 2 livres pièce, vous les videz et les essuyez proprement en ayant soin de bien enlever les ouïes que parfois on laisse, ce qui donne toujours mauvais goût.

Les écailles des perches sont très dures, pour les enlever vous n'avez qu'à vous servir d'une râpe à fromage de gruyère ou d'une fourchette tenue près et serrée.

Vous coupez ces perches en tronçons, comme pour une matelote, vous les placez dans un chaudron ou dans une casserole de cuivre avec de l'ail pilé, du persil haché, un peu de thym ; vous mouillez avec du vin blanc de bonne qualité de manière que votre poisson baigne et que le liquide couvre 1 centimètre au-dessus ; vous y ajoutez un petit verre de cognac. Le kirsch est préférable au cognac. Vous mettez en plein feu de bois (c'est pourquoi le chaudron est plus commode pour la crémaillère) et vous faites prendre le feu dans votre récipient ; vous laissez brûler jusqu'à ce que la flamme s'éteigne d'elle-même. Vous retirez votre poisson, vous le mettez sur un plat de faïence ou de terre. Vous ajoutez à la sauce, encore sur le feu, gros comme un œuf de beurre manié avec de la farine et vous laissez bouillir jusqu'à ce que le beurre soit bien fondu et la sauce un peu réduite, vous goûtez ; salez et videz sur votre poisson et jetez autour du beurre en petits morceaux. Vous laissez mijoter à feu couvert de cendres à peu près trois quarts d'heure et vous placez artistement sur la sauce épaisse des queues d'écrevisses retirées de la carapace. Vous mettez autour quelques croûtons de pain passés au beurre ; servez bouillant dans le plat de cuisson.

CARPE DE L'YONNE A LA BATELIÈRE

Vous prenez une carpe de 3 à 4 livres, vous l'écaillez, vous la videz, vous l'essuyez avec un linge blanc. Vous la coupez en tronçons étroits de 1 ou 2 centimètres environ.

Vous prenez un quart de lard de poitrine salée que vous grattez pour bien en enlever le sel.

Vous coupez ce lard en gros dés carrés que vous faites rissoler dans une casserole avec du beurre très frais, et dès qu'il vient à jaunir vous jetez vos tronçons de carpe à rissoler à leur tour et à se dorer dans la sauce de lard et de beurre.

Vous retirez vos tronçons lorsqu'ils sont bien rissolés, vous mettez à jaunir de petits oignons saupoudrés de sucre en poudre dans la casserole en les faisant sauter légèrement.

Vous mettez une cuillerée à café de farine, vous laissez roussir en ayant soin de ne pas brûler, puis vous mouillez avec un demi-litre de vin blanc et un petit verre de cognac, puis, dès l'ébullition, salez légèrement à cause du lard, poivrez, mettez vos tronçons dans un plat à gratin sur du blanc de carpe que vous aurez fait jaunir ou des œufs, mettez les oignons autour.

Vous faites alors sauter des croûtons de pain, que vous cou perez en rond, dans de l'huile, vous les égoutterez, les laisserez refroidir et les frotterez d'ail.

Vous les mettrez alors autour du plat en ayant soin de les arroser avec de la sauce.

Vous tiendrez le plat cinq minutes à l'entrée du four et servirez chaud.

BARBILLON BOURGUIGNONNE

Prenez un barbillon gros de 3 à 4 livres. Ciselez-le, salez et poivrez, passez-le dans l'huile d'olive légèrement. Bardez-le de lard frais et mettez-le dans un plat à gratin bien beurré.

Faites une cuisson avec un demi-litre de vin blanc dans lequel vous mettez persil, ciboulet (civette), cerfeuil, cham pignons, truffe, muscade râpée, sel et poivre, le tout haché menu. Faites réduire dans une casserole avec beurre, à moitié environ.

Vous versez la cuisson sur le barbillon et vous passez au four.

Vous laissez vingt minutes, vous sortez et vous ajoutez deux cuillerée de crème fraîche que vous étendez sur le barbillon.

Vous repassez au four cinq à dix minutes et vous servez ensuite.

DESREAUX,

Maître d'hôtel de la Boule-d'Or.

. . . .

Tous les pêcheurs et tous les chasseurs sont quelque peu cuisiniers, pêcheur et chasseur nous nous gardons bien de faillir à cette loi commune et nous nous en confessons, nous cuisinons parfois.

Au début, nous prîmes à cet effet les recettes des autres, nous y ajoutâmes quelques ingrédients nouveaux, nous cherchâmes, nous tâtonnâmes et nous réussîmes à fabriquer quelques bons plats nouveaux.

Après le maître Desreaux, oh ! mais pas une comparaison, nous nous permettrons de donner ici quelques-unes de nos recettes particulières sur la cuisine du poisson et, plagiaire pour le bien des autres, nous y joindrons quelques recettes que nous donnèrent des amis complaisants. Nous croyons ces recettes inédites ou à peu près.

Cette cuisine n'est pas élégante, elle est pratique et simple, elle n'est pas destinée aux grands restaurants à la mode, mais à la table du brave pêcheur qui rentre le filet plein.

Puisse-t-elle faire la joie de quelques gosiers gourmands. Nous ne nous adressons pas à des cuisiniers, la façon de nous exprimer les ferait sourire, nous tenons surtout à énoncer ce que nous allons écrire clairement et simplement pour des ignorants de la cuisine.

MATELOTE

MATELOTE A LA MARINIÈRE

A tout seigneur tout honneur ! La matelote est le plat le plus prisé dans la Haute-Yonne comme dans la Basse, de même eau.

Pour manger de la bonne matelote, il faut se la faire confectionner par les mariniers, voilà les maîtres !

En voici la recette telle que de père en fils les flotteurs se la repassent depuis le brave Jean Rouvet, qui inventa le flottage et peut-être la matelote aux environs de l'an 1500.

Deux sortes de poisson sont nécessaires pour confectionner une bonne matelote, *poisson maigre* et *poisson gras*, ou, si vous le préferez, *poisson sec* et *poisson mou*.

Le poisson sec est le brochet, la perche, le gardon, etc. Le poisson mou la tanche, la carpe, le barbillon et l'anguille etc..

Il faut autant que possible mettre quatre espèces de poisson dans une matelote, deux maigres, deux grasses, brochet ou perche, tanche ou carpe, barbillon et anguille.

Jamais de gardon, de chevesne ou blanc, de brème ou d'autres espèces, ces poissons ne se tiennent pas et se déforment dans la sauce au vin où l'on ne retrouve plus que des débris sales et mauvais.

Il va sans dire que si vous n'avez que deux espèces de poisson, vous ne sauriez en mettre quatre et qu'au besoin vous faites même très bien de la bonne matelote uniquement de brochet ou de perche ou d'anguille. Mais ce n'est pas la règle de l'art du bon matelotier.

Il n'en est pas de même pour le barbillon ou la carpe qui, pris seuls en matelote, ne sont pas fameux.

Vous videz, nettoyez, écaillez votre poisson et l'essuyez proprement *sans le laver*. Si l'anguille est jeune et pèse moins de 1 livre vous la laissez en peau. Plus grosse vous la dépouillez.

Vous coupez votre poisson quel qu'il soit en tronçons de 3 centimètres environ et vous le placez au fond d'un chaudron de cuivre, vous le couvrez de bon vin fort et bien rouge, vous ajoutez de dix à vingt gousses d'ail (suivant quantité) coupées en deux ; un petit bouquet de persil et rien autre. Salez ordinairement et poivrez fortement.

A part, vous allumez dans une casserole un demi-verre de cognac que vous laissez brûler. Vous maniez dans une assiette avec très peu de farine un demi-quart de beurre par livre de poisson (1 livre de beurre pour 6 livres de poisson).

Sur un feu de bois très en flamme, vous placez votre chaudron en le pendant à la crémaillère et dès que bout son contenu vous y versez le cognac enflammé, puis, par petits morceaux, le beurre tout autour, mais en une seule fois, c'est-à-dire qu'il ne faut plus en remettre après cuisson ou réchauffage.

Dès que le poisson est cuit, dix à quinze minutes environ,

vous le retirez sur un plat de faïence ou de terre et vous laissez
cuire encore cinq à dix minutes la sauce dans le chaudron pour
la faire tarir, épaissir et ôter l'âcreté du vin.

Lorqu'elle est à point vous la versez sur le poisson au travers d'une passoire à larges trous, de façon qu'elle ne con-
tienne plus dans le plat de débris de persil ou d'ail ou d'arêtes.
Si la passoire était à petits trous le beurre resterait au fond.

Les mariniers, par économie, ne mettent pas de cognac,
mais prennent du vin fort en alcool ou même jettent dans la
sauce du vieux marc de Bourgogne dont ils ont toujours à pro-
fusion.

La matelote se fait assez bien dans une casserole de fer battu
et sur un fourneau de charbon de bois, mais alors il faut allumer
le vin à la main, ou verser dessus le cognac enflammé.

Il ne faut jamais la faire dans une écuelle de terre, le poisson
cuit trop lentement.

La matelote rechauffée est la meilleure.

Le poisson, vidé et pendu à la cave un jour avant la cuisson
est beaucoup plus ferme que le frais.

Quoi qu'il en soit la véritable matelote se fait au chaudron
de cuivre sur un feu vif et flambant de bois sec. C'est le seul
procédé pour la façonner parfaitement.

LA MATELOTE D'ANDRYES (YONNE)

A Andryes, où il n'y a que du brochet, on fait la matelote
uniquement avec le brochet, qui est particulier.

La cuisinière fait cette matelote dans une casserole de terre,
elle met vin, ail en quantité, sel, poivre, et un léger bouquet
de persil, elle fait cuire en ajoutant gros comme une noix de
beurre. Lorsque le vin est bien cuit, elle y ajoute son poisson
qui cuit à son tour et, pendant la cuisson, met la quantité de
beurre mêlé de farine qui est nécessaire. Jamais de cognac ni
de marc. Elle sert sans passer. Le brochet, qui pèse rarement
plus d'une demi-livre, est simplement coupé en deux ou cuit
dans son entier.

Dans ces matelotes de Bourgogne et du Morvan, contrairement aux usages de Paris, on ne met pas de vin blanc, jamais
d'oignons ou de champignons.

LA PERCHE AU VIN BLANC

Videz, écaillez, lavez une grosse perche, ou plusieurs moyennes, faites la revenir des deux côtés dans un plat de terre où vous aurez mis gros comme un œuf de beurre très frais. Lorsqu'elle est bien revenue, noyez-la au ras du dos de vin blanc de *Bourgogne*, pas de Bordeaux. Hachez très fin du ciboulet (civette) en assez grande quantité, environ deux cuillerées pleines, lorsqu'il est haché. Faites bouillir très vite et tarir de moitié. Ajoutez du beurre frais, placez sur un feu très doux et couvrez avec four de campagne dix minutes environ, puis servez dans le plat de cuisson.

LA PERCHE AU VIN ROUGE

Faites revenir un demi quart de lard gras dans un plat creux en terre, dès qu'il est revenu faites y revenir votre perche des deux côtés. Versez alors un bon verre de vin rouge dans la sauce en ébullition, salez légèrement, poivrez.

Il faut que le feu soit très vif et chauffe fortement de façon à évaporer presque tout le vin. Cinq minutes avant de servir, émincez finement dans la sauce une seule échalote un peu grosse et servez dans le plat de cuisson.

La tanche se prépare comme la perche, mais au vin blanc seulement.

L'ANGUILLE BEURRE FRAIS

Les grosses anguilles sentent un peu l'huile rance, il faut les saler et dessaler pour retirer ce vilain goût.

Telle n'est pas la petite anguille de 1 livre ou 2 au plus et voici la façon la plus simple de l'accommoder rapidement.

Dépouillez et videz, coupez en tronçons de 6 à 7 centimètres. Ouvrez en deux morceaux sans séparer, faites griller sur un feu vif de chaque côté, placez dans un plat contenant du beurre de première qualité. Lorsqu'il commence à bouillir jetez une cuillerée et demie de vinaigre rouge de vin (une demi-cuillerée de vinaigre blanc si vous n'avez pas de rouge) en arrosant.

Laissez bouillir une minute ou deux et saupoudrez de persil haché, servez.

COURT-BOUILLON POUR BROCHET, PERCHE ET BARBILLON

Dans une poissonnière, ou si vous n'en avez pas dans une casserole assez large, mettez une bouteille de vin blanc, un demi-litre d'eau, beaucoup de sel gris (une bonne poignée), un plein dé de poivre (poivre pilé si possible), un gros bouquet de persil, une branche de thym, une feuille de laurier, un clou de girofle, trois ou quatre oignons coupés en morceaux.

Si vous trouvez le vin blanc trop coûteux, remplacez par un verre de vinaigre. Le vin blanc vaut mieux.

Dès que ce court-bouillon bout laissez-le encore un quart d'heure, puis placez-y votre poisson et couvrez de façon que le bouillon monte par-dessus le poisson, s'il est gros et ne baigne pas en entier.

Surveillez la cuisson, dix minutes suffisent, mais vous saurez que votre poisson est cuit lorsque vous pourrez mollement y introduire la pointe d'une fourchette jusqu'à l'arête du milieu.

Retirez le court-bouillon de dessus le feu et laissez votre poisson dedans jusqu'à ce que votre sauce soit prête pour le servir.

Couvrez le plat ou la planche à poisson de feuilles de vigne ou de persil, placez-y le poisson et servez avec la sauce à part.

Le court-bouillon dont nous donnons la recette semblera très fort, mais il faut remarquer qu'il n'est là que pour imprégner le poisson et qu'il ne se mange pas ; il pénètre peu dans la chair, il a donc besoin d'être très relevé et il ne faut pas craindre d'exagérer. On met aussi des carotes, nous n'en voyons pas l'utilité, elles affadissent plutôt le court-bouillon.

LA PLANCHE A POISSON

Lorsque vous êtes pêcheur et que vous prenez de belles pièces, il vous est souvent difficile de vous procurer un plat de la longueur de votre poisson.

Pour un poisson de 2 livres par exemple, il n'existe guère de plats suffisamment longs, si ce n'est dans les auberges.

Voici le moyen très simple de parer à cet inconvénient.

Prenez une planche large de 20 centimètres, longue de 2 mètres environ, coupez-la en trois morceaux, l'un de 40 centimètres, l'autre de 60 centimètres, l'autre de 80 centimètres ;

arrondissez les extrémités de chaque morceau, passez-la au papier de verre. Clouez dessous, à quelques centimètres du bout. deux petits tasseaux de 1 ou 2 centimètres de hauteur. Vous aurez pour quelques sous et d'un usage inusable le plus joli plat à poisson.

Lorsque vous êtes pour servir, vous couvrez la planche soit d'une serviette blanche, soit de persil ou de larges feuilles de vigne ou autres et le poisson fera le plus bel effet au milieu de la verdure. Naturellement, nous parlons des poissons dont la sauce est servie à part.

Cette planche est un superbe milieu de table.

LE VIDAGE PAR LES OUIES

Pour qu'un brochet, une perche ou un barbillon, destinés au court-bouillon, soient bien présentés lorsqu'ils sont d'une belle grosseur, voici comment on procède.

On ouvre le morceau de chair qui rattache le dessous du cou à la tête, on coupe aux ciseaux les ouïes à leur attache ; par l'anus un peu agrandi au couteau on détache le gros boyau. On arrache les ouïes avec lesquelles viennent tous les intestins du poisson. Il ne reste en général que la vessie qu'il est facile de retirer au couteau ; on rince à l'eau courante. On bourre fortement de persil et on recoud solidement le morceau de chair à la mâchoire inférieure. Ainsi présenté le poisson ne se défera pas et, servi, semblera intact.

Ne jamais écailler le poisson destiné au court-bouillon.

LA SAUCE DU BARBILLON

La sauce la plus simple à faire pour le barbillon est la suivante, c'est aussi celle dont il s'accommode le mieux :

Le barbillon pesant au moins 1 livre et demie est cuit au court-bouillon avec ses écailles. On a eu le soin de le vider par les ouïes et de lui remplir le ventre, à le bourrer de persil de façon qu'il paraisse dans son entier.

Pour une saucière ordinaire et pour quatre personnes environ, vous mettez un demi-quart de beurre dans une casserole, vous faites fondre sur le feu doux, dès qu'il est fondu vous ajoutez une cuillerée et demie de bonne farine ou deux au plus, et à l'aide

de la *mouvette* vous remuez en tournant continuellement environ
cinq minutes de façon que la farine soit cuite. Vous ajoutez
alors un peu plus d'un verre d'eau tiède si possible, sel et
poivre, cette sauce bout et s'épaissit. Si vous la trouvez trop
épaisse, vous ajoutez un peu d'eau en remuant. Vous laissez
cuire environ cinq autres minutes à partir du moment où elle
bout.

Dans un bol vous mettez deux jaunes d'œufs bien frais; par
petites parties, avec une cuillère, vous y mêlez la sauce en
remuant toujours; lorsque les jaunes d'œufs sont bien délayés,
vous ajoutez d'un seul coup le reste de votre sauce, des câpres
égouttés en quantité suffisante suivant que vous les aimez et
vous remuez avec une fourchette jusqu'à complet mélange.

Vous obtenez ainsi une sauce jaune, tachetée des boules
vertes et grises des câpres, qui, servie chaude, est délicieuse et
du plus bel effet avec le barbillon.

Du bol, vous la passez dans la saucière pour la servir sur une
table.

N'oubliez pas que la partie la plus délicate du barbillon est
la tête lorsqu'elle est bien cuite; c'est le seul poisson dont la
tête soit le plus charnue et parfaite à manger.

LA CARPE GRATIN

Une des bonnes façons de manger la carpe est de la préparer au gratin, de la même manière que la sole ou à peu
près.

Étendez votre carpe dans un plat long et bien beurré après
l'avoir écaillée et vidée.

Vous avez eu soin de lui mettre dans le ventre une farce
composée de champignons hachés fin, de ses œufs ou de sa laite,
d'un œuf entier cuit dur et haché, de persil, sel et poivre et
mie de pain.

Tout autour de la carpe, videz du bon vin blanc, de façon à
la mouiller aux deux tiers sans la couvrir. Dans cette sauce
salée et poivrée, ajoutez un peu de beurre coupé en petits morceaux, des champignons hachés ou plutôt le reste de votre farce
dont vous avez conservé deux ou trois cuillerées. Saupoudrez-en
aussi la carpe sur le côté qui émerge. Couvrez la chapelure et

ajoutez-y trois petits morceaux de beurre, en queue, au milieu, et en tête.

Mettez dans la sauce, bien distribuées, des têtes de champignons. Passez au four peu chauffé pendant une heure environ et servez dans le plat de cuisson.

FRITURE DE JEUNES BARBILLONS

Il arrive quelquefois de prendre à l'épervier, sur les sables ou dans des araignées à friture, trente, quarante et plus de petits barbillons de 100 à 125 grammes. Faites-les frire ; servez sur une assiette et entremêlez de persil frit en branches, vous étonnerez vos convives en leur disant que ce sont de gros goujons. En effet, dès qu'il est frit, le jeune barbillon ressemble au goujon et en a absolument le goût.

Ce plat est magnifique et comme le gros goujon ne pèse en général que de 30 à 35 grammes, vous voyez l'étonnement de vos convives en voyant cette friture gargantuesque.

FRITURE

La friture mal faite est la chose la plus simple en fait de cuisine. Bien faite, elle dépend du tour de main. Nous n'en pouvons donc donner qu'une recette approximative ici.

Prenez de la graisse ou de l'huile sans goût, faites-la chauffer fortement.

Dans une soupière, mettez un demi-litre de lait et une cuillerée de farine. Délayez convenablement.

Avant de les jeter à la friture, passez-y vos poissons et n'en mettez dans la poêle que quelques-uns à la fois, de façon qu'ils ne se superposent pas. Dès qu'ils sont cuits, retirez.

Maintenez au chaud à l'étuvée en attendant qu'ils soient rejoints par les autres.

OMELETTE AUX VÉRONS

Pour vider les vérons, pressez-leur sur le ventre de la tête à l'anus, tout l'intérieur sortira. Lavez-les, essuyez-les, prenez-en trois par œuf.

Faites votre omelette en mettant vos œufs avec un peu de cerfeuil haché.

Dans la poêle, passez vos vérons au beurre en les faisant sauter ; quand ils sont revenus, videz dessus vos œufs brouillés et mélangez.

Vous faites ensuite votre omelette comme d'habitude, baveuse ou cuite entière, et vous servez en repliant dans un plat long.

LA CUISSON DU CHEVESNE OU POISSON BLANC

Le chevesne est un poisson mou dont la chair se défait, il n'est potable que sur le gril.

Vous l'écaillez et le roulez dans la farine, vous le faites griller sur un feu vif des deux côtés.

Quand il est cuit, vous faites à part une maître d'hôtel, en ajoutant une ou deux échalotes hachées fines et du persil ; vous laissez bouillotter deux minutes en aspergeant de très peu de vinaigre et vous versez sur les chevesnes.

Il faut avoir soin que le plat où vous l'avez mis soit tenu tiède.

Si vous voulez manger le chevesne à l'huile et au vinaigre, tiède ou froid, ce qui est encore une parfaite façon de le manger, vous lui laissez ses écailles et le faites cuire sur le gril dans sa peau.

Vous faites une sauce comme pour la salade dans laquelle vous pouvez ajouter, à votre gré, échalote émincée fine, ou moutarde, ou civette.

Vous enlevez la peau de votre chevesne, elle se détache facilement et vous le couchez dans la sauce vinaigre, vous le mangez tiède.

Il est préférable de le laisser passer une douzaine d'heures dans cette sauce et de le déguster froid.

LE BROCHET ROCHES VERTES

Le brochet cuit dans le court-bouillon que nous avons indiqué plus haut et préparé comme il est dit, est dépouillé entièrement de sa peau, qui s'enlève épaisse et grasse, comme on enlèverait la peau d'un lapin.

La chair en apparaît alors ferme et saumonée. Elle laisse le poisson dans son entier, sans cassures et sans écorchures, comme s'il était toujours en peau.

Il faut prendre un brochet d'au moins 3 livres, car il est nécessaire que la pièce soit de belle venue.

Vous le couchez dans un plat long de porcelaine.

Vous lui ouvrez la gueule dans laquelle vous mettez, sans
cacher les dents, un bouquet de fleurs telles que corbeilles d'argent, violettes, myosotis, etc., ceci est pour la parade.

Vous déposez le brochet dans un endroit frais cinq ou six
heures avant de le servir. Il refroidit et prend un peu de gelée.

Vous faites alors une sauce ainsi composée; cette recette est
pour quatre personnes et pour un poisson de 2 à 4 livres:
Mettez dans un saladier ou un bol deux cuillerées à café de
moutarde, deux jaunes d'œufs, sel, poivre. Deux pleines cuillères de cerfeuil haché très fin et deux cuillères de civette ou
ciboulette hachée de même, une pincée de persil et deux ou
trois feuilles d'estragon.

Avec la fourchette ou, ce qui est plus pratique, avec une bat-
teuse, vous mélangez de façon à former une pâte verte et
épaisse.

En tournant continuellement comme pour la mayonnaise,
vous versez de l'huile, un grand verre ; la sauce s'épaissit à n'y
plus pouvoir tourner la fourchette ; alors, pour la relever et la
rendre plus piquante, vous ajoutez trois cuillerées de bon
vinaigre blanc et vous mélangez en tournant deux minutes.

Vous laissez reposer la sauce une heure, puis vous la videz
sur le poisson et autour du poisson, comme jetée à la va vite,
de façon à laisser passer par endroit des portions de chair.

Vous servez alors en temps voulu.

Peut-être avez-vous remarqué que dans toutes ces sauces
la civette, ou ciboulette, ou appétit, joue un rôle prépon-
dérant. Ce n'est pas affaire de goût personnel, c'est qu'évidemment la civette a été inventée par dame nature pour accommoder le poisson, et en effet il s'en accommode si bien qu'il serait
presque impossible, si on n'a vu faire ces sauces, de dire, à moins
d'être cuisinier, de quelle herbe elles sont composées.

TABLE DES MATIÈRES

AVANT-PROPOS 1
LA PÊCHE A TRAVERS LES SIÈCLES 3
LA HAUTE YONNE 19

PETITES PÊCHES

L'ablette 25
Le goujon 32
Le gardon et la blanchaille 39
Le véron 55

GRANDES PÊCHES

La perche 65
Le brochet 71
Le chevesne 77
La tanche 83
Les pertuis 91
La carpe 94
Le barbeau 99
Le chondrostome 101
La truite 107
L'anguille 116

PÊCHES DE LUXE

Le lancer à l'américaine 129
Les poissons d'eau douce 143

PÊCHES AUX DIVERS ENGINS

La ligne de fond 156
Le trimmer et le griffon 167
Le carrelet 175
L'épervier 181
Le gille 189
L'araignée et le tramail 195
La nasse 205
Le verveux 219

La truble 231
La pêche en étang 237
La pêche pendant le chômage 249

ENGINS PEU CONNUS

La pince. 257
Le garni. 261
La perchère. 265
Le baro 269
Le borgnon 275
La muc 279

PÊCHES BIZARRES

La pêche aux queues 284
Le drap noir. 286
La pêche au sac. 287
La pêche au grelot. 289
Le brochet au nœud coulant. 290
La pêche à la cuillère 293
La pêche au fusil. 294
La pêche au ver luisant 297
La pêche à l'oiseau de proie. 298
Matelote et civet 298

LA CUISINE DE LA PÊCHE

Anguille. 306
Barbeau. 310
Brochet. 311
Brème 313
Perche. 315
Tanche 316
Truite 317
Recettes de Desreaux. 318
Recettes inédites 319
Matelotes 323

FIN

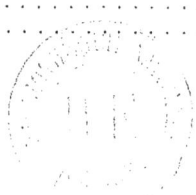

Imp. J. Dumoulin, à Paris.

www.ingramcontent.com/pod-product-compliance
Lightning Source LLC
Chambersburg PA
CBHW060122200326
41518CB00008B/900